JON DUNN

GLITZERN IM GRÜN

Auf der Suche nach Kolibris

Aus dem Englischen von
Dietlind Falk

HarperCollins

Die Originalausgabe erschien 2021 unter dem Titel
The Glitter in the Green. In Search of Hummingbirds
bei Bloomsbury Publishing, London.

1. Auflage 2022

Deutsche Erstausgabe

Gesetzt aus der Adobe Garamond
von GGP Media GmbH, Pößneck
Druck und Bindung von CPI books GmbH, Leck
Printed in Germany
ISBN 978-3-365-00160-8
www.harpercollins.de

Klimaneutral
Druckprodukt
ClimatePartner.com/15109-2009-1001

FSC
MIX
Papier
FSC® C083411

INHALT

Einleitung

1. Migration 21
2. Wildes Amerika 47
3. La Chuparosa 83
4. Der kleinste Vogel der Welt 110
5. Fakes, Freaks und Phantome 150
6. Der Federnhandel 194
7. Wundersame Flaggensylphe 229
8. Elfenjagd 262
9. Robinson Crusoe 305
10. Am Ende der Welt 336

Epilog
Danksagung

Para mi musa de los colibríes –
sigue tu corazón, y disfruta el viaje

Für meine Muse der Kolibris –
folge deinem Herzen und genieße die Reise

EINLEITUNG

Diese Geschichte beginnt in einer unschuldigeren Zeit, einer Zeit, in der wir uns vielleicht ein paar Gedanken über Umweltverschmutzung und die Rettung der Wale machten, die meisten von uns jedoch nicht im Traum daran dachten, welche schwerwiegenden Folgen unser Verlangen nach Konsum und Bequemlichkeit für unseren Fortbestand auf diesem Planeten haben würde. Diese Zeit waren die frühen 1980er-Jahre, in denen wir Engländer beim Friseur bedauernswerte Entscheidungen trafen, die *Sunday Chart Show* auf Radio 1 aufnahmen und daraus Mixtapes zusammenstellten und das Busunternehmen Trathens Tagestrips nach London anbot. Einen davon unternahm ich zusammen mit meiner Mutter.

Schon der Ausflug an sich war ein Ereignis. Wir kamen so gut wie nie aus Südwestengland heraus. Andere Familien machten weite Reisen; wir fuhren, wenn überhaupt, immer nur gen Westen, zum Haus meiner Großmutter in Cornwall. London war ein unsäglich fremder Ort, der in meiner Vorstellung die Bedrohlichkeit einer Charles-Dickens-Metropole angenommen hatte. Meine Neugier galt ausschließlich der Natur. Von roten Doppeldeckerbussen, schwarzen Taxis, dem Buckingham Palace oder einer Wachablösung ließ sie sich nicht in Versuchung führen. All diese Dinge spielten während unseres Tages in der Hauptstadt eine mehr oder weniger tragende Rolle, doch was mir vor allem anderen im Gedächtnis blieb – einem Jungen, der unter freiem Himmel am glücklichsten war –, waren der London Dungeon und der Tower, die schauerlichsten Orte überhaupt, der Stoff, aus dem Albträume sind. In einer finsteren Kammer huschten Ratten in einem zu klein geratenen Vivarium umher, um die Geschichte der schwarzen Pest zu illustrieren. Ich wusste, wie sie sich fühlten. Auch ich wollte mich, so schnell es nur ging, an die frische Luft retten.

Die Kronjuwelen jedoch verschlugen mir die Sprache. Vor dieser dunklen, seelenlosen Kulisse glänzten sie beinahe unerträglich hell und leuchtend. Sie zückten ihre weißen, blauen, roten und gelben Lichtschwerter, zogen mich völlig in ihren Bann und tanzten noch lange vor meinen geschlossenen Augen weiter, als hätte mich die Sonne geblendet. Bunte Farben übten auf mich dieselbe Anziehung aus wie Licht auf eine Motte, sodass ich am späten Nachmittag, als wir das Naturhistorische Museum betraten, für das über unseren Köpfen hängende Diplodocusskelett kaum einen müden Blick übrighatte. Das Museum war der einzige Ort in London gewesen, auf dessen Besuch ich mich gefreut hatte. Ich wusste nicht, was mich dort erwartete, doch von allen Ausstellungsstücken erwies sich eines als absolut unwiderstehlich. Wie zuvor bei den Kronjuwelen brach aus einer großen, mit Hunderten von Kolibris bestückten Vitrine eine Flut von Farben über mich herein. Etwas Außergewöhnliches tat sich vor mir auf, das nicht von dieser Welt zu sein schien.

Ich war es gewohnt, einheimische Vögel in unserem Garten und der Landschaft von Somerset zu sehen, die unser Dorf umgab. Manche von ihnen, Blaumeisen und Stieglitze beispielsweise, unterschieden sich durch ihr farbenfrohes Gefieder von den unauffälligeren Spatzen oder eintönigen Waldsängern. Diese Kolibris jedoch waren in Regenbogenfarben getaucht – ihr Federkleid funkelte und schimmerte, und mit jedem neuen Blickwinkel wechselten sie ihre Färbung. Ich drückte mir die Nase am Glas der Vitrine platt und weigerte mich, in den nächsten Raum zu gehen.

Dass sie tot waren, abgeschossen von längst vergessenen Männern, die ihre Flinten mit staubkorngroßem Schrot luden, und ausgestopft von geschickten Präparatoren, die keinen Kolibri jemals in freier Wildbahn gesehen hatten, um die natürlichen Posen der Vögel nachbilden zu können … All das war mir damals herzlich egal. Zwar dämmerte mir entfernt, dass sie den mir bekannten Vögeln weder in ihrer Größe noch ihrem Aussehen ähnelten, doch ich verlor mich sogleich wieder in der Vielfarbigkeit ihrer Kehlen und Rücken, Flügel und Schwänze.

Von der Geschichte dieser Exponate blieb damals natürlich nichts bei mir hängen. Erst viele Jahre später – als mein Wunsch, meinen ersten Kolibri dort zu sehen, wo er hingehörte, nämlich in der freien Natur, derart groß geworden war, dass ich jeden noch so kleinen Informationsschnipsel gierig in mich aufsog – erfuhr ich etwas über die bewegte Geschichte der Kolibrivitrine im Londoner Naturhistorischen Museum.

Die genaue Herkunft der Exponate ist ungeklärt. Vielleicht, vielleicht aber auch nicht, wurden sie im frühen 19. Jahrhundert von William Bullock gesammelt, der Museumskurator in Liverpool und London war. Bullocks Karriere war so bunt und abwechslungsreich wie das Gefieder der Kolibris. Benjamin Haydon, ein Künstler und Zeitgenosse, erinnert sich, Bullock habe es geliebt, »alles auf eine Karte zu setzen«.

Bullock hatte als Juwelier und Goldschmied in der industriell geprägten Umgebung von Birmingham gearbeitet und offensichtlich ein Auge für alles Schöne und Besondere entwickelt. 1809 zog er nach London, wo er sich daranmachte, eine beachtliche Sammlung von Kunstwerken, Rüstungen, naturkundlichen Stücken und unterschiedlichster Kuriositäten zusammenzustellen. Sie kamen aus aller Welt, unter anderem wurden sie von den schicksalhaften Pazifikexpeditionen James Cooks mitgebracht. Bullock war ein fieberhafter Sammler und noch dazu fest entschlossen. Er besuchte das nordschottische Orkney, um eines der letzten Exemplare des Riesenalks zu erstehen. Um ein Haar wäre es ihm gelungen, einen der letzten noch lebenden flugunfähigen Vögel zu fangen. Zu diesem Zweck hatte er sich eigens ein *Shetland Sixern* geliehen, ein Sechsriemensegelboot, das in der Gegend zur Fischerei verwendet wird, doch am Ende musste er sich damit zufriedengeben, den Kadaver des unglücklichen Vogels im Jahr darauf einem erfolgreicheren Jäger abzukaufen.

Wenn es darum ging, das perfekte Exponat für eine Ausstellung zu ergattern, spielte Geld ebenso wenig eine Rolle wie Geschmack oder Moral – Bullock holte Erkundigungen darüber ein, ob es möglich sei, »das Haupt Oliver Cromwells, intakt, mit dem Fleische« auf einem Pfahl auszustellen. Allerdings übte er sich 1810 in Zurückhaltung, als ein gewisser Armeechirurg namens Alexander Dunlop ihm als lebendiges Ausstellungsstück Sarah Baartman anbot, eine Frau der südafrikanischen Khoikhoi-Nomaden. Dunlop hatte Baartman nach England gebracht, und da Bullock kein Interesse hatte, machte er sich selbst schamlos daran, sie als sogenannte Hottentottenvenus auszubeuten – wohl das extremste Beispiel für die starke Fetischierung des Exotismus, der in Europa zu dieser Zeit um sich griff.

Bullocks Ablehnung und sein Anstand in diesem Fall sind ihm anzurechnen, doch in anderen Bereichen zeigte er sich weniger zögerlich in seiner Sammelwut. Als er seine Sammlung schließlich verkaufte, zählte sie 32 000 Exponate, darunter einige überaus wertvolle ausgestopfte Kolibris. Auf seinen ausgedehnten Reisen nach Mexiko und Nordamerika war er auf kulturelle und naturkundliche Artefakte genauso versessen wie auf die Idee, am Ufer des Ohio River eine utopische Gemeinschaft zu gründen – dieses Vorhaben scheiterte kläglich, doch Bullocks neue Sammlung in London erfreute sich einiger Beliebtheit.

Obwohl er seine ursprüngliche Prunksammlung 1819 verkauft hatte, ließen die Kolibris seine Sammlerleidenschaft aufs Neue aufleben. 1823 erblickte er auf dem Weg nach Mexiko auf Jamaika seinen ersten lebenden Kolibri und fing wieder an, die Vögel zu sammeln. Er schrieb: »Auf Jamaika erstand ich die kleinste bekannte Art, die noch um einiges kleiner ist als manche Bienen; und in Mexiko viele neue Spezies, deren herrliche Farben in einem Glanz und Schimmer erstrahlen, welche die uns bekannten noch um einiges übertreffen.«

Bullock hatte bekanntlich das findige Auge eines Juweliers für besonders schöne Objekte, die zahlendes Publikum anlocken würden. Doch gleichzeitig sah er in Kolibris auch die Krönung der Schöpfung. »Man darf feststellen«, sagte er 1824, »dass es, in all den Werken, welche die Natur zoologisch hervorgebracht hat, keine Familie gibt, die sich in der Einzigartigkeit ihrer Form, Herrlichkeit der Farbgebung sowie Vielzahl an Spezies mit diesen Kleinsten der gefiederten Schöpfung messen kann.«

Was Kolibris betrifft, bezeugen die Kataloge seiner Ausstellungen eine wachsende Obsession. 1805 zeigte er im Liverpool Museum ein Exponat mit »24 Spezies in ihren Nestern«. Bereits 1810 war ihre Anzahl auf 70 Kolibris gewachsen; zwei Jahre später prahlte Bullock stolz, er besitze nun beinahe 100 exquisite Exemplare, angeblich die ansehnlichste Sammlung Europas. Manch einer sei so klein, wie Bullock betonte, dass »er den Zusammenprall mit einem Maikäfer in der Luft nicht überstehen würde«.

Seine Übertreibungen erinnern an Amerikas berüchtigten Schausteller P. T. Barnum, und genau wie er war Bullock sich der Wirkung seiner Worte auf das zahlende Publikum durchaus bewusst. Er widmete sich seinen Marketingtricks mit demselben Ehrgeiz, mit dem er Kolibris sammelte, und bediente sich für seinen Museumskatalog ausführlich bei den Schriften des französischen Naturforschers Georges-Louis Leclerc, Comte de Buffon: »Kunstfertig geschliffene Edelsteine verblassen neben diesen

Juwelen der Natur. In ihrem Gefieder glänzen Smaragde, Rubine und Topase, unberührt vom Staub des Erdbodens.«

Wie er seine wachsende Kolibrisammlung vor Ort präsentierte, stand der hochtrabenden Beschreibung in nichts nach. In Liverpool stellte er sie unter einer Glasglocke aus, die auf »einem eleganten ägyptischen Bronzedreifuß« stand. Jahre später ersann er auf seiner Mexikoreise den Plan, die Vögel als lebende Objekte zurück nach England zu bringen. Er bot den Einheimischen eine Belohnung für den Fang an und hatte schnell an die 70 Tiere in kleinen Käfigen beisammen, deren Vorderseite aus einer Glasscheibe bestand. Das Schicksal dieser bemitleidenswerten Gefangenen war besiegelt, und sie alle starben binnen Tagen oder Wochen, lange bevor man sie der Tortur einer Ozeanüberquerung aussetzen konnte. Ungerührt von ihrem Leid notierte Bullock kühl: »Der Käfig war kaum groß genug für sie, um mit den Flügeln zu schlagen, und so hockten sie stundenlang reglos beisammen.«

Im späten Frühling 1819 begann die Versteigerung von Bullocks enormer Sammlung, die sagenhafte 26 Tage andauerte. Mit dem Erlös finanzierte er seine späteren Entdeckungsreisen nach Mexiko und in die USA. Am 19. Tag kam Posten 92 unter den Hammer, Bullocks Kolibrivitrine, die »mehr als einhundert Exemplare beinhaltet, zweifellos die einzigartigste Sammlung dieser Art«.

Die großen Worte zeigten Wirkung bei den Käufern. George Loddiges, ein Ziergärtner aus Hackney, war ein leidenschaftlicher Kolibrisammler, der außerdem Orchideen aus ganz Amerika importierte, um sie an gleichermaßen besessene Sammler zu verkaufen, die zu dieser Zeit das »Orchidelirium« gepackt hatte. Seinen Mitarbeitern vor Ort trug er auf, ihm Kolibribälge zu schicken, woraufhin seine Sammlung bald über 200 Kolibrispezies umfasste. Und er war nicht nur erpicht darauf, Teile von Bullocks Sammlung zu erwerben, sondern auch in der Lage, ein fachmännisches Urteil über ihre Qualität abzugeben. An dem fraglichen Tag notierte Loddiges: »Diese Sammlung von Kolibris ist etwas Besonderes; sie übertrifft sowohl in ihrer Schönheit als auch ihrem Umfang die gefeierte Sammlung im Königlichen Museum von Paris bei Weitem.«

Vielleicht waren Bullocks Übertreibungen insofern nicht ganz unangebracht. Posten 92 wurde, entgegen Bullocks ausdrücklichem Wunsch, nicht in seiner Gesamtheit verkauft, sondern in kleineren Teilen, was mit Blick auf die aufgeladene Atmosphäre dieser besonderen Auktion sicherlich eine weise Entscheidung des Auktionators war. Bereits am sechsten Tag der Auktion klagte ein Käufer der Universität von Edinburgh, die Pferde seien ein wenig mit ihm durchgegangen: »Ich glaube, ich habe heute zu viele Affen erstanden ...«

Der Ursprung der Kolibrisammlung, die derzeit im Londoner Naturhistorischen Museum gezeigt wird, ist ungeklärt, doch mit ziemlicher Sicherheit befinden sich darin Exemplare Bullocks. Schließlich landete Loddiges' Kolibrisammlung nachweislich doch in den Händen des Museums, dem es 1819 gelang, sich Teile von Posten 92 zu sichern.

Langsam fing ich an zu verstehen, wie viele Geschichten sich um den charismatischen Kolibri rankten, Geschichten, die ebenso kunterbunt waren wie das Gefieder dieser Vögel. Jahrhundertelang zogen sie Männer wie Frauen in ihren Bann. Einige der größten Entdecker, Naturforscher und wichtigsten Figuren der Geschichte kamen mit ihnen in Berührung, manchmal ganz buchstäblich. Ihre Lebensräume waren entlang des gesamten amerikanischen Kontinents zu finden, von Alaska im hohen Norden bis hin zur südlichsten Spitze von Südamerika, an den Ufern des Beagle-Kanals von Feuerland. Sie lebten am Fuße von Gletschern und in der Hitze der Wüste, in satten, feuchten Regenwäldern und jenseits der Baumgrenze, hoch oben in einigen der dramatischsten Gebirgszügen der Welt. Zwar mochten sie klein sein, doch ihnen wohnte eine Stärke inne, die ihresgleichen suchte.

Ich musste sie einfach mit eigenen Augen sehen. Die ausgestopften Museumsexemplare hatten in mir einen Funken entzündet, der mit der Zeit ein glühendes Feuer entfachte, das durch Fotos und kurze Aufnahmen in Tierdokumentationen immer größer wurde. Erst mit Mitte 30 konnte ich meinen ersten Kolibri in der freien Natur bestaunen. Der kiefernbewachsene Madera Canyon in Arizona, in dem ich mich befand, lag eingebettet in den Gebirgszug der Santa Rita Mountains, und die Stadt Green Valley erhob sich wie ein Muttermal auf der Haut der Sonora-Wüste zu meinen Füßen. Der Anblick meines ersten Kolibris war grandios.

Grandios, oder englisch *magnificent*, nicht ohne Grund, denn es handelte sich um einen Magnificent Hummingbird, der durch sein effektvolles Gefieder seinem Namen alle Ehre machte. Nachdem ich ihn zum ersten Mal beobachtet hatte, wurde die Art in zwei unterschiedliche Spezies aufgeteilt. Der Vogel, den ich in Arizona gesehen habe, ist nun als Violettkron-Brillantkolibri (*Eugenes fulgens*) bekannt, während eine kleine Population im Hochland von Costa Rica und dem westlichen Panama nun als Talamancakolibri (*Eugenes spectabilis*) bezeichnet wird. Das ist ein gutes Beispiel, wie schwer sich Kolibris klassifizieren lassen: Je genauer wir sie studieren, desto deutlich erkennen wir, dass weit mehr in ihnen steckt, als für das bloße Auge erkennbar ist.

Damals im Madera Canyon war es mir unmöglich, über die schiere Schönheit des sich mir bietenden Spektakels hinauszuschauen. Der pechschwarze Bauch bildete den perfekten Kontrast zu seiner glitzernden, smaragdgrünen Kehle, seiner amethystvioletten Krone und seinem bronzebraunen Schwanz. Man hörte ihn summen, als er wenige Meter von mir entfernt in der Luft zu stehen schien, ein hängendes Kreuz, der Körper reglos, während seine Flügel schwirrten. Ich war ihm nahe genug, um in seinen schwarzen Augen mich selbst, die umliegenden Bäume und den blauen Himmel in Miniatur gespiegelt zu sehen. Ich hielt den Atem an, während diese Erscheinung, die aus dem Nichts gekommen war, gierig Nektar sog und, so schnell, wie sie aufgetaucht war, wieder verschwand.

Mein erster Kolibri. Unsere Begegnung dauerte kaum eine Minute, doch der Adrenalinkick war berauschend. Nach nur wenigen Augenblicken wurde mir klar, dass die Vitrine im Naturhistorischen Museum, die ich vor so vielen Jahren bestaunt hatte, nicht mehr enthielt als verstaubte, verblichene, leblose Schatten, die nichts mit echten Kolibris zu tun hatten. Ein bloßer Abklatsch, den der Naturforscher W. H. Hudson 1917 als »Wissenschaft toter Tiere – eine *Nekrologie*« beschrieben hatte.

Mehr als 20 Jahre lang hatte ich mir gewünscht, einen lebendigen Kolibri mit bloßen Augen zu sehen. Nun kam nichts anderes für mich infrage, als noch mehr Vögel seiner Art zu entdecken, in jeder noch so entfernten Ecke des amerikanischen Kontinents.

Im Vergleich mit den Kolibris verblassten für mich alle anderen Vogelfamilien. Ihr geradezu außerirdisch schönes Gefieder, das metallisch und juwelengleich funkelt, ist genauso einzigartig wie ihre verblüffende Mannigfaltigkeit von Formen, Regenbogenfarben und Körpergrößen. Unter ihrem psychedelischen Federkleid schlummert eine Anpassungsfähigkeit, die ihr nektargetränktes, schwebendes Leben überhaupt erst ermöglicht. Ihre Brustmuskulatur, die notwendige Voraussetzung für ihre Flügelschläge, macht ein Viertel ihres Körpergewichtes aus. 50 bis 200 Schläge pro Sekunde, die für unser Auge nicht wahrnehmbar sind. Durch seine Flugkünste verbraucht ein Kolibri etwa 4000 Kalorien pro Stunde, die ein Herz antreiben, das pro Minute etwa 1200-mal schlägt. Diese wahnwitzigen Statistiken ließen mein eigenes Herz höherschlagen und zogen mich magisch an. Nun, da ich zum ersten Mal von der Kolibridroge gekostet hatte, nahm ich allzu gerne in Kauf, dass ich mein Verlangen auch in Zukunft würde stillen müssen. Ich wollte mit Haut und Haaren in die Welt der Kolibris abtauchen.

Ich plante eine Reise, die mich durch ihren gesamten natürlichen Lebensraum führen würde: von Alaska bis zum südlichsten Zipfel von Argentinien. Ich würde in jedem noch so fernen Habitat nach ihnen suchen, nach den schönsten und aufregendsten Exemplaren ihrer Art. Ich würde auf Menschen treffen, die ihrer Magie ganz genauso hoffnungslos verfallen waren wie ich. Man würde mir Geschichten über das Leben dieser Vögel erzählen und über die Orte, an denen sie lebten – und natürlich wollte ich auch als Vogelbeobachter die Spezies aufspüren, die bisher nur wenige Glückliche zu Gesicht bekommen hatten.

Mir war bewusst, dass ich sie unmöglich alle sehen könnte – insgesamt existieren über 300 Spezies, es würde ein ganzes Leben dauern, sie alle zu finden. Manche lebten in politisch instabilen Gegenden, deren Besuch gefährlich sein konnte. Außerdem ging mein Interesse über das Abhaken einer Liste weit hinaus. Ich wollte die Welt dieser Vögel erforschen, ihre Lebensräume und die Naturgewalten erleben, die sie über die Jahrtausende hinweg zu dem gemacht haben, was sie heute sind, und ich wollte verstehen, wie sie auf die jüngsten, bedrohlichen Veränderungen in ihrer Welt reagierten.

Auch jenseits ihrer Schönheit beeindruckte mich, wie weit die Evolution sie gebracht hatte, wie sie die Grenzen alles biologisch Möglichen zu sprengen schienen. Womöglich war es mittlerweile der Mensch, der sich zu rasant entwickelte: Konnten die Kolibris angesichts des immer schneller voranschreitenden Klimawandels mithalten, nun, da die Landstriche, in denen sie lebten, immer begehrter wurden? Nach meiner Kolibriodyssee würde ich hoffentlich zumindest ein besseres Verständnis von der Frage gewonnen haben, die wir den Kolibris zu Beginn des 21. Jahrhunderts stellten. Meine Befürchtung war, dass sich Kolibris zu den farbenfrohsten Kanarienvögeln in der Kohlengrube entwickelten, zu

Propheten von Veränderungen, die weder ihnen noch uns zum Vorteil gereichten. In meinem Eigensinn wollte ich nicht nur Zeuge der Schwierigkeiten werden, mit denen sie konfrontiert waren – ich wollte einige Spezies noch mit eigenen Augen sehen, bevor sie für immer verschwanden. Es war kein Geheimnis mehr, dass einige Populationen schrumpften und die Uhr ihres Aussterbens unüberhörbar tickte.

Es war kein unkompliziertes Vorhaben, diese in verschiedensten Formen, Größen, Farben und Verhaltensweisen vorkommenden Vögel in ihren eigenen, sehr unterschiedlichen Lebensräumen aufzusuchen. Einige Abschnitte dieser Reise ließen sich recht einfach bewerkstelligen – in Teilen von Nord-, Zentral- und Südamerika gab es in Gärten und Lodges etablierte Fütterungsstationen, welche die Kolibris zu ihren Bewunderern lockten. Die Trinköffnungen der mit Zuckerwasser gefüllten Futterspender sind mit kleinen Blumen verziert, sodass manche Kolibriarten ihre angeborene Vorsicht über Bord werfen und sich daran gewöhnen, auch in nächster Nähe zu ihrem faszinierten Publikum nach Nahrung zu suchen.

Andere Kolibriarten jedoch lassen sich nicht so leicht ausfindig machen. Sie schlagen die Gratismahlzeit aus und ziehen es vor, tief in den dichtesten Wäldern zu verharren. Manche findet man ausschließlich in abgelegenen Berglandschaften oder auf einsamen Inseln – um beispielsweise den Juan-Fernandez-Kolibri zu sehen, musste ich etwa 645 Kilometer raus auf den Pazifik fahren und auf den Spuren von Alexander Selkirk wandeln, dessen Schicksal Daniel Defoe im 18. Jahrhundert zu seinem Roman *Robinson Crusoe* inspiriert hatte. Ich würde so lange auf einer kleinen chilenischen Vulkaninsel ausharren, bis der langersehnte Vogel endlich auftauchte. Er gehörte zu den vom Aussterben bedrohten Arten, und BirdLife, die internationale Organisation, die Daten zu Vogelbeständen sammelt, schätzt die verbleibende Population auf der Isla Robinson Crusoe auf gerade einmal

1000 Exemplare. Andere Spezies, die mir begegneten, waren sehr viel weiter verbreitet, doch für mich wäre jede einzelne von ihnen wunderbares Neuland.

Meine Reise zog sich über mehrere Jahre hin, doch hier, im behaglichen Rahmen einer Erzählung, folgt sie der Geografie, die mir die Welt der Kolibris vom höchsten Norden bis hinunter in den tiefsten Süden eröffnete.

1

Migration

Alaska, USA, 60° nördliche Breite

Alaska brennt. Das stille, spiegelglatte blaue Meer und die schneebedeckten vergletscherten Berghänge sind von weißen Rauchschwaden verhangen. Es ist, als sähe man die Welt durch einen apokalyptischen Schleier. Im letzten Monat wurden durch den Swan-Lake-Waldbrand beinahe 40 470 Hektar unberührte Wildnis vernichtet, und als ich in Anchorage ankomme, wütet es noch immer lautlos am Horizont, ohne dass ein Tropfen Regen die Landschaft benetzt. Es ist der heißeste, trockenste Sommer in Alaska seit Beginn der Wetteraufzeichnung.

Auf meiner Eisenbahnfahrt entlang des Turnagain Arms an der Spitze des Cook Inlets, eines vom Golf von Alaska aus weit ins Land reichenden Meeresarms, wird mir bewusst, dass es auf den einen Waldbrand – der offenbar natürlichen Ursprungs ist, ein Blitzeinschlag irgendwo in der Nähe des Swan Lake – gar nicht ankommt. Der Klimawandel verhält sich wie ein gelangweiltes Kind an einem heißen, langen Sommertag, das mit seiner Lupe an irgendeiner wahllosen Stelle etwas abfackelt. Ein Waldbrand, so groß wie ein Viertel der Fläche Londons, und das am Rande des Polarkreises? Ich lasse Anchorage auf dem Weg zum Hafen von Whittier hinter mir, wo ich mit der Fähre zu der kleinen Siedlung Cordova übersetzen werde, und obwohl der scharfe Feuerholzgeruch trügerisch anheimelnd auf mich wirkt, bin ich mir dessen bewusst, dass das, was hier vor sich geht, ganz und gar nicht normal ist.

Meine Reise hatte gerade erst begonnen, und schon wählte ich den schwierigeren Weg. Es wäre sehr viel leichter gewesen, mir die Rotrücken-Zimtelfe (auch Fuchskolibri genannt) im Nordwesten der USA anzusehen – doch wenn ich die nördlichsten Kolibris der Welt finden wollte, musste ich wegen meiner Rotrücken-Zimtelfen eben nach Alaska. Und so saß ich nun im Zug von Anchorage nach Whittier, von wo aus mir eine siebenstündige Überfahrt quer durch den Prinz-William-Sund bis nach Cordova bevorstand. Offiziell hatte Cordova den Status einer Stadt inne, obwohl dort gerade einmal doppelt so viele Menschen wohnten wie auf Whalsay, der kleinen Shetlandinsel, auf der ich seit etwa 20 Jahren lebe. In Cordova sind etwa 2500 Menschen beheimatet, und mit einer ganz bestimmten Einwohnerin war ich verabredet. Die Kolibriforscherin Kate McLaughlin hatte am 28. Juni 2010 in Alaska eine Rotrücken-Zimtelfe erhascht, die fünf Monate zuvor von einem anderen Kolibriforscher in Tallahassee, Florida, eingefangen worden war, ganze 5630 Kilometer entfernt. Bis heute ist dies der längste erfasste Migrationsflug eines Kolibris.

Ich freute mich darauf, Kate kennenzulernen, und als die Aurora die Stadt Whittier hinter sich ließ, saß ich in der ungewöhnlich warmen Sonne an Deck, träumte von Rotrücken-Zimtelfen und fragte mich besorgt, ob ich in meinen wenigen Tagen in Cordova wirklich das Glück haben würde, einen der Kolibris zu sehen. Eine Woche zuvor hatte Kate mir geschrieben, die männlichen Kolibris seien bereits ausgeflogen und dass sich ihre Partnerinnen und Jungtiere ebenfalls zum Abflug bereit machten. Anfang Juli endet die Paarungszeit dieser beharrlichen Vögel, sodass ich sie vielleicht um ein Haar verpassen würde.

Die ersten Kolibris, die nach der Überwinterung nach Alaska zurückkehren, sind die männlichen Rotrücken-Zimtelfen, und das zu einer Zeit, in der es noch nicht ausreichend Nektar gibt. Alle Kolibris bewegen sich nahrungstechnisch auf Messers Schneide, sie müssen täglich genügend Nektar finden, um ihren rasanten Metabolismus zu befeuern. Aus einem hungrigen Kolibri kann sehr schnell ein verhungerter Kolibri werden. Die männliche Rotrücken-Zimtelfe muss früh ins Brutgebiet, um vor Ankunft der Weibchen ein geeignetes Territorium zu finden, sie muss sich in einer Landschaft über Wasser halten, die den kalten Klauen des Winters gerade erst in Ansätzen entkommen ist – und die noch nicht blüht. Die männlichen Pioniervögel müssen mit List und Tücke vorgehen, ja sogar zu Dieben werden, um zu überleben. Hierzu müssen sie die ortsansässigen Saftlecker finden.

Saftlecker sind kleine Spechte, die sich hauptsächlich – wie der Name schon sagt – von dem Pflanzensaft der Bäume ernähren. Sie klopfen kleine Löcher in die Rinde, die sich nach einer Weile mit süßem Saft füllen. Immer weder kehrt der Saftlecker zurück, um die Früchte seiner Arbeit zu ernten. Gelegenheit macht Diebe, und so haben die männlichen Rotrücken-Zimtelfen gelernt, blitzschnell die Speisekammern dieser Gattung anzusteuern, vor dem mühsam ausgehöhlten Brunnen zu schweben und sich an ihnen gütlich zu tun, als handelte es sich um nektargefüllte Blüten. Rotrücken-Zimtelfen gehen jedes Wagnis ein, ganz besonders, wenn der Hunger sie antreibt.

Während ich in einer Ecke auf dem Oberdeck meinen Gedanken nachhing und mit halbem Auge aufs Meer schaute in der Hoffnung, auf unserer Überfahrt nach Cordova ein paar pazifische Seevögel beobachten zu können, sprach mich ein junger Mann Mitte 20 an. Neben mir lag mein Fotoapparat, falls sich ein Schnappschuss ergeben sollte.

»Hey. Das ist ein ziemlich großer Apparat.«

Ich hob den Blick und bemerkte, dass ich nicht mehr allein war. Der Mann, der sich als Daniel vorstellte, ein Yup'ik aus Hooper Bay, lächelte mich freundlich-verschmitzt an. Er war mit ein paar anderen Yup'ik auf dem Weg nach Cordova, um dort für ein paar Wochen in Fabriken zu arbeiten, in denen der Lachsfang verarbeitet wurde, der das Leben der dortigen Fischer und ihrer Familien sicherte. Mit seinem quietschpinken T-Shirt, der zerrissenen Jeans und ein paar Crocs an den Füßen, die genauso blau wie das Meer waren, über das wir gerade fuhren, fiel Daniel unter den anderen Passagieren an Deck durchaus auf. Genau wie ich – ich war der Einzige mit Fotoapparat und Fernglas. Wir unterhielten uns eine Weile über Cordova und die Arbeit, die auf Daniel und die anderen Yup'ik wartete. Er lachte: »Tja, die anderen, die denken, dass wir fischen gehen. Die werden sich noch wundern. Ich, ich weiß, was mich erwartet. Ich werde gutes Geld verdienen, und wenn die Arbeit getan ist, zahlt mir die Firma die Rückfahrt nach Hooper Bay. Meine Frau wartet auf mich mit den Kindern. Sie kümmert sich um unsere Finanzen.«

Er fragte mich, weshalb ich nach Cordova führe. Ich erzählte ihm von den Rotrücken-Zimtelfen und dass ich sie in ihrem nördlichsten Brutgebiet sehen wollte. Daniel wurde lebhafter. »Klar, die kenne ich! Die sind cool. Die einzigen Vögel auf der Welt, die rückwärtsfliegen können, richtig? Wie ein Hubschrauber?«

Sein Enthusiasmus freute mich. Hooper Bay war einer der abgelegensten Orte in Alaska, und dass ein junger Einheimischer auf das Thema Kolibris fasziniert und mit so viel Interesse reagierte, stimmte mich, gelinde gesagt, hoffnungsvoll. Vor Antritt meiner Reise hatte ich mich gefragt, ob Kolibris nur für mich und eine Handvoll Vogelliebhaber ein solches Faszinosum darstellten.

Daniel fragte mich, wo ich herkäme.

»Ich lebe auf einer Shetlandinsel. Es gibt etwa 100 davon, auch auf dem 60. Breitengrad, aber nur weniger als ein Dutzend von ihnen sind bewohnt. Meine Heimat ist Whalsay – eine Insel mit etwa 1000 Bewohnern. Sie liegt ziemlich weit nördlich, aber dort sieht es anders aus. Wir haben zum Beispiel nicht viele Bäume. Und auch keine Gletscher.«

Gerade fuhren wir an der zerklüfteten Zunge des Billings-Gletschers vorbei, die sich zu unserer Linken hinunter zum Prinz-William-Sund schlängelte. Hinter uns verschwand Whittier zwischen dunklen Baumgruppen in der Ferne. Daniel sah nachdenklich aus.

»Keine Bäume also. Hm. Genau wie in Hooper Bay. Da ist hauptsächlich … wie sagt man noch … Tundra?«

Wir fanden Gemeinsamkeiten. Daniel erzählte weiter: »Und auf deiner Insel leben nur 1000 Leute? Tja. Genau wie in meiner Heimatstadt.«

Er hielt inne.

»Gibt es Bären auf deiner Insel?«

Mit dieser Frage hatte ich nicht gerechnet, und als ich amüsiert entgegnete, nein, auf den Shetlands gebe es keine Bären, blieb Daniel sehr ernst.

»Hier gibt es Bären«, sagte er eindringlich. »Wo du hinfährst, gibt es Bären. Hast du schon mal einen gesehen? Alter, du musst aufpassen. Die sind riesig. Und schnell. Wenn du in den Wald gehst, um Vögel zu finden, solltest du dich vor Bären in Acht nehmen.«

Ein Freund von Daniel, ein Yup'ik Mitte 20 namens David, hatte sich zu uns gesellt, und auch er nickte finster.

»Ja, Mann, mit den Bären ist nicht zu spaßen. Mein Vater war Jäger. Der hatte Jagdhunde, denen hat er immer die Hölle heiß gemacht. Er hat uns immer eingetrichtert, uns vor den Bären in Acht zu nehmen. Am besten hat man eine Knarre dabei. Ich nehme mal an, Sie haben keine Waffe? Nein? Besorgen Sie sich Bärenspray, Mann.«

David, der ebenfalls unterwegs war, um für einige Wochen in der Fischfabrik zu arbeiten, erzählte noch ein wenig von der Jägervergangenheit seiner Familie. Er klang bedrückt über den Verlust dieser ursprünglichen Lebensart. Schließlich wurde unser Gespräch von der Lautsprecherdurchsage unterbrochen, man könne nun von der Reling aus eine Gruppe Schwertwale beobachten. Meine neuen Yup'ik-Freunde schien die Nachricht kaltzulassen.

»Die bringen Unglück, hat mein Vater immer gesagt«, erzählte David. »Er konnte Schwertwale nicht ausstehen. Man kann ihnen nicht vertrauen.«

Ich verabschiedete mich für den Moment von Daniel und David und gesellte mich zu der kleinen Passagiergruppe, die gen Osten aufs weit entfernte Ufer blickte. Ab und an ragte die schwarze Rückenflosse eines Schwertwals aus dem Wasser, die Tiere schwammen schnell an uns vorbei, in die entgegengesetzte Richtung der Aurora. Ich fühlte mich wie zu Hause – im Sommer zogen die Schwertwale auch an den Shetlands vorüber.

Doch die Parallelen zwischen Alaska und den Shetlandinseln reichten tiefer als ein gemeinsamer Breitengrad oder der gelegentliche Orcabesuch. Beide Orte waren in jüngster Vergangenheit auf schlimmste Art und Weise vom Schicksal und den Tücken der Ölindustrie getroffen worden. Am 24. März 1989 war der Öltanker Exxon Valdez am Bligh Reef des Prinz-William-Sunds gesunken, und 37 000 Tonnen Rohöl ergossen sich in die unberührte Meeresnatur, auf die so viele Alaskaner für ihren Lebensunterhalt angewiesen waren. Die Folge war eine Naturkatastrophe ungeahnten Ausmaßes. Wenige Jahre später, am 5. Januar 1993, wurden die Shetlandinseln von einem ähnlichen Albtraum heimgesucht, als die MV Braer in Garth Ness unterging und etwa 85 000 Tonnen Rohöl ins Meer gelangten.

Beide Regionen haben sich mit der Zeit davon erholt – und ich verdankte dieser gemeinsamen Geschichte meine Unterkunft in Cordova, wo ich Kate McLaughlin treffen und nach meiner Rotrücken-Zimtelfe suchen wollte. Dr. Jonathan Wills, ein befreundeter Journalist aus Shetland, der damals über das Braer-Desaster berichtet hatte, untersuchte auch die tragischen Folgen, die das Ganze für unsere Uferregionen hatte. In diesem Zusammenhang hatte er David Lynn Grimes kennengelernt, sein alaskisches Gegenstück. Jonathan hatte mir David liebevoll als »komplett durchgeknallt« beschrieben und sprach nur gut von ihm. »Er ist Ornithologe, Wildnisführer und Singer-Songwriter, berühmt für seine Barfußgletschertouren und Raftingabenteuer auf dem Copper River. Im Jahr 1990 war er Teil der Oil-Pollution-Act-Kampagne, zusammen mit Rick Steiner, der damals Professor für maritimen Umweltschutz an der University of Alaska war – die beiden sind zusammen auf den Potomac zu einem Schiff rausgeschwommen, auf dem ein PR-Event für einen Ölkonzern veranstaltet wurde. Die reguläre Teilnahme hatte man ihnen verweigert. Er ist einer der Besten da drüben.«

Jonathan hatte den Kontakt zwischen uns hergestellt, und David bot mir auf der Stelle einen Schlafplatz im Eyak Lake Compound an, eine Wohnsiedlung etwas außerhalb von Cordova. Als wir am späten Abend mit der Fähre dort ankamen, wurden wir von wirbelnden Wolken lauthals schreiender Beringmöwen begrüßt, die schaumschlagend aus dem stillen Hafenbecken aufstiegen. David holte mich ab. Er hatte mir aufgetragen, auf dem verwaisten Parkplatz neben dem Kai nach einem großen, sandfarbenen Van Ausschau zu halten, und das Gefährt war tatsächlich nicht zu übersehen. Ich war nicht darauf vorbereitet, was mich im Innern erwartete: Der Künstler in David war offensichtlich mit ihm durchgegangen, denn das Interieur sah aus wie eine liebevolle Mischung aus altem Flussdampfer und Hippiecamper. Die holzverkleideten Wände und sogar die Decke waren mit Kunstwerken behangen, und überall um uns herum baumelten mit Federn verzierte Schnüre. Auf dem Armaturenbrett prangte ein geschnitzter und bemalter Buntfalke, daneben klebte ein Marmeladenglas voller Weidenröschen und anderer Wildblumen. Sofort stellte David sich als freundlicher, gesprächiger Gastgeber heraus, die Muscheldekoration in seinem Van war genauso abwechslungsreich wie die Gesprächsthemen, die geradezu aus ihm strömten. Nach wenigen Minuten hatte er vom Universum, dem Schicksal und Karma gesprochen und uns alle in Anlehnung an den theoretischen Physiker Richard Feynman als »menschliche Moleküle« beschrieben. Feynman hatte sich selbst sowohl als ein Universum an Atomen als auch ein einziges Atom im gesamten Universum betrachtet. Ich mochte David sofort. Während wir die wenigen Straßen in Cordova passierten und am Ufer des Lake Eyak entlangfuhren, fiel es mir nicht leicht, die Umgebung in mich aufzunehmen und gleichzeitig der ersten von vielen Kolibrigeschichten zu lauschen, die David aus dem Ärmel schüttelte.

»Vor über 40 Jahren bin ich zum ersten Mal mit ein paar anderen jungen Naturforschern nach Cordova gekommen, und ein außergewöhnlicher Vogelbeobachter, Pete Isleib, nahm uns unter seine Fittiche. Für Roger Tory Peterson war Pete der beste Vogelkundler an der gesamten nordamerikanischen Pazifikküste – ›unerreicht und unermüdlich‹ hat er ihn genannt.«

Wenn dieser Mann bei Roger Tory Peterson, dem Vater der modernen Vogelbeobachtung in den USA, so hoch in der Gunst stand, musste es sich um einen bemerkenswerten Ornithologen gehandelt haben. Unterdessen fragte ich mich, was David in den 1970er-Jahren nach Alaska verschlagen hatte und ob es vielleicht ein weiterer Ölteppich war. Die Santa-Barbara-Ölpest von 1969 verschmutzte die kalifornische Küste mit etwa 14 000 Tonnen Rohöl, eine Umweltkatastrophe, die Gaylord Nelson, den Senator von Wisconsin, dazu bewegte, den ersten Earth Day ins Leben zu rufen. Zu dieser Zeit war der Vietnamkrieg noch in vollem Gange, und die überwiegende Mehrheit der Studentenschaft im ganzen Land protestierte dagegen. Ihr Widerstand gab Nelson Hoffnung, dass ein zaghaft aufkeimendes Bewusstsein über Luft- und Wasserverschmutzung in ähnlich starke Bahnen gelenkt werden könnte, um den Umweltschutz auf die nationale politische Agenda zu zwingen.

Am 22. April 1970, dem ersten Earth Day, gingen etwa 20 Millionen Amerikanerinnen und Amerikaner auf die Straße. Es war der erste landesweite Akt der Solidarität, der unterschiedliche Stimmen der Umweltbewegung zusammenbrachte. Am Ende des Jahrzehnts wurde die Umweltbehörde EPA gegründet, und der »Clean Air, Clean Water and Endangered Species Act« hatte deutliche Fortschritte gemacht. »Das Ganze war eine riskante Aktion, aber es hat sich gelohnt«, stellte Nelson im Nachhinein fest.

Der Earth Day stieß auch eine Zurück-aufs-Land-Bewegung an, die viele junge, unzufriedene Menschen aus den Städten in die freie Natur trieb, von der sie sich ein besseres, umweltbewusstes, einfacheres Leben versprachen. Einige gründeten Hippiekommunen in Kalifornien, während es andere weiter gen Norden zog, denn in Alaska, dem Staat, der schon immer einen gewissen Pioniergeist erfordert hatte, vergab die Regierung noch immer umsonst Land an Siedler.

Ich reiste mit leichtem Gepäck nach Alaska, nur das Nötigste hatte ich um meine Kameraausrüstung in meine Tasche gestopft. Doch neben meiner Kulturtasche und einem Regenmantel hatte ich auch den Roman *Drop City* von T. C. Boyle dabei, die fiktive Geschichte einer idealistischen Gruppe Hippies, die von Kalifornien nach Alaska kommt, um in der dortigen Wildnis eine Gemeinschaft aufzubauen. Boyle ließ sie glorreich scheitern, doch im wahren Leben hatte der Weg nach Alaska für manch einen tatsächlich ungeahnte Möglichkeiten und Momente stiller Offenbarung mit sich gebracht.

»Pete führte mich und ein paar Freunde in den industriellen Lachs- und Heringfang im Prinz-William-Sund und dem Copper River Delta ein«, erzählte David, »und weckte unser Interesse an der örtlichen Flora und Fauna. Anfang der Achtziger waren einige von uns bei Pete zum Abendessen eingeladen, und später fragte er uns, ob einer von uns schon einmal einen Kolibri aus nächster Nähe gesehen habe. Dann streckte er seine Hand aus. Darin hockte reglos ein kleines zahmes Vögelchen.

In den Jahren danach habe ich den einen oder anderen Kolibri aus dicken Spinnweben zwischen Dachsparren gerettet, und natürlich habe ich manchmal einen festgehalten, wenn Kate McLaughlin Hilfe bei ihren Fängen brauchte.«

Der Zufall wollte es, dass David und Kate gut miteinander befreundet waren.

»Doch damals mussten wir Petes Frage alle verneinen, worauf er den tiefenentspannten Vogel in meine ausgestreckte Hand setzte und mir angesichts dieses Wunders ein Schauer über den Rücken jagte.

Eine Woche später fragte ich Pete endlich, wie er den Vogel gefangen hatte – bei Pete hätte man sich vorstellen können, dass er ihn einfach mit der bloßen Hand aus der Luft gepflückt hatte. Doch Pete machte eine effektvolle Pause und sagte dann mit einem schelmischen Funkeln in den Augen: ›Ein bisschen Alkohol im Zuckerwasser, dann sind sie eine Weile ganz ruhig …‹.«

Wir erreichten den Eyak Lake Compound, auf dem ein riesiges, fantastisches Holzhaus stand, von dem aus man den Blick auf den See genießen konnte. Auf der Veranda zum See hing ein Kolibrifutterspender. Ich nahm an, dass er keinen Alkohol enthielt und ich insofern statt eines heimlichen Beruhigungsmittels scharfe Augen und jede Menge Glück bräuchte, um meine erste alaskische Rotrücken-Zimtelfe zu sehen. David erzählte in aller Seelenruhe, dass das Holzhaus vor ein paar Jahren beinahe von einer Lawine mitgerissen worden wäre, die nur wenige Meter davor zum Stehen gekommen war.

»Alle Scheiben sind geplatzt, und alles, was sich zwischen Haus und Berg befand, hat sie plattgemacht«, berichtete er. »Da oben am Hang sieht man den Weg, den sie genommen hat.«

Über uns ragte der Berg empor. Zwar war es an diesem Sommerabend nicht leicht, sich die mit Tiefschnee bedeckten Hänge vorzustellen, doch tatsächlich führte eine baumlose Schneise geradewegs auf den Eyak Lake Compound zu und ließ keinen Zweifel daran, wie risikoreich das Leben hier war. Die Wildnis hatte mich von jeher angezogen, doch ich musste mir ehrlicherweise die Frage stellen, ob ich an einem Ort leben könnte, der von einer derart mächtigen Gefahr überschattet wurde.

Als David mich herumführte, riet er mir, einmal die Lachsbeeren zu probieren, die um die gesamte Holzhütte wucherten.

»Die sind gerade herrlich reif«, sagte er. »Am besten schmecken sie, wenn man noch eine Blaubeere findet und hineinsteckt.«

Lachsbeeren, so stellte ich fest, sahen aus wie vielfarbige Himbeeren, manche waren zitrusgelb, andere granatrot. Die meisten leuchteten orange, und alle schmeckten, wie David gesagt hatte, einfach herrlich.

»Den Bären schmecken sie auch«, erzählte er weiter, dann wirkte er plötzlich nachdenklich. »Wenn du in den Wäldern wandern willst, solltest du dir Bärenspray besorgen. Zu dieser Jahreszeit, wenn die Elchjungtiere zu schnell für die Bären werden, dann essen sie Lachsbeeren, bis die echten Lachse endlich den Fluss hochgeschwommen kommen.«

Ich hatte gesehen, wie eine Elchmutter mit ihrem Kalb durch ein Tal getrabt war, aufgeschreckt von dem Zug, der mich von Anchorage nach Whittier gebracht hatte. Ihre Flinkheit rief mir deutlich vor Augen, wie schnell ein hungriger, fest entschlossener Bär sein könnte.

Am nächsten Morgen traf ich mich mit Kate McLaughlin. Wenn sie nicht mit Kolibris beschäftigt ist, arbeitet sie im Büro des Chugach-Nationalparks. Obwohl wir in den vergangenen Wochen einige E-Mails ausgetauscht hatten, machte Kate auf mich den Eindruck, als hätte sie nicht so ganz geglaubt, dass ich tatsächlich den ganzen Weg nach Alaska reisen würde, um eine Rotrücken-Zimtelfe zu sehen, doch sie verbarg gekonnt ihre Überraschung über mein plötzliches Auftauchen und hieß mich in Cordova herzlich willkommen. Ihr Enthusiasmus für Kolibris, die sie seit Jahren studierte, war ansteckend.

»Ich bin eine der wenigen zugelassenen Expertinnen für Kolibriberingung in den Vereinigten Staaten«, sagte sie stolz, bevor sie mir die ganze Geschichte ihrer unglaublichen Entdeckung von H82779 erzählte, einem Rotrücken-Zimtelfen-Weibchen, das ein gewisser Fred Dietrich am 13. Januar 2010 in Tallahassee, Florida, mit einem Ring versehen hatte. Fünf Monate später, am 28. Juni, fand sich H82779 in Kates kundigen Händen wieder, und zwar in Chenega Bay, Alaska, etwa 5630 Kilometer von dem Ort entfernt, an dem sie der letzte Mensch gesehen hatte. Für jeden Vogel wäre ein derart langer Migrationsflug eine gewaltige Herausforderung gewesen – doch für einen Vogel, der gerade einmal 3,5 Gramm wog, also weniger als eine Fünfcentmünze, kam die Leistung einem Wunder gleich.

Schon seit Jahrtausenden ziehen Vögel in mildere Winterquartiere gen Süden und wieder zurück, um in den Frühlings- und Sommermonaten geeignete Brutstätten zu finden. Erst in den letzten 100 Jahren konnten wir Menschen diese weiten Reisen einigermaßen präzise nachverfolgen, und es ist der Vogelberingung zu verdanken, dass wir einen Einblick in das Leben dieser nomadischen Kreaturen gewinnen konnten. Am 6. Mai 1911 beringte John Masefield, ein 61-jähriger Anwalt aus der englischen Grafschaft Cheshire, ein Schwalbenjunges, das er in einem Nest auf seiner Terrasse in Cheadle gefunden hatte. In den Ring aus leichtem Aluminium war B830 eingraviert, und anhand dieser Nummer identifizierte sie der Farmer J. Mayer am 23. Dezember 1912 in Utrecht, einer Stadt in der ehemaligen südafrikanischen Provinz Natal, wo er die Schwalbe eingesperrt in einer seiner Scheunen entdeckte. Von ihrem Geburtsort war sie etwa 9656 Kilometer entfernt, was für die Ornithologen der damaligen Zeit einen unvorstellbaren Akt der Wanderung darstellte – niemand hatte gewusst, dass Zugvögel so weit reisten.

Inzwischen hat die Beringung auch Klarheit über den längsten Migrationsflug aller Vogelspezies gebracht: Die Küstenseeschwalben ziehen jährlich von der Arktis in die Antarktis, wobei sie vom Sommer auf der einen Hemisphäre in den Sommer auf der anderen wechseln.

Doch bei ihnen handelt es sich um hartgesottene Vögel. Schwalben und Seeschwalben sind kraftvolle Flieger, Meister der Lüfte und Ozeane. Kolibris hingegen sind Winzlinge, die zur Energiegewinnung größtenteils auf Zucker angewiesen sind. Für einen Kolibri müssen sich 5630 Kilometer mindestens so lang wie die Reisen der Schwalben anfühlen, wenn nicht sogar noch länger.

Auch ich müsste einige Kilometer hinter mich bringen, wenn ich eine Rotrücken-Zimtelfe mit eigenen Augen sehen wollte. Ich hatte gehofft, Kate bei der Beringung einiger Kolibris zusehen zu können, doch die Saison war bereits vorbei, wie sie mir sagte.

»Die Vögel sind nun dabei wegzuziehen. Die Kolibrisaison war in diesem Jahr äußerst dürftig, und die Männchen sind schon weg. Allerdings ist es durchaus noch möglich, ein Weibchen oder einen Jungvogel zu sehen, wenn du im richtigen Moment an einem blühenden Fliederbusch wartest oder an einem gefüllten Futterspender oder vielleicht einem Akeleifeld in der Nähe eines Baches.«

Kate empfahl mir ein paar Wanderwege, auf denen ich Glück haben könnte, wobei sie eine altbekannte Warnung aussprach. »Du musst vor Bären auf der Hut sein. Die sind gerade nicht gut drauf – die Lachse kommen erst jetzt die Flüsse hoch, um ihre Eier abzulegen, die Bären haben nichts als Beeren gegessen und sind hungrig. Du hast Bärenspray, oder?«

Vor Kate wollte ich nicht wie ein Anfänger wirken.

»Ja, klar, Bärenspray hab ich.«

Am Morgen hatte ich auf dem Weg nach Cordova am Straßenrand eine Frau gesehen, die Lachsbeeren pflückte und dabei eine

Pistole am Gürtel trug, sodass mir noch deutlicher bewusst wurde, wie viel Respekt die Einheimischen ihren viertatzigen Nachbarn entgegenbrachten. Kaum hatte ich einen Fuß aus Kates Büro gesetzt, beschloss ich, Bärenspray zu besorgen, bevor ich den Rest des Tages entlang des Heney Ridge Trails wandern würde.

Cordova war klein, bis zum nächsten Gemischtwarenladen war es nicht weit. Ich fragte eine Verkäuferin nach Bärenspray, doch sie führte mich zum Regal mit Insektenspray. Vermutlich war das Missverständnis auf meinen britischen Akzent zurückzuführen. Ich wiederholte mein Anliegen und verdeutlichte es obendrein mit ein wenig Pantomime.

»Bärenspray? Grrr!«

Ich hob die Arme über den Kopf und ahmte den wütenden, hungrigen Bären nach, dem ich im Grunde gar nicht erst über den Weg laufen wollte. Am Gesicht der Verkäuferin erkannte ich, dass der Groschen gefallen war.

»Ach so, Sie meinen *Bären*spray. Das führen wir hier nicht. Da müssen Sie in den Whiskey Ridge Cycle Store gehen.«

Ein Fahrradladen war nicht gerade der Ort, an dem ich erwartet hätte, Bärenspray kaufen zu können und auch nicht all die anderen Jagdutensilien, die dort in Hülle und Fülle angeboten wurden. An der Wand hinter dem Tresen hingen Gewehre, die Regale darunter waren mit Munitionsschachteln gefüllt. Offenbar war Fahrradfahren hier genauso gefährlich wie Beerensammeln. Ich fragte den freundlichen bärtigen Mann hinter dem Tresen nach Bärenspray, und er deutete auf einige große blau-gelbe Dosen. Der Preis schockierte mich etwas – 50 Dollar –, sodass ich mich kurzzeitig fragte, ob das wirklich nötig sei.

»Gab es hier in letzter Zeit viele Probleme mit Bären?«, fragte ich. Seine Antwort ließ mich den Preis vergessen.

»Sicher, wenn die Hunger haben, kommen sie in die Stadt und machen den Leuten im Garten Ärger. Im letzten Sommer haben wir hier um die 20 abgeschossen.«

Nachdem ich bezahlt hatte, zeigte er mir, wie ich das Spray im Fall des Falles anwenden sollte.

»Sie tragen es am Gürtel. Ziehen Sie die Sicherung, bevor Sie es benutzen wollen. Und zielen Sie mit der Öffnung auf den Bären, nicht auf Ihr Gesicht. Sie sollten was sehen, wenn ein angepisster Bär auf Sie zurennt.«

Ich konnte mir kaum etwas Schlimmeres vorstellen, als blind von einem Bären zerfleischt zu werden, weil ich mich zuvor eigenhändig mit Chiliextrakt eingenebelt hatte. Ich folgte der Einweisung des Verkäufers aufmerksam und fuhr anschließend mit Spray ausgerüstet zum Heney Ridge Trail, der etwas außerhalb der Stadt lag. Mittlerweile war es früher Nachmittag, und die Temperatur stieg merklich an. Ich hatte nicht erwartet, dass es in Alaska derart heiß sein würde. Die Bäume, die tiefe Schatten über meinen Wanderweg warfen, der sich an der Hartney Bay entlangwand, waren eine willkommene Abwechslung. Der glitzernde Fluss schmiegte sich an die Bucht. Ich pflückte wieder Lachsbeeren, die üppig am Wegesrand wuchsen, und hielt mich etwas unbeholfen an einen weiteren Bärenratschlag, der mir zuvor erteilt worden war: In regelmäßigen Abständen klatschte ich in die Hände, ganz besonders vor Anhöhen und blinden Kurven. Zwar würde jeder Bär auf diese Art vor meiner Anwesenheit gewarnt werden und hätte genug Zeit, um sich zu trollen, doch Vögel würde ich so nicht zu Gesicht bekommen. Ich war gewohnt, mich so unauffällig wie möglich durch die Landschaft zu bewegen, und mein auffällig lärmendes Verhalten widersprach diesem Instinkt.

Durch einen riesigen Dunghaufen, der direkt vor meinen Füßen auf der Mitte des Weges lag, wurde ich aus meinen Gedanken gerissen. Er war größer als ein Fußball und mit winzigen Beerenkernen übersät, und ich konnte mir schon denken, welches Tier dafür verantwortlich war. Nervös sah ich mich um und klatschte zur Sicherheit ein paarmal in die Hände. Zwischen den moosüberzogenen Bäumen regte sich nichts. Als ich mich auf den Boden kniete, um mit dem Handy ein Foto von dem Haufen zu machen, spürte ich, dass er noch warm war. Er war frisch. Sehr frisch.

Plötzlich hörte ich platschende Geräusche, die vom etwas unterhalb des Weges verlaufenden Fluss zu kommen schienen. Mit klopfendem Herzen versuchte ich durch das Dickicht der Bäume zum Wasser zu spähen. Ich konnte sehen, wie die dunkelgrauen, torpedoförmigen Lachse, die gegen den Strom schwammen, in dem klaren Fluss hingen. Ab und an durchbrach einer von ihnen die Oberfläche und peitschte das Wasser mit seinen Körperbewegungen lautstark auf. Gerade hatte ich mir gesagt, dass ich nur die Fische gehört hatte, da bemerkte ich hinter den Bäumen das unverwechselbare Geräusch von etwas Großem, das sich ins Wasser stürzte. Durch die Äste der Hemlocktannen erkannte ich den verschwommenen, aber unverwechselbaren Umriss eines Bären, der von mir weg in den Fluss watete.

Ich erstarrte. Der Bär verschwand genauso schnell aus meinem Blickfeld, wie er gekommen war, und ließ mich vollgepumpt mit Adrenalin zurück. Ich hatte nicht damit gerechnet, einem Bären so nahe zu kommen, und schon gar nicht so schnell. Ich fragte mich, ob es wirklich ratsam sei, unter diesen Umständen weiterzuwandern und Kolibris zu suchen, doch am Ende sagte ich mir, dass es genauso wahrscheinlich war, auf dem Rückweg zum Auto auf einen Bären zu stoßen, als den Wald hinter mir zu lassen und in die sumpfigen Tundramoorgebiete jenseits davon zu gelangen. Also entschloss ich mich dazu, weiterzuwandern – noch vorsichtiger und vor allem noch lauter.

Weitere Bären ließen sich nicht blicken, doch auch Kolibris fand ich nicht, obwohl ich an etlichen orange blühenden Akeleifeldern vorbeikam, ihrer bevorzugten Nektarquelle in der Wildnis. Viele in Nordamerika heimische Akeleispezies, oder *Aquilegia*, wurden von Biologen untersucht, die herausfanden, dass die

Pflanzen mit orangefarbenen und roten Blüten hauptsächlich von Kolibris bestäubt werden, bei weiß und gelb blühenden Arten dagegen erledigen dies Schwärmerschmetterlinge.

Über Jahrtausende hat diese Beziehung sowohl die Form der Kolibris als auch der Blüten verändert. Irgendwann in der Kreidezeit haben Blumen Farben und Gerüche ausgebildet, um den Insekten zu signalisieren, dass sie Pollen tragen. Diese Insekten, die viele Blüten aufsuchten, befruchteten sie unabsichtlich. Mit der Zeit bildeten Blumen als zusätzliches Lockmittel den Nektar aus – während Insekten wiederum besseres Werkzeug ausbildeten, um die Blumen zu finden und anschließend Nektar und Pollen aufzunehmen. Diese zusammenhängenden evolutionären Prozesse führten schließlich durch Zufall dazu, dass ein sehr viel größerer Organismus, der Vorläufer heutiger Kolibris, die reichhaltige Nahrungsquelle nutzen konnte. Um den Nektar aus den Blüten saugen zu können, entwickelten Kolibris genau wie die Schwärmer die Fähigkeit, eine Zeit lang direkt vor der Blüte zu schweben – eine biomechanische Innovation, die zuvor für Wirbeltiere undenkbar gewesen wäre: Während des Fluges rotierten sie ihre Flügel, sodass mit jedem Schlag sowohl bei der Aufwärts- als auch der Abwärtsbewegung Auftrieb erzeugt wurde. Unterdessen veränderten sich die Blumen ebenfalls. In ihrer Form unterscheiden sich die meisten Akeleispezies nicht voneinander – sie alle haben lange Sporne, durch die ausschließlich Bestäuber mit besonders langen Zungen oder Rüsseln an den Nektar gelangen können –, doch die Farbe ihrer Blüten hat sich durch die Evolution bestimmten Bestäubern angepasst. Allen Kolibriarten signalisiert die Farbe Rot eine Nahrungsquelle. Für Insekten, die UV-Licht sehen können, sind Weiß und Gelb deutliche Signalfarben für Nektar und Pollen.

Es gibt sogar einen eigenen Ausdruck für diesen Prozess, durch den ein bestimmtes Ereignis in einer Folge kausaler Zusammenhänge zu einer scheinbar davon unabhängigen Innovation führt, genau wie die neuen Vermehrungsstrategien von Pflanzen zur außergewöhnlichen Evolution der Kolibris beigetragen haben. Der Autor Steven Johnson bezeichnete dies als Kolibrieffekt. Viele technologische Fortschritte, die für uns heutzutage selbstverständlich sind, nahmen so ihren Anfang. Johnson nennt als Beispiel die Erfindung der Druckerpresse mit beweglichen Bleilettern durch Johannes Gutenberg. In der Folge stieg in Europa die Nachfrage nach Brillen, da durch die größere Verbreitung von Druckwerken viele des Lesens mächtige Menschen merkten, dass sie in der Regel weitsichtig waren. Der aufkeimende Lesebrillenmarkt führte zu mehr Forschung, was die Gestaltung und die Herstellung von Linsen anging. Diese Experimente führten zur Erfindung des Mikroskops und schließlich zu der Erkenntnis, dass der menschliche Körper aus mikroskopisch kleinen Zellen besteht. Die Verbesserung des Buchdrucks hat uns also die Augen bezüglich der Welt auf molekularer Zellebene geöffnet – der Zusammenhang war zwar nicht offensichtlich, aber für jeden spürbar. In etwa so verhielt es sich auch mit der Evolution der Pollen und dem Flug der Kolibris, einer unerwarteten biomechanischen Veränderung, die durch eine scheinbar unabhängige Neuerung ausgelöst wurde.

Zurück im weichen, moosbewachsenen Tundramoor lenkten mich andere botanische Schätze ab – ich riskierte feuchte Knie, um mir den rubinroten Rundblatt-Sonnentau aus der Nähe anzusehen, genau wie die zartvioletten Blüten des Gemeinen Fettkrautes. Beide Pflanzen schienen derselben mir bekannten Spezies anzugehören, die auch zu Hause auf den Shetlands beheimatet war. Ich fand grüne und weiße Orchideengewächse an frischen Stängeln – Sumpf-Weichorchis und *Platanthera stricta* (eine Art der Waldhyazinthen), um genau zu sein –, und obwohl ich diese Arten noch nie zuvor gesehen hatte und sie den latenten Orchideenjäger in mir begeisterten, halfen sie wenig gegen meinen Frust und die Angst, dass ich zu spät gekommen war, um eine Rotrücken-Zimtelfe in diesen nördlichen Breitengraden zu Gesicht zu bekommen.

Meine Zeit in Cordova richtete sich nach dem Zeitplan der Fähre, die an die Bedürfnisse der Bewohner angepasst war. Mir blieb nur noch ein Tag, dann musste ich zurück nach Whittier und weiter nach Anchorage. Genug Zeit, um einen anderen, längeren Wanderweg zu nehmen, trotzdem kehrte ich als mutloser Naturforscher zum Eyak Lake Compound zurück. Dort war ich unterdessen nicht mehr allein: Pete und Tim, zwei Fischer um die 50 aus den »Lower 48«, den US-Bundesstaaten südlich von Kanada, waren nach einer Woche auf See die Neuzugänge in der Anlage. Sie hatten für eine der kleineren Lachsfabriken in Cordova Lachse gefangen. Bester Laune feierten sie eine erfolgreiche Arbeitswoche mit einem steten Nachschub an Tequila mit Grapefruitsaft. Tim erzählte von einem vergangenen Fischereinsatz, bei dem ein Buschpilot mit einem neuen Deckhelfer und ein paar Kästen Bier zu ihnen geflogen war.

»Wir saßen gerade am Strand, als der feine Herr Pilot mit seiner Piper Cub angeflogen kam«, erinnerte er sich. Diese kleinen Leichtflugzeuge waren auf dem Lake Eyak allgegenwärtig, entlang der Küste parkten sie in geschützt liegenden Häfen auf Schwimmkörpern. »Über das Bier haben wir uns mehr gefreut als über den Neuen. Wir hatten gerade LSD eingeworfen. Das war ein Trip.«

Ich fühlte mich geradewegs in die Kommunengeschichte von *Drop City* versetzt. Da ich mir erst einen einzigen Tag in Alaska auf die Fahnen schreiben konnte, wusste ich nur zu berichten, dass ich statt Kolibris einen Bären gesehen hatte. Tim wurde ernst.

»Du warst auf dem Heney Ridge Trail? Genau da hat ein verdammter Bär vor ein paar Jahren Thea angesprungen. Die Verletzungen machen der heute noch das Leben schwer, Mann.«

Für den nächsten Tag hatte ich mich zu einer Wanderung auf den Mount Eyak mit einem jungen Amerikaner verabredet, Mitch

Kochanski, den ich auf der Fähre von Whittier kennengelernt hatte. Der Berg ragte, von der Wohnanlage aus betrachtet, eindrücklich auf der gegenüberliegenden Seite des Sees empor. Nach meiner ungewollten Bärenbegegnung vom Vortag und Tims Warnung, die mir noch lange durch den Kopf ging, fühlte ich mich wohler damit, die Suche nach Kolibris in Alaska in Begleitung statt auf eigene Faust wieder aufzunehmen. Ganz besonders, weil Mitch eine Bärenglocke am Rucksack trug – sie war klein und aus Metall, einer moderaten Kuhglocke nicht unähnlich –, die unsere Anwesenheit bei jedem Schritt lautstark ankündigte.

Am Ende waren meine Sorgen unbegründet, denn ein Kolibri fand mich, noch bevor ich meine Unterkunft wieder verließ. Ich stand gerade mit einer Tasse Kaffee in der Hand in der Küche und betrachtete über den See hinweg den wolkenverhangenen Berg und brauchte einen Moment, bevor ich begriff, was direkt vor meiner Nase in der Luft zu stehen schien: ein Rotrücken-Zimtelfen-Weibchen, das seinen Schnabel in Davids Futterspender steckte, der vom Terrassendach baumelte. Kurz sahen wir einander in die Augen, dann war es wieder verschwunden. Mir war kaum Zeit geblieben, es zu bemerken. Zurück blieb nur der Hauch einer Erinnerung an sein gedecktes, grün-weißes Gefieder. Männliche Rotrücken-Zimtelfen erstrahlen in viel auffälligerem sienarotem und dunkelorangefarbenem Federkleid, dessen Feuer ihrem angriffslustigen Temperament in nichts nachsteht.

Mein Fotoapparat lag nutzlos hinter mir auf dem Tisch, doch das schien in diesem Moment nicht wichtig. Das Zimtelfen-Weibchen kam mir vor wie eine Botin, die den Beginn meiner Kolibriodyssee verkündete, genau hier, in der abgelegensten Heimat ihrer Art. Und ich stellte mir vor, dass es eine Nachfahrin von H82779 war, ganz gleich, wie weit hergeholt dieser Gedanke auch sein mochte.

Dass ihr Besuch so kurz ausgefallen war, war typisch für Kolibris. Ihre Futtersuche ist von kurzer, intensiver Aktivität geprägt, unterbrochen von Ruhephasen, in denen die Vögel stillsitzen oder sich putzen. Erst kürzlich wurde der Mechanismus hinter ihrem Fressverhalten verstanden. Über 150 Jahre lang, seit die Theorie 1833 aufgestellt wurde, haben Forscher angenommen, dass bei der Nahrungsaufnahme der Kolibris der Kapillareffekt zum Tragen komme. Ihre dünnen Zungen – die so lang sind, dass sie sich im eingezogenen Zustand um die Innenseite von Schädel und Augen legen – sind an der Spitze gespalten, wobei sich die Ränder nach innen stülpen und feine Tunnel bilden, die parallel zueinander verlaufen. Wissenschaftler glaubten lange, der Nektar würde durch diese beiden Röhren nach oben steigen. Nektar ist jedoch dickflüssig wie Sirup. Kolibris können ihre Zunge 18-mal pro Sekunde in die Blüte schnellen lassen. Für den Kapillareffekt blieb da nicht genügend Zeit, falls er überhaupt einsetzte.

Erst kürzlich folgte Margaret Rubega, Professorin an der University of Connecticut, ihrer Überzeugung, dass dies unmöglich der Mechanismus hinter der Nahrungsaufnahme der Kolibris sein konnte, und gab Forschungen an durchsichtigen Kunstblüten mit Highspeed-Kameras in Auftrag, die 1200 Aufnahmen pro Sekunde machten. So kam schließlich die Wahrheit ans Licht: Die gespaltenen Zungenspitzen der Kolibris öffneten sich, wenn sie mit Flüssigkeit in Berührung kamen, und an ihren Rändern zeigten sich eine Reihe winziger Taschen. Ihre Zungen blühten sozusagen auf, genau wie die Pflanzen, die sie besuchten. Schnellt die Zunge zurück, so schließen sich Taschen und Gabelung und speichern den Nektar. Wird die Zunge wieder ausgestreckt, wird der eingeschlossene Nektar in die Kehle gedrückt. Der gesamte Vorgang ist passiv; alles, was der Kolibri tun muss, ist, seine Zunge rauszustrecken und wieder einzuziehen. Da ich die Studie kurz vor meiner Reise nach Alaska gelesen hatte, eröffnete sich mir in diesem Moment nicht nur ein herrlicher Einblick in die Welt der Kolibris, dieses Wissen führte mir ebenso eindringlich vor Augen, wie wenig wir noch immer wussten: von ihnen oder von dem, was sie von der Erde brauchten, damit es ihnen gut ging.

Kate hatte mir erzählt, dass die Bestände an Rotrücken-Zimtelfen insgesamt abnahmen. Ihre gewohnten Überwinterungsorte in Mexiko wurden zunehmend von Dürren bedroht. Genau wie H82779 überwinterten sie nun häufiger in Florida. Kate vermutete, dies sei der starken Ausweitung freier Landflächen und blütenreicher Gärten zu verdanken, die jetzt anstelle von Hartholz- und Kiefernwäldern die Landschaft prägten, und manche dieser Gärten waren nun auch mit gut gefüllten Futterspendern wie auf unserer Terrasse ausgestattet, an dem soeben mein erstes flüchtiges Treffen mit einer weiblichen Rotrücken-Zimtelfe stattgefunden hatte.

Doch nicht nur in ihrem mexikanischen Überwinterungsquartier änderten sich die Bedingungen, vielleicht angetrieben vom Klimawandel, sondern auch in ihrem Sommerquartier. Kate erzählte mir, dass sich auch die Nistplätze einer anderen Kolibriart veränderten, die des Annakolibris. Diese hartgesottene, in Höhenlagen ansässige Kolibrispezies sah man früher nur selten im mittleren Süden von Alaska; vor 1930 brüteten sie ausschließlich in Baja California, doch mittlerweile kommen sie auch im nördlichen Golf von Alaska und nahe dem Prinz-William-Sund vor.

»Ich habe mal im Oktober ein ausgewachsenes Weibchen und ein Jungtiermännchen beringt. Das deutet auf brütende Annakolibris im Süden von Zentralalaska hin. Die meisten migrieren im Herbst vermutlich in die Lower 48, die nicht durch Meere getrennten Bundesstaaten, genau wie die Rotrücken-Zimtelfen, doch da sie gut mit Kälte umgehen können, bleiben manche von ihnen vielleicht auch in den milderen Küstenregionen. Einen habe ich hier Mitte Januar gesehen, an einem Nektarspender. Kolibris im Schnee – wer glaubt denn so was?«

Als die Fähre an meinem letzten vollen Tag in Alaska von Cordova ablegte und in den Prinz-William-Sund hinausfuhr, dachte ich über Vorzeichen nach, ob nun real oder nicht, die zwar bewiesen waren, aber noch nicht vollends verstanden wurden. Ich war am Ende eines für Alaska absolut untypisch warmen Frühjahrs und Sommers hergekommen. Im März lagen die Temperaturen in Alaska elf Grad über dem gewöhnlichen Durchschnitt. In der Arktis war die Abweichung sogar noch extremer, das Thermometer zeigte am 30. März 22 Grad mehr an als sonst üblich. Die Heftigkeit und das Ausmaß des Swan-Lake-Waldbrandes waren eine sichtbare, omnipräsente Warnung davor, dass Alaska trocken wie Zunder geworden war. Andere, noch schädlichere Veränderungen blieben dem bloßen Auge verborgen.

Ende Mai war das Wasser im Golf von Alaska um 1,5 Grad wärmer als sonst. Das klingt wenig, spricht jedoch dafür, dass sich ein komplettes Ökosystem erwärmt. Der Energieaufwand, der notwendig ist, um so große Massen an kaltem Wasser zu erhitzen, ist schier unvorstellbar. Rob Campbell, ein Meeresbiologe am Prince William Sound Science Center, hatte bereits vor dem Dominoeffekt gewarnt, den eine anhaltende Erwärmung auslösen würde und dessen Folgen wir erst Jahre später zu spüren bekämen.

Dass sich der Annakolibri von einem seltenen Zaungast zu einem offenbar in Alaska brütenden Dauerbewohner gewandelt hat, erscheint vielleicht wenig bedrohlich. Was wäre ungefährlicher als ein Kolibri? Trotzdem dachte ich an David Lynn Grimes' Worte zurück, mit denen er die schrecklichen Ereignisse von 1989 beschrieb: »Die Exxon-Katastrophe war eine schreckliche Krise zu einer Zeit, in der vieles auf der Welt im Wandel begriffen war. In Berlin fiel die Mauer, die Sowjetunion zerfleischte sich selbst. In China wurden die Proteste am Tian'anmen-Platz niedergeschlagen, in Südafrika wurde der Apartheid erfolgreich entgegengetreten, und Nelson Mandela stand kurz vor der Freilassung. Dass all die Wildtiere im Öl von Alaska für unsere Sünden starben, war ein globales Symbol für das Schwinden des Gartens Eden.«

Als sich die Fähre an jenem Morgen über das spiegelglatte Wasser des Prinz-William-Sunds gen Norden auf den mit Rauchwolken verhangenen Himmel zuschob, schien mir die Erwähnung von Exxon, 30 Jahre nach der Valdez-Ölpest, besonders bedeutsam. 1989 waren die unmittelbaren Folgen des Unglücks nicht zu übersehen gewesen, Tausende Tiere waren am Öl erstickt. Doch wer konnte heute sagen, welche Auswirkungen der Klimawandel auf lange Zeit gesehen in Alaska haben würde? Ich fürchtete, dass keine von ihnen diesem wunderschönen Flecken Erde guttun würde.

Es mochte eine Handvoll Profiteure geben, Spezies, die ihren Lebensraum nun auf die erwärmten nördlichen Gefilde ausdehnten – doch gleichzeitig geht Unersetzliches verloren: Subarktische Spezies und deren Habitate können nicht wandern, und wenn sie erst einmal fort sind, kommen sie auch nicht mehr wieder. Noch einmal ging mir Steven Johnsons Kolibrieffekt durch den Kopf. Dieser beschreibt zwar ursprünglich die schrittweisen, unvorhergesehenen Folgen von Erfindungen, doch ich fragte mich, ob er nicht ebenso herangezogen werden könnte, um die ersten unvorhersehbaren Folgen tiefschürfender Veränderungen in einem Ökosystem zu bezeichnen. Kolibris sind so stark an ihre Umwelt angepasst, sie könnten durchaus eine der ersten Spezies sein, die auf Veränderungen reagieren, die wir Menschen noch nicht wahrnehmen oder verstehen. Die neuen Migrationsrouten der Rotrücken-Zimtelfen, die vergrößerten Nistgebiete der Annakolibris – sie entstanden nicht über Nacht, wir erkennen und verstehen diese Tatsachen nur langsam, wie wir erst jetzt die unbequeme Wahrheit anerkennen, dass sich unser Klima weltweit verändert.

Einige von uns wussten bereits von diesen Veränderungen, lange bevor sie an die Öffentlichkeit kamen und als wissenschaftlich bewiesen galten. In den letzten Jahren sind Informationen ans Licht gekommen, die nahelegen, dass der Ölkonzern Exxon bereits in den späten 1970er-Jahren von der Möglichkeit eines anthropogenen – also menschengemachten – Klimawandels wusste. Als die Exxon Valdez 1989 sank, behauptete die Firma zumindest in der Öffentlichkeit noch immer, die wissenschaftlichen Daten, auf denen der Klimawandel beruhe, seien fragwürdig. Im selben Jahr hatte Exxon allerdings dabei geholfen, die mittlerweile in Verruf geratene Global Climate Coalition zu gründen, einen Lobbyverein mit dem Ziel, wissenschaftliche Daten zu diskreditieren, die auf die Gefahren des Klimawandels hinwiesen.

Auf die eine oder andere Art wirkt sich das Erbe der Ölindustrie noch heute auf Alaska aus. Die Ölpest mag nur noch eine entfernte Erinnerung sein, doch der Jahreszeitenwandel und seine Folgen für die hiesige Wildnis sind überaus präsent und spürbar.

Einige Stunden später erreichte die Fähre das Land, und ich stand am Flughafen von Anchorage in der Check-in-Schlange. Vor mir wartete eine gut gelaunte Gruppe Angler, die gemeinsam zu einem Angelurlaub aus Europa hierhergereist waren. Helmut, ein Schweizer Hotelier, erzählte mir, dies sei bereits seine zweite Alaskareise gewesen.

»Diesmal war das Wetter sehr viel besser!«, rief er glücklich, sein von der Sonne verbrannter roter Nasenrücken war der Beweis. »In den Flüssen gab es nicht so viele Lachse, aber ein paar können wir mit nach Hause nehmen.«

Auf seinem Gepäckwagen stapelten sich beschichtete Pappkartons, in denen vermutlich die Fische verpackt waren. Von einer der untersten Ecken tropfte Wasser. Helmut fragte, was mich nach Alaska verschlagen hatte, und war überrascht, als ich erzählte, ich hätte die nördlichste Kolibriart der Welt sehen wollen.

»Habe ich noch nie hier gesehen«, sagte er. »Die leben doch woanders! Hier gibt es Lachse, Elche, Bären …«

»Haben Sie einen Bären gesehen?«, fragte ich. Bevor Helmut antworten konnte, meldeten sich seine Freunde.

»Erzähl ihm das mit dem Bären!«, riefen sie wie aus einem Mund. Helmut senkte verschwörerisch die Stimme.

»Als wir das letzte Mal hier waren, haben wir auf einem Fluss geangelt. Da war ein Bär im Wasser. Die anderen haben sich von ihm ferngehalten, ich bin ihm anscheinend zu sehr auf die Pelle gerückt, da ist er auf mich zugerannt, um mich anzugreifen, und ich hab ihm ins Gesicht gesprüht, *pffft*!«

Helmuts Schnauzbart wippte auf und ab. »Mit meinem Bärenspray. Das hat ihn aufgehalten. Wir konnten schnell zusammenpacken und abhauen.«

Kolibris sah man in Alaska anscheinend selten, doch eine Bärenstory hatte jeder auf Lager.

2

Wildes Amerika

Arizona, USA, 31° nördliche Breite

Als ich ein kleiner Junge war, wollte ich unbedingt wie der britische Zoologe und Autor Gerald Durrell sein. Meine Patentante hatte mir sein Buch *Meine Familie und andere Tiere* geschenkt, das ich wie besessen wieder und wieder las. Das ländliche Somerset konnte mit dem sonnigen Korfu aus der Kindheit des großen Naturschützers nicht mithalten, und so sehnte ich mich danach, die »Puddinginsel«, wie Geralds großer Bruder, der Schriftsteller Lawrence Durrell, Großbritannien naserümpfend nannte, gegen exotischere Gefilde jenseits des Meeres einzutauschen, um dort nach Wildtieren zu suchen. Schon die griechischen Inseln stellten für meine abenteuerunlustige Familie kein realistisches Reiseziel dar – Nordamerika war somit ein aussichtsloser Wunschtraum meinerseits, den ich meiner Patentante zu verdanken hatte. Sie war es, die mir diesen Floh ins Ohr setzte, indem sie mir ein weiteres Buch schenkte, wenngleich es ganz anders war als Durrells schwärmerische Kindheitserinnerungen.

Um *Wild America* ganz durchzulesen, brauchte ich eine Weile. Auf den ersten Blick wirkte das gebundene Buch nicht so einladend wie das dünne Durrell-Taschenbuch. Dick und schwer steckte es in einem dunkelgrünen Umschlag, auf dem zwei grüne Reiher abgebildet waren, die über einen düsteren, sumpfigen Tümpel flogen, an dessen Rand ein Alligator lauerte. Doch irgendwann wagte ich mich an das Buch heran. Verfasst war es von Roger Tory Peterson und James Fisher, die von einer hunderttägigen Reise im Jahr 1953 berichteten, auf der Peterson seinen Freund Fisher, einen englischen Ornithologen, mit den Vögeln und anderen Wildtieren seines amerikanischen Heimatlandes vertraut machte. Er versprach ihm eine Odyssee, die in Neufundland anfangen und dann im Uhrzeigersinn um den Kontinent führen würde, über Mexiko bis nach Alaska. So würde Fisher mehr von der amerikanischen Wildnis zu sehen bekommen als die meisten Nordamerikaner seiner Zeit, von seinen englischen Landsleuten ganz zu schweigen.

Was folgte, war die Geschichte einer großartigen Reise, bei der Robertson und Fisher nicht nur über 600 Vogelarten begegneten, sondern auch eine tiefe Freundschaft entwickelten. Da ich ein recht einsamer Junge war, dessen Freunde sein Interesse für die Natur nicht teilten, wünschte ich mir jemanden an meiner Seite, mit dem ich unbekannte Landschaften entdecken konnte oder, noch besser, der mir die Wildtiere seiner Heimat zeigen konnte, weit weg vom Südwesten Englands.

Sobald ich den Bericht über die Abenteuer der beiden Freunde angefangen hatte, war mein anfängliches Zögern dahin. Kurz bevor ich in den USA nach Kolibris suchen wollte, nahm ich es noch einmal zur Hand. Meine Begeisterung für die Geschichte war ungetrübt, gleichzeitig war mir klar, dass ich ein sehr anderes Amerika vorfinden würde. An vielen der von Fisher und Peterson beschriebenen Landstriche waren die letzten 60 Jahre nicht spurlos vorübergegangen, Fishers Fazit seiner Reise klang wie eine Elegie und dennoch vage optimistisch – er staunte über die Landschaften, die er gesehen hatte, über die Vögel und die restliche dortige Fauna und lobte den in seinen Augen gutartigen Fußabdruck, den die Menschen in ihrer Mitte hinterlassen hatten.

Zweifelsohne wusste Fisher von den Schäden, die der Avifauna von den ersten europäischen Siedlern bereits zugefügt worden waren, als sie unaufhaltsam von Osten aus quer durch den amerikanischen Kontinent gen Westen vordrangen. Meine Zeit in Alaska war viel zu kurz gewesen, dennoch hatte sie ausgereicht, um mich hoffnungslos in die unberührte Natur zu verlieben, die ich dort vorfand. Sie erinnerte mich stark an den Charakter und die Seele meiner Wahlheimat auf den Shetlands. Doch die Schreckensgeschichten über menschengemachte, industrielle Naturkatastrophen bildeten den Gegenpol zu meiner blinden Liebe. Fishers rosarote Eindrücke hatten dem Zahn der Zeit ganz offensichtlich nicht standgehalten.

Nur 40 Jahre bevor Fisher Peterson auf seine riesige Tour begleitete, war im Cincinnati Zoo eine Taube in Gefangenschaft gestorben. Ihr Name war Martha, und sie starb allein, als letzte ihrer Art. Dass man sie nach Martha Washington benannt hatte, der ersten First Lady der Vereinigten Staaten, wäre der Taube wohl auch kein Trost gewesen, hätte sie es gewusst. Zur Zeit Martha Washingtons im 18. Jahrhundert verdunkelten die Artgenossen ihrer Taufpatin noch den Himmel, wenn sie über die amerikanischen Ebenen zogen. Martha war eine Wandertaube, sie gehörte zu einer Spezies von Zugvögeln, die zu dem Zeitpunkt, da die Europäer mit der Kolonisierung Nordamerikas anfingen, mit einer Population von schätzungsweise drei bis fünf Milliarden vermutlich die größte unter den dortigen Vögeln war.

Zwar scheint es unvorstellbar, dass eine derart riesige Population binnen eines Jahrhunderts von den Menschen ausgelöscht wurde, doch genau das geschah. Von den Stämmen der indigenen Amerikaner wurde die Wandertaube schon immer zur Nahrungsbeschaffung gejagt, doch die europäischen Siedler machten dies zum Geschäftsmodell und erhöhten noch zusätzlich den Druck auf die Spezies, da sie weitläufig Wälder rodeten, sodass die Wandertauben schließlich kein Brutgebiet mehr hatten. Die indigenen Choctaw nannten sie *putchee nashoba*, verlorene Taube – ein Name wie eine düstere Prophezeiung, die am 14. September 1914

Wirklichkeit wurde, als Martha ihren letzten Atemzug machte, vier Jahre nachdem das letzte Männchen gestorben war. Eine einsame alte Taube, die in ihren letzten Jahren traurige Bekanntheit erlangt hatte. Selbst 1000 Dollar Belohnung für jeden, der ein männliches Exemplar als Partner für sie fand, um vielleicht neue Wandertauben zu zeugen, führten zu nichts außer mehr Publicity und höheren Besucherzahlen für den Zoo.

Mit Martha starben die Wandertauben aus. Dem Aussterben einer Spezies haftet nichts Glamouröses an, doch Martha war so berühmt geworden, dass ihre unwürdige Behandlung auch mit ihrem Tod nicht endete. Eilig wurde sie zur Cincinnati Ice Company gebracht, wo man sie kurzum an den Füßen aufhängte und in einen 140-Kilo-Eisblock einfror. In dieser Haltung wurde sie per Express ans Smithsonian Museum in Washington, D. C., geschickt, wo man sie auftaute und ihren Körper aufbrach. Ihre inneren Organe wurden entnommen und sollten im Naturhistorischen Museum verwahrt werden, ihr Balg wurde ausgestopft und auf einem kleinen Zweig neben einer männlichen Wandertaube ausgestellt, die bereits 1873 in Minnesota abgeschossen und ausgestopft worden war. Zumindest nach ihrem Tod war sie nicht mehr allein.

Fisher muss die Geschichte der Ausrottung der Wandertaube gekannt haben. Vielleicht wusste er auch vom Karolinasittich, einer von zwei einheimischen Papageienarten der Vereinigten Staaten. Wie die Wandertaube einst zahlreich und weitverbreitet, war er Mitte des 19. Jahrhunderts zur Seltenheit geworden, Opfer der Jagd und der Rodung, denn unter Getreidebauern galt er als Plage. Die letzte Bastion der Karolinasittiche befand sich in den Sümpfen Zentralfloridas, einem Habitat, das sie sich mit einem weiteren vom Aussterben bedrohten Vogel teilten, dem Elfenbeinspecht. Der Untergang der Karolinasittiche ähnelt in seinen Details erschreckend dem der Wandertaube: Der letzte Karolinasittich, ein einsamer Papagei namens Inca, starb 1918 ebenfalls im

Cincinnati Zoo, nur vier Jahre nach Martha. Der Käfig, in dem er bis zum bitteren Ende sein Gefangenendasein fristete, war derselbe.

Auch der Niedergang des großen Elfenbeinspechtes war Fisher nicht unbekannt. Es handelte sich um einen Vogel, der von Peterson sowohl als archaisch beschrieben als auch zum seltensten Vogel der Welt gekürt wurde. Peterson schlussfolgerte, Elfenbeinspechte stammten aus einer früheren Zeit, und als der Vogelkundler Whitney Eastman in Florida Elfenbeinspechte in den Sumpfgebieten um den Chipola-Fluss entdeckte, nannte er diesen Moment das aufregendste Erlebnis seiner gesamten Karriere als Vogelbeobachter. Bis heute gilt der Elfenbeinspecht unter amerikanischen Vogelbeobachtern als der Heilige Gral unter den Vögeln, so mythenumwoben ist er. Peterson und Fisher durchstreiften die moosüberwucherten Zypressenwälder des Chipola-Sumpfes 1953 vergebens, und Peterson fragte sich, ob es dem Elfenbeinspecht mittlerweile ebenso ergangen war wie dem Karolinasittich oder der Wandertaube.

Vermutlich lag er richtig.

In den folgenden Jahrzehnten wurden sporadisch Sichtungen von Elfenbeinspechten gemeldet, sogar noch Anfang des 21. Jahrhunderts, doch keiner von ihnen diente schließlich als Beweis dafür, dass die Art sich tatsächlich noch ans Überleben klammerte. Über ihr Fortdauern mag noch spekuliert werden, doch die Gründe für ihre Dezimierung sind unumstritten und waren bereits Mitte des 20. Jahrhunderts für jedermann sichtbar. Elfenbeinspechte benötigen große Primärwaldgebiete, in denen ausreichend tote und sterbende Bäume vorkommen, in denen die Maden leben, von denen sie sich ernähren. Rodungen uralter Bäume begannen bereits im 18. Jahrhundert und nahmen im darauffolgenden Jahrhundert an Fahrt auf, um dem unstillbaren Hunger der Holzindustrie beizukommen. Für die Vögel blieb nicht genug übrig.

Als Peterson und Fisher zu ihrer Tour de Force der Vogelbeobachtung aufbrachen, waren die Gründe für Dezimierung und Aussterben dieser drei ikonischen nordamerikanischen Vogelarten – Jagd und Verlust des Lebensraums – hinlänglich bekannt. Dennoch beschlossen die beiden – ganz besonders Fisher –, diese Tatsachen in ihrem Bericht außen vor zu lassen. Als ich vor meiner Kolibrireise die Seiten von *Wild America* noch einmal durchblätterte, fragte ich mich, ob es eine absichtliche oder unbewusste Entscheidung gewesen war. Das Buch war inspirierend, im Nachhinein betrachtet jedoch auch ein wenig geschönt. Ich nahm mir vor, über meine Reise über den amerikanischen Kontinent die Wahrheit zu berichten, im Guten wie im Schlechten.

Unter den 601 Vogelspezies, die die beiden Freunde auf ihrer Reise zu Gesicht bekamen, befand sich auch eine Handvoll Kolibris. Es waren nur flüchtige Begegnungen, in der Erzählung tauchten die Vögel auf und verschwanden ebenso schnell wie im wahren Leben. Eine Rotrücken-Zimtelfe sahen die beiden auf Destruction Island, einer Insel vor der Küste des Bundesstaates Washington, weit südlich des Außenpostens in Alaska, den sich mein zähes Weibchen im Sommer zur Heimat auserkoren hatte. Mehr Glück hatten sie in Arizona, wo die USA langsam in Zentralamerika übergehen. In Alaska führen Kolibris eine prekäre, den Jahreszeiten ausgelieferte Existenz auf Messers Schneide. Weiter südlich, in wärmeren und freundlicheren Gefilden, können sie leichter überleben, sodass ich hoffte, dort eine größere Anzahl an Spezies vorzufinden.

Von jeher faszinieren Kolibris amerikanische Vogelbeobachter. 100 Jahre bevor James Fisher die amerikanische Landschaft als einen bewundernswerten Garten beschrieb, nannte der Naturforscher und Künstler John James Audubon den Schwarzbrust-Mangokolibri »das schönste Kleinod der Gärten und Wälder«, während der Rubinkehlkolibri ein »kurioser Blumenhändler« für ihn war. Es scheint, als konnte Audubon der blumigen Sprache nicht widerstehen, wenn es um Kolibris ging – für ihn waren es »schimmernde Scherben des Regenbogens«, und in *Die Vögel Amerikas* schrieb er über die Rotrücken-Zimtelfe: »Sie schien mir wie ein lebendiger Edelstein oder magischer Karfunkel lodernden Feuers [...] als wollte sie der Sonne selbst in ihrer strahlenden Schönheit nacheifern.«

Audubons Schwäche für kitschige Prosa brachte ihm bissige Bemerkungen eines seiner Zeitgenossen ein, des Ornithologen George Ord, der behauptete, er sei »ein hinterwäldlerischer Emporkömmling, der das Untersuchungsobjekt romantisiert«. Doch die Geschichte gibt Audubon recht. Mittlerweile ist er ins Pantheon der amerikanischen Naturforscher aufgenommen worden. George Ord hingegen geriet in Vergessenheit.

Lange vor Audubon ließen sich die ersten europäischen Siedler in den Bann dieser außergewöhnlichen Vögel ziehen, die so anders aussahen als die stumpffarbigen Exemplare jenseits des Atlantiks – in der alten Welt, die sie hinter sich gelassen hatten. Ich fragte mich, wie diese ersten, größtenteils nicht dokumentierten Begegnungen abliefen. Ob die Pilger außerhalb ihrer Siedlungen in Neuengland zum ersten Mal auf Kolibris gestoßen waren? Tatsächlich gibt es Berichte aus dieser Zeit darüber, dass Kolibris auch angelegte Gärten besuchten, ebenso mutig und unbedarft wie heute. William Wood, der 1634 für den *New England's Prospect* schrieb, berichtete möglichen Neuankömmlingen von diesen merkwürdigen Vögeln, die so gar nicht dem entsprachen, was man vom britischen Himmel kannte.

Der Humbird ist eines der Wunder dieser Neuen Welt, nicht größer als eine Hornisse, doch mit allem, was zu einem Vogel gehört, Schnabel, Flügel, Gefieder, Spinnenbeinen und winzigen Krallen: Seine Farben sind so prächtig wie der Regenbogen, und wenn er fliegt, hört man ein leises Summen wie bei der Hummel: Daher heißt er Humbird.

Angeblich trafen die ersten Siedler auf Native Americans mit Kolibriohrgehängen – Nehemiah Grew schrieb 1963: »Ein *Sagamore* ist erst in vollem Pomp, wenn einer dieser Vögel von seinem Ohr baumelt.«

Vermutlich ist diese Geschichte ebenso an den Haaren herbeigezogen wie andere Legenden über Kolibris, die in den folgenden Jahren gen Osten wanderten, um voller Staunen in den Kaffeehäusern des nördlichen Europas die Runde zu machen. Angeblich reisten Kolibris im Gefieder von Wildgänsen mit oder schlugen im Herbst den eigenen Schnabel in einen Baum, um dort über den Winter zu sterben – nur um mit dem Frühling wieder zum Leben zu erwachen.

Auch Europas kleinstem Zugvogel haftete ein ähnlicher Aberglaube an: Etwa zur gleichen Zeit hieß es, Wintergoldhähnchen spielten blinder Passagier auf den Rücken von Waldschnepfen, einer größeren, in Wäldern heimischen Art aus der Schnepfenfamilie. Die Mär von Kolibris, die sich mit ihren Schnäbeln an Bäume spießten, ist sicherlich dadurch entstanden, dass die ersten Siedler in Amerika an Frühlingstagen Kolibris entdeckten, die am Loch eines Saftleckers tranken. Kolibris haben schon immer unseren Blick auf sich gezogen. Ganz gleich, wann oder wo sich unsere Wege gekreuzt haben – sie sind ein Glitzern im Grün, das uns nicht entgeht.

Diejenigen, die den Pilgervätern auf ihrer Reise über den Atlantik folgten, interessierten sich sehr für die Vögel, die ihnen begegneten. 1670 schrieb Francis Willoughby, ein »Gentleman«, der Royal Society of London von Boston aus:

> Ich sende Ihnen anbei eine kleine Schachtel, welche eine Kuriosität enthält, die vielleicht zu den Bagatellen gezählt würde,

> doch ist sie selbst hier von Seltenheitswert. Es handelt sich um das kurios konstruierte Nest eines Kolibris.
> Dieser winzige Vogel wird nur zur Sommerszeit geseh'n, in Gärten zumeist, wo er von Blume zu Blume fliegt, um Honig daraus zu saugen, wie es die Bienen tun. Hierbei landet er nicht etwa auf den Blütenblättern, sondern schwebt davor und saugt die süße Substanz mit seinem langen Schnabel heraus.
> Im selbigen Nest finden Sie zwei Eier dieses Vogels. Ein ähnliches Nest sah ich nur einmal zuvor; auch jenes wurde, neben anderen seltenen Stücken, verschickt, konnte Sie jedoch durch den Untergang des Schiffes nicht erreichen.

Man mag Willoughby verzeihen, die Nester der Kolibris aufgrund ihrer damaligen Seltenheit mitzunehmen. In den folgenden Jahren jedoch erfuhren Kolibris trotz ihrer Schönheit und Unschuld durch unsere Vorfahren viel Leid. Benjamin Bullivant berichtete 1697 ebenfalls von Boston an die Royal Society of London:

> Den Hum-bird habe ich mit Sandkörnern geschossen, ein Exemplar war über Wochen in meinem Besitz. Ich setzte einen Strohhalm als Sitzstange in ein venezianisches Becherglas und verschloss die Mündung mit Papier, das ich mit Löchern für den Schnabel des Vogels versah (er war etwa so lang wie eine Nähnadel). Ich legte das Glas auf die Seite und stellte ein Quäntchen Honig daneben, von dem er jeden Tag nahm, indem er seine lange Zunge aus dem Schnabel schnellen ließ. Er mochte den reinen Honig und wurde von vielen meiner Gäste bewundert. Doch schließlich flog er fort.

Bullivant scheint einen der ersten Nektarspender ersonnen zu haben und wirkt Kolibris gegenüber eher neugierig als grausam, Siedler in Pennsylvania hingegen pressten im 18. Jahrhundert

Kolibris wie Wildblumen zwischen den Seiten dicker Bücher, um die ausgetrockneten schillernden Hüllen an ihre Familien in Irland und Schottland zu senden, farbenfrohe Souvenirs aus dem amerikanischen Grenzland.

Ein Jahrhundert später bemerkte Henry David Thoreau die Vögel im ländlichen Massachusetts um Walden herum. Am 16. Mai 1858 notierte er in seinem Tagebuch: »Gestern kam ein Kolibri zum Nachbarshaus und wurde eingefangen. Heute flog er durch unseren Salon und kostete von Sophias Blumen. In manchem Lichteinfall sah man die Farben seiner Kehle nicht, doch dann, im Schatten, leuchtete sie scharlachrot, und im Licht der Sonne blitzten Hals und Kehle metallisch und glutrot auf.«

Audubons blumigste Beschreibungen waren den Kolibris selbst vorbehalten. In *Walden* war Thoreau zurückhaltender, was die Vögel betraf, stattdessen pries er die Orte, an denen man sie finden konnte:

> White Pond und Walden sind herrliche Kristalle auf der Erdoberfläche, Seen des Lichtes. Könnte man sie einfrieren, und wären sie klein genug, um mit der Hand danach zu greifen, sie würden wohl wie kostbare Edelsteine von Sklaven fortgetragen werden, um die Häupter von Herrschern zu schmücken.
> [White Pond] wurde noch kaum von der Anwesenheit eines Bootes befleckt, denn es gibt dort wenig, was einen Fischer locken könnte. Statt der weißen Seerose, die schlammigen Boden benötigt, oder dem gewöhnlichen Kalmus wachsen dort im reinen Wasser zarte Schillernde Schwertlilien, die sich an der gesamten Küstenlinie aus dem steinigen Grund erheben, wo sie im Juni die Kolibris besuchen.

Diese Randnotiz reichte jedoch aus, um die Macher des *Walden*-Computerspiels zu inspirieren, und so können Spieler in dieser immersiven Open-World-Simulation neben den Schillernden

Schwertlinien stehen und zusehen, wie die Kolibris vor ihnen in der Luft schweben und Nektar trinken.

Im echten Leben inspirierte *Walden* in den früheren 1960er-Jahren eine zeitgenössischere Naturforscherin dazu, ihr altes Leben in der zusehends zerrütteten und überbevölkerten US-amerikanischen Gesellschaft hinter sich zu lassen und ihren Platz in der Natur zu suchen. Anne LaBastille war in jeder Hinsicht eine bemerkenswerte Frau. Die ausgebildete Ökologin mit dem scharfen Verstand, Tochter eines Professors und einer Konzertpianistin, zog sich an ein abgelegenes, geschütztes Fleckchen Erde am Ufer des Twitchell Lake in den Adirondack Mountains zurück und baute sich dort 1964 eigenhändig eine Holzhütte, in der sie ohne Strom oder fließend Wasser lebte. Henry Thoreau verbrachte nur zwei spartanische Jahre in relativer Abgeschiedenheit, in denen sich seine Mutter um seine Wäsche kümmerte. Dagegen lebte Anne LaBastille noch 2007 zumindest zeitweise in einer Holzhütte und hatte in der Zwischenzeit 16 Bücher und über 150 wissenschaftliche Artikel verfasst, in denen sie ihre Heimat mit dem Namen »Black Bear Lake« nur dürftig verschleierte.

Während der vier Jahrzehnte in der freien Natur wurde sie Zeugin des Klimawandels. Noch bevor wir ein besseres Verständnis von den Kräften erlangt hatten, die diesen Wandel antreiben, fiel LaBastille auf, dass die Eisschicht, die den See von November bis Februar für gewöhnlich versiegelte, mit jedem Jahr dünner wurde, sodass die winterlichen Schneeschuhgänge über das Eis zusehends zu einem gefährlicheren, unvorhersehbaren Unterfangen wurden. Dies war eine Folge wärmerer Winter mit vermehrten Regenfällen am Ende der Jahreszeit – nichts anderes als das, was wir heute menschengemachten Klimawandel nennen. Auch dokumentierte sie die Wasserverschmutzung des Sees. Obwohl sie sich der modernen Welt, so gut es ging, entzogen hatte, erreichte sie die Schneise der Zerstörung, die der Mensch im 20. Jahrhundert schlug, ungebeten und ungewollt. Vielleicht trug die Wasserverschmutzung sogar zum Tod von Anne LaBastille bei, denn im fortgeschrittenen Alter erkrankte sie an Alzheimer, woran sie schließlich starb – in ihren frühen Schriften hatte sie bereits angemerkt, dass die gefährlich erhöhten Werte an Quecksilber und anderen Schwermetallen in ihrem Trinkwasser aus dem See zu gesundheitlichen Beschwerden führen könnten.

Über ihr Leben in den Adirondacks schrieb LaBastille vier Bücher, der fünfte Teil der *Woodswoman*-Chronik blieb infolge ihrer Krankheit und ihres vorzeitigen Todes unvollendet und unveröffentlicht. Über ihr Leben in der Holzhütte in jenen frühen, leichteren Tagen berichtete sie, ihr Schreiben habe sie nur für gelegentliche Besuche des Postbootes unterbrochen, um im Ofen Holz nachzulegen oder die Kolibris zu bewundern. Sie mochte allein im Wald leben, doch umgeben von der Natur empfand sie sich niemals als einsam.

Ich fühlte mich mit Anne LaBastille verbunden, denn auch ich hatte mich aus der Hektik und Hetze des modernen Alltags zurückgezogen und lebte nun an einem entlegeneren Ort, war um einen einfacheren, weniger komplizierten Lebensstil bemüht. Auch ich hatte in all den Jahren auf den Shetlands Veränderungen wahrgenommen – Vogelarten, die dort im Sommer für gewöhnlich gebrütet hatten, wurden selten oder gar nicht mehr gesehen. Neben diesen Gemeinsamkeiten hatte ich das Gefühl, dass uns LaBastilles Leben gemahnte: Egal, wie weit wir uns zurückzogen, und egal, wie umweltschonend wir individuell unser Leben gestalteten, vor der Verschwendungssucht der Menschheit gab es kein Entkommen, und am Ende würde sie auf uns zurückfallen.

Bis heute inspirieren uns die Kolibris, und zu ihren amerikanischen Bewunderern zählen nicht nur Vogelbeobachter und Ökologen, sondern einige unerwartete Fans. Eine Weile schwang sich ihre Bedeutung für die Popkultur zu einem besonderen Höhenflug auf, als sich die australische Indieband The Hummingbirds nach ihnen benannte. Die Hummingbirds hatten sich angeblich vorgenommen, die beste Popband der Welt zu werden, und im Nachruf auf eines der Gründungsmitglieder, den Sänger und Gitarristen Simon Holmes, schrieb der Musikjournalist und Vogelbeobachter Andrew Stafford: »Die Karriere der Hummingbirds machte ihrem Namen und ihrem Sound alle Ehre: ein Flattern. Sie waren da, und dann waren sie wieder weg, was von ihnen bleibt, sind nur zwei Alben und eine Handvoll glorreicher Singles.«

Mir leuchtete ein, warum sich eine Indieband nach diesen lebhaften, schillernden Vögeln benannte, die schnell lebten und früh starben, und das, obwohl zwischen dem Kontinent der Band und dem der Vögel eine halbe Welt lag. Viele Kolibris sterben noch in ihrem ersten Lebensjahr. Diejenigen unter ihnen, die es durch die Strapazen des ersten Jahres schaffen, haben auch nur eine Lebenserwartung von drei oder vier frenetischen Jahren. Im Grunde sind sie die perfekte Metapher für den Rock'n'Roll-Lifestyle.

Doch Kolibris üben ihre Anziehungskraft nicht nur auf schnelllebige Musiker aus, sondern auch auf weniger berühmte Menschen wie Marion Brady-Hamilton. Jahrelang arbeitete sie nicht nur bei der Spurensicherung von Las Vegas, Amerikas Sin City, sondern kümmerte sich obendrein um verletzte Kolibris.

Brady-Hamiltons Liebe zu Kolibris war einem Zufall geschuldet. Obwohl sie schon 20 Dienstjahre für das North Las Vegas Police Department tätig war, arbeitete sie ehrenamtlich für eine Non-Profit-Auffangstation für Tiere, in der 2008 ein frisch geschlüpfter Kolibri abgegeben wurde. Jungtiere müssen pro Stunde mehrere Male gefüttert werden und brauchen, genau wie ihre Eltern, mehr als nur Nektar oder selbst gemachtes Zuckerwasser – sie brauchen auch Eiweiß. Erwachsene Vögel können kleine Insekten fangen, doch für menschliche Adoptiveltern ist es weitaus komplizierter, einen jungen Kolibri mit Eiweiß zu versorgen. Zunächst zermahlte Brady-Hamilton Mehlwürmer, die sie in der örtlichen Zoohandlung kaufte, doch dann fand sie einen geeigneten Proteinshake, den sie ins Zuckerwasser mischen konnte. Später gab sie reumütig zu, das sei sehr viel einfacher gewesen, als einem Mehlwurm die Gedärme zu zerquetschen.

Da junge Kolibris so häufig fressen müssen, nahm Brady-Hamilton den fraglichen Vogel mit zu sich nach Hause. In ihrem Fitnessraum funktionierte sie eine zusammengerollte Socke in einem Vogelkäfig zum Nest um, und der kleine Vogel entwickelte sich prächtig. Als er über den Berg war, entließ sie ihn in die Freiheit ihres Gartens, wo er selbst für Nachwuchs sorgte. Ihre außergewöhnliche Rettungsaktion sprach sich herum, mit dem Ergebnis, dass sie in den darauffolgenden Jahren immer wieder Kolibris pflegte – manchmal nahm sie die jüngsten und schwächsten sogar mit zur Arbeit, wodurch sie zu zufälligen Zeugen der Tatorte von Las Vegas wurden.

In Kalifornien ging eine Lehrerin namens Terry Masear noch einen Schritt weiter und gründete eine Kolibrirettungsstation. Binnen eines Jahrzehnts gingen bei Masear und ihrem Netzwerk anderer Kolibriretter zu Beginn dieses Jahrhunderts über 40 000 Notrufe ein, bei denen besorgte Bürger verletzte Kolibris meldeten. Etwa 5000 von ihnen wurden aufgepäppelt, und die meisten konnten nach ihrer Genesung zurück in die freie Natur entlassen werden.

Courtney Gillette aus Brooklyn erzählte mir eine sehr persönliche Geschichte darüber, was Kolibris ihrer Familie bedeuteten: »Mein Vater, ein trockener Alkoholiker, der für ein Klärwerk gearbeitet hatte, setzte sich in Arizona zur Ruhe und hängte Futterspender für Kolibris auf seiner Terrasse auf. Als ich ihn zum ersten Mal besuchte, stellte er mir die Vögel vor, die kamen. ›Das da ist Flash‹, sagte er, ›und der da ist Bubba.‹ Darüber denke ich heute noch viel nach.«

Je öfter ich hörte, wie sehr diese charismatischen Vögel unterschiedlichste Menschen berührt hatten, desto häufiger fragte ich mich, warum Kolibris auch bei denjenigen so starkes Interesse weckten, die sich zuvor nicht als Vogelfreunde betrachtet hatten. Ganz offenbar ging es um mehr als ästhetische Präferenzen. Immer wieder hörte ich Geschichten wie die von Courtney: dass Freunde oder Verwandte in ihren Gärten Besuch von Kolibris bekamen, weil sie Futterspender aufhängten oder blütentragende Pflanzen gepflanzt hatten, und sie den Vögeln nach einer Weile Namen gegeben hatten. Kolibris schienen die Menschen auf eine Art zu berühren, wie es andere farbenfrohe nordamerikanische Vogelarten schlicht und ergreifend nicht vermögen. Ich fragte mich, ob dies an ihrer forschen Art lag, sich uns bis an jene Grenze zu nähern, die unsere Eigenheime von der Wildnis trennte. Wir sind daran gewöhnt, dass Wildtiere uns mit Vorsicht begegnen. Die Geschichte gibt ihnen mehr als recht. Vielleicht rühren die Kolibris einen Urinstinkt in uns an und erinnern uns an unsere verlorene Unschuld. Vielleicht bestätigen sie das Bild, das wir eigentlich von uns haben: als wären wir nur freundliche Affen, denen sich wilde Tiere ohne Furcht nähern können. Die Wahrheit fällt häufig deutlich nüchterner aus.

»Als wir das Haus gekauft hatten, waren wir entzückt davon, dass Kolibris vor unserem Fenster flatterten«, sagte Adrianne Covino aus Connecticut. »Wir erzählten es einem Nachbarn, der meinte, das täten sie nur, da die Vorbesitzer an derselben Stelle einen Futterspender angebracht hatten. Im Grunde machten die Kolibris uns Druck, ohne dass wir uns dessen bewusst waren. Natürlich kauften wir sofort einen Spender!«

Sosehr wir Kolibris unbewusst vermenschlichen, ihnen Namen geben oder Emotionen in sie hineinlesen, kommen wir nicht um die Tatsache herum, dass es sich bei ihnen immer noch um wilde Tiere handelt. Sie sind berühmt-berüchtigt für ihre Angriffslust und dafür, dass sie entgegen aller Wahrscheinlichkeit einen besonders grausamen Umgang mit ihren Artgenossen pflegen.

Jonathan Franzen, Autor von *Die Korrekturen* und leidenschaftlicher Vogelbeobachter, erzählte von seiner Erfahrung mit einem Kolibrifutterspender im Garten seines kalifornischen Hauses:

> Ich finde Kolibris wunderschön, faszinierend und schrecklich, und aus diesem Grund auch etwas komisch. Eine Weile hatte ich einen Futterspender für sie aufgehängt, doch es war einfach zu deprimierend und auf eine Art lächerlich, mit anzusehen, wie sich ein Annakolibri-Männchen auf einen höher gelegenen Ast setzte, nicht unbedingt, um zu fressen, sondern um alle anderen Annas zu vertreiben oder Allenkolibris umzubringen. Das Ganze erinnerte mich an etwas, das John Irving (Autor von *Gottes Werk und Teufels Beitrag*) mir einmal über Ringer erzählt hatte: Die Schwergewichte seien nicht das Problem – vor den Winzlingen müsse man sich in Acht nehmen. Wir sprachen gerade über den US-Kongress – ich verglich Dennis Hasterts Leutseligkeit mit Tom DeLays Widerwärtigkeit. Hastert (ein früherer Ringer) war fast zwei Meter groß und wog etwa hundertvierzig Kilo. DeLay war drahtig und nur knapp eins siebzig groß. DeLay war der Kolibri.

Es ist bemerkenswert, wie schnell Kolibris durch Futterspender in gewöhnliche Gärten fliegen – wie Motten zum Licht. Schnell wird man süchtig danach, sie dabei zu beobachten, und stellt plötzlich fest, dass man immer mehr Spender anbringt, um den eigenen Garten für immer mehr Kolibris – oder ihre Beobachter – attraktiv zu machen. Häufig wird ein zweiter Futterspender aufgehängt, da ein besonders vehementer Kolibri den ersten aggressiv gegen Neuankömmlinge verteidigt, und dann kommen immer mehr Spender dazu, je mehr man dem Kolibrifieber verfällt.

Einige Gärten haben es zu nationaler Berühmtheit gebracht, allen voran der von Wally und Marion Paton in Patagonia, Arizona. Kurz nachdem sie in den frühen Siebzigern nach Patagonia gezogen waren, fingen die mittlerweile verstorbenen Patons damit an, sogenannte Birder zu sich einzuladen, Vogelfreunde, die sich auf die Dokumentation ihrer vielfältigen Sichtungen konzentrierten. Wally hatte zuvor in Boston bei dem Raumfahrtunternehmen gearbeitet, das Teile für die Apollo-Mondmissionen hergestellt hatte – er kam also aus einer Industrie, die zum Thema Präzisionsflug einiges zu sagen hatte. Wally ahnte nicht, dass die Zukunft seiner Familie durch den Umzug nach Arizona für immer mit dem größten Flugkünstler, den die Natur zu bieten hat, verknüpft werden würde.

Das Haus an sich war ein bescheidener, mit weißen Schindeln verkleideter Bungalow mit blauem Blechdach. Auch der Garten war nicht riesig, doch sobald sie einige Futterspender für die Vögel aufgehängt hatten, wurde den Patons klar, dass dieser Ort etwas Besonderes war. Patagonia ist eine kleine Stadt in der Sonora-Wüste, nahe der mexikanischen Grenze, die bis heute weniger als 1000 Einwohner zählt. In ihrer Glanzzeit war sie ein Herzstück der Filmindustrie von Hollywood, denn die umliegende Wüste bot ideale Filmsets für Western wie *Man nennt mich Hondo* und *Der Texaner*. Schauspieler wie John Wayne und Clint Eastwood reisten in die Sonora-Wüste – doch auch allerhand Vogelarten sind der grün blühenden Gegend um Patagonia verfallen, deren Attraktivität sich durch Futterstationen in den Gärten noch verstärkt. Die Patons wurden von Vögeln jeglicher Couleur förmlich bestürmt, sowohl von einheimischen Arten als auch von Zugvögeln auf ihrem Weg von oder nach Mexiko.

Unter all diesen Vögeln befand sich auch ein bestimmter Kolibri, der Birder magisch anzog. Erst waren es nur ein oder zwei Vogelfreunde, die ihn entdeckt hatten, doch schon bald sprachen sich die Sichtungen herum, und immer mehr Birder gesellten sich dazu. Veilchenscheitelamazilien bekam man in den USA nur selten zu Gesicht, mit viel Glück – nicht jedoch bei den Patons, wo sie sich regelmäßig blicken ließen: elegante Vögel mit weißem Bauch und violettem Kopf, schillernd wie ein kleiner Amethyst. Linda Stitt, eine Freundin von Marion Paton, erinnert sich, dass die Vogelfreunde draußen auf der Straße Schlange standen, um durch den Zaun in den Garten zu linsen.

Zur Freude aller Beteiligten störten sich die Patons nicht an der Aufmerksamkeit, die ihr kleiner Garten auf sich zog. Im Gegenteil, sie freuten sich sogar darüber und galten unter Birdern jahrelang als warmherzige, freundliche Gastgeber. Mit etwas Glück brachte Marion sogar frisch gebackene Cookies, während ihre Gäste dasaßen und die vielen Futterspender beobachteten, die von der Dachkante des Hauses hingen. Die Patons stellten Bänke auf, verteilten Bestimmungsbücher für vogelunkundige Besucher und schafften sogar eine Tafel an, auf der die letzten Sichtungen festgehalten werden konnten. Ein von der Sonne ausgeblichenes Schild am Grundstückseingang ließ keinen Zweifel daran, dass man den richtigen Ort gefunden hatte: »Birder sind willkommen«. Daneben befand sich eine Blechdose für Spenden, die in den »Zuckerfonds« flossen. Es war ein Ort, an dem sich so ziemlich alles um Kolibris drehte.

Kurz nach der Jahrtausendwende verstarben die Patons, doch ihr Vermächtnis überdauert bis zum heutigen Tag. Ihre Tochter Bonnie Paton Moon gab das Haus 2012 zum Verkauf frei, was wiederum Ann Cullen Smith zu Ohren kam – einer bemerkenswerten Frau, die mit ihren 104 Jahren nicht nur eine begeisterte Birderin, sondern darüber hinaus gefürchtete Verfechterin des Umweltschutzes war. Sie kontaktierte Victor Emanuel, einen berühmten passionierten Birder, der wiederum zur Galionsfigur einer Spendenaktion der American Bird Conservancy (ABC) und der Tucson Audubon Society (TAS) wurde.

Sämtliche Vogelfreunde des Landes förderten die Kampagne – so viele von ihnen hatten ihre erste Veilchenscheitelamazilie dort gesehen, neben vielen anderen, häufiger vorkommenden Kolibris, die sich an Wallys und Marions Futterspendern versammelt hatten und unter leisem Summen hin und her flogen. Der viel beachtete amerikanische Künstler David Sibley erinnerte sich, was für ein Genuss es gewesen sei, im Garten der Patons die Vögel zu beobachten, und malte eine Gouache einer Veilchenscheitelamazilie, um die Spendenaktion zu unterstützen. Das Bild allein brachte 1660 Dollar ein.

Ende 2014 ging das neu benannte Paton Center offiziell in den Besitz der TAS über, um für immer von Birdern besucht werden zu können – so sollte nicht nur das Interesse an den Vögeln aufrechterhalten bleiben, sondern auch am Tierschutz im Allgemeinen.

Ich traf David Sibley im Februar 2001 in Boston, an einem dieser Wintertage, die es nur in Boston gibt, wenn einem die Luft in der Lunge brennt und die Knochen vor Kälte schmerzen. An Kolibris war dort nicht zu denken, und auch wenn ich um den Weltruhm von Wally und Marion Patons Haus wusste, konnte ich ihrer neuenglischen Heimat nicht viel abgewinnen. David signierte mir ein Exemplar seines bahnbrechenden neuen Feldführers, den ich Jahre später in der Hand hielt, als ich das Tor zum Haus der Patons durchschritt. In diesem Moment fühlte ich mich wie ein Pilger auf der Reise zu dem heiligen Ort der Vogelkundler. Die gesamte Häuserfassade war mit Futterspendern behängt, etwa ein Dutzend von ihnen. Es war Anfang April, was sich bei mir zu Hause auf den Shetlands noch anfühlte wie Winter, doch hier in Arizona war die kalte Wüstennacht in einen warmen Frühlingstag übergegangen. Der Garten an sich war übersichtlich. Ich saß auf einer der berühmten Bänke mit Blick auf sämtliche Futterspender und gesellte mich zu einer kleinen Gruppe von Vogelbeobachtern, allesamt Amerikaner. Ein Pärchen lebte ganz in der Nähe, die zwei waren aus Tucson heruntergereist, doch andere kamen von weiter weg, aus New York und Oregon. Nachdem wir uns einander vorgestellt hatten, saßen wir in gemeinschaftlicher Stille da und beobachteten die Rotrücken-Zimtelfen, die die Spender besetzt hatten. Ab und an unternahm ein männlicher Breitschnabelkolibri eine Stippvisite, er leuchtete in unterschiedlichsten Blau- und Grüntönen auf und hatte einen lanzenartigen, schwarz-roten Schnabel. Die Rotrücken-Zimtelfen gönnten ihm kaum einen Moment am Spender und schossen wie wütende Flammenblitze auf ihn zu, bis er sich in die Bäume zurückzog, die den Garten umgaben. Ihr ärgerliches, schnatterndes Schimpfen tönte ihm durch die Luft hinterher.

Doch in den Bäumen lauerte noch ein anderer, außergewöhnlicherer Vogel, der Kolibri, den ich während meiner Zeit in Arizona mehr als jeden anderen sehen wollte. Er war es natürlich, der das Haus der Patons zu einem der hellsten Sterne am amerikanischen Kolibrifirmament machte: die Veilchenscheitelamazilie. Die Tafel, auf der noch immer alle letzten Sichtungen festgehalten wurden, verkündete, dass am vergangenen Nachmittag eine männliche Veilchenscheitelamazilie gesichtet worden war. Während sich die Rotrücken-Zimtelfen an den Spendern kabbelten und zankten, wuchs bei ihrem menschlichen Publikum die Spannung.

»Vielleicht ist das Männchen schon weitergezogen?«, fragte ein Birder aus New York mutlos. »Wenn es noch da wäre, hätte es sich mittlerweile längst gezeigt.«

Sein Pessimismus hatte das Schicksal wohl herausgefordert, denn nur wenige Augenblicke nach diesen Worten trat der große Star der Show auf die Bühne. Im Vergleich zu ihren farbenfrohen Komparsen aus Rotrücken-Zimtelfen und Breitschnabelkolibris war das Gefieder der Veilchenscheitelamazilie, die für wenige, schmerzliche Augenblicke vor uns schwebte, ein Musterbeispiel an Zurückhaltung und Subtilität – das Männchen schien aus zwei Hälften zu bestehen, die obere bronzegrün, die untere schneeweiß. Erst als es nach der Nahrungsaufnahme hoch in die Äste eines Baumes flog, um sich am Zweig zu seinen Füßen rigoros den Schnabel sauber zu putzen, zeigte es seine veilchenviolette Krone im goldenen Licht der tief stehenden Sonne und machte seinem Namen schließlich alle Ehre – es drehte seinen Kopf und sendete amethystlilafarbene Blitze hierhin und dorthin, ein Funkenflug wie aus einem geschürten Feuer.

Der kleine Publikumskreis um mich herum holte vor Erstaunen hörbar Luft. Vielleicht tat ich es auch – in dem Moment mischten sich Erleichterung und reine Wertschätzung der Schönheit des Vogels, der vor uns saß. Dass dieser Vogel in den USA nur selten vorkam, setzte dem Ganzen die Krone auf, zumindest für meine amerikanischen Gegenstücke, für die der Kolibri ein sogenannter *Lifer*, ein »Lebensvogel« war, den sie nie zuvor gesehen hatten und den sie nun auf einer ihrer Listen abhaken konnten.

Ich bin kein echter Birder, da ich auf viele Listen lieber verzichte. Für andere sind sie von zentraler Bedeutung. Die Lebensliste gibt an, wie viele unterschiedliche Vogelarten man im Laufe seines Lebens gesehen hat. Dann gibt es nationale Listen: Welche Vögel wurden in Großbritannien, in den USA und so weiter gesichtet. Schließlich werden sie immer spezifischer auf den Bezirk, einen Bundesstaat oder auf ein bestimmtes Gebiet nahe der Heimat des Birders bezogen geführt. Die Hausliste gibt an, wie viele Arten man von seinem Haus aus gesehen hat. Und dann gibt es noch Listen, die zeitlich begrenzt sind – meist geht es darum, binnen eines Jahres innerhalb eines bestimmten Gebietes so viele Vogelarten wie möglich zu sehen.

Ein bekanntes Beispiel für zwanghafte Listenführerei ist der amerikanische Birder Sandy Komito. Owen Wilson hat ihm als Kenny Bostick mit herzhaftem Slapstick in dem Film *Ein Jahr vogelfrei!* ein Denkmal gesetzt. Komito selbst stellt sich im wahren Leben auch gern als bunter Hund dar. Zwar basiert der Film auf dem gleichnamigen Roman von Mark Obmascik, doch auch Komito erzählt in seinem Buch *I Came, I Saw, I Counted* die persönliche Geschichte seines Jahresrekords der Vogelbeachtung;

der Vorgänger dazu lief unter *Birding's Indiana Jones*. Die Titel seiner Bücher deuten bereits an, was für ein Charakter sich in ihrem Autor verbirgt, und auch deren Inhalt steht dem in nichts nach. Komito liebt es natürlich, Vögel zu sehen – ganz besonders Spezies, die neu für ihn sind –, doch sosehr die Wertschätzung ihrer Ästhetik oder das Staunen an sich spürbar sind, geht es noch mehr darum, eine möglichst lange Liste zu erstellen und listenführende Rivalen desselben Jahres auszustechen. So erzählt Komito von einer Arizonareise 1987, bei der er auf der Suche nach einer Beryllamazilie den Madera-Canyon besuchte, der etwa 24 Kilometer nordwestlich von Patagonia liegt. Die Beryllamazilie lebt in Mexiko, und man bekommt sie nördlich der Grenze nur selten zu Gesicht. Nachdem er einige Stunden vergeblich gewartet hatte, sah er den Vogel schließlich, und sobald er ein paar Schnappschüsse gemacht hatte, um die Sichtung zu dokumentieren, brach er umgehend die Zelte ab und fuhr nach Cave Creek, am Fuße der Chiricahua Mountains gelegen, um nach weiteren Kolibris für seine Jahresliste zu suchen: Sternelfe und Veilchenscheitelamazilie. Das Treffen mit der Beryllamazilie war binnen Minuten vorbei, alles für ein paar Fotos und einen weiteren Eintrag auf einer Liste. Sie war nur eine von insgesamt 725 Spezies, die Komito innerhalb eines Jahres beobachtete, ein episches Unterfangen, das ihm den Ruhm einbrachte, die bisher längste Jahresliste innerhalb der USA angefertigt zu haben. Eine solche Mammutaufgabe erforderte nicht nur unendliche Hingabe, sondern auch ein beachtliches finanzielles Polster, eine Opferbereitschaft, die nicht jedermanns Sache war – dennoch würden die Familien passionierter Birder wenig begeistert bestätigen, dass diese Aktivität selbst auf lokaler Ebene Hunderte Stunden erfordert, und das alles, damit derjenige etwas zu seiner Gebietsliste, Landesliste, Jahresliste oder Lebensliste hinzufügen kann. Kurzum: Birder *lieben* Listen.

Bei mir war das anders.

Vor meinem Umzug auf die Shetlands war ich bei diesem obsessiven Listenführen ganz vorne mit dabei. Doch das änderte sich, nachdem ich mein persönliches Walden oder Black Bear Lake gefunden hatte – von da an zählte nur noch meine Hausliste. Mein Fokus wurde auf sich selbst zurückgeworfen, und ich fing wieder an, die Vögel an sich wertzuschätzen, statt sie als abstrakte Zahlen zu betrachten. Auch wuchs mein Interesse an anderen Aspekten der Natur – Insekten, Wildblumen, Säugetieren, Mollusken, Flechten –, und ich sorgte mich zusehends um die Lebensräume, von denen ihr Gedeihen abhing.

Ich führe also keine Listen mehr und könnte beim besten Willen nicht sagen, wie viele Spezies einer Sorte ich wann und wo gesehen habe, doch ich weiß, welche Arten ich noch nie zuvor zu Gesicht bekommen habe, und genau wie die akribischsten Listenführer liebe ich es, diese zu entdecken. Und diese männliche Veilchenscheitelamazilie im Garten der Patons war ein neuer Vogel für mich – das allein reichte aus, um mein Herz höherschlagen zu lassen. Wenn der neue Vogel obendrein auch noch ein Kolibri ist, wird die Erfahrung zu einem nahezu transzendenten Moment. Wir alle haben unsere Lieblinge, auch wenn wir es nicht immer zugeben.

Der Garten der Patons war das Mekka eines Birders und Arizona das Gelobte Land. Der Staat war durchtränkt von vogelkundlicher Geschichte. Die angesehensten Birder der Vereinigten Staaten waren nicht drum herumgekommen, diesem Boden im Laufe ihrer Karriere Respekt zu zollen, meist mehrfach. Selbstverständlich war es für Peterson und Fisher auf ihrer *Wild-America*-Reise nicht anders, als sie Kolibris in Arizona fanden, doch auch in der zweiten Hälfte des 20. Jahrhunderts, in der sich das Beobachten von Vögeln zunehmender Beliebtheit erfreute, folgten andere in ihren Fußspuren.

1973 schmiss ein junger Vogelfreund in Kansas die Schule und machte sich aus dem Staub, trampte durch ganz Amerika und hielt nach Vögeln Ausschau, um einen neuen US-amerikanischen Jahresrekord zu brechen. Kenn Kaufman war gerade einmal 16 Jahre alt und besaß nicht viel mehr als die Kleider an seinem Leib und sein Fernglas. Das Trampen war aus seiner finanziellen Not heraus geboren und bedeutete, dass er teils nur quälend langsam vorankam. Auch zwang ihn sein chronischer Geldmangel zu extremen Methoden, um seine Jagd nach neuen Vogelarten weiterverfolgen zu können – zeitweise ernährte er sich von Tierfutter, wobei er den Inhalt einer Packung Trockenfutter für Katzen über Tage streckte. Zweimal pro Woche ging er zum Blutspenden, wofür er jeweils fünf Dollar erhielt, um über die Runden zu kommen.

In jenem Jahr verbrachte Kaufman viel Zeit in Arizona, suchte im Ramsey Canyon nach verschollenen mexikanischen Kolibris und fand in den Chiricahua Mountains einen Weißohrsaphir. Doch die ewige Listenführerei stimmte auch Kaufman nachdenklich.

»Jeder Versuch, eine zeitlich begrenzte Liste von Sichtungen anzufertigen, war eine Erinnerung an die eigene Sterblichkeit. Der Tag geht zu Ende, das Jahr geht zu Ende, alles geht zu Ende. *Dir bleibt nicht viel Zeit*, dieser Gedanke schwang immer mit. Und: *Mach das Beste draus.*«

Auch mich trieben ähnliche Gefühle an. Zwar ging es bei meiner Reise nicht darum, jede einzelne Kolibrispezies zu sichten und eine Liste zu führen, doch ein Sinn für Endlichkeit trieb auch mich an. Ich war mir dessen bewusst, dass einige Kolibriarten bald aussterben würden und dass andere in bedrohten Lebensräumen beheimatet waren, die nur allzu schnell verschwinden konnten. Ich wollte sie nicht alle sehen – aber ich wollte manche von ihnen sehen, bevor sie unwiederbringlich verloren waren.

Stuart Winter, ein Freund von mir, hatte mir etwas voraus.

1995, ein Jahr bevor der Co-Autor von *Wild America* verschied, traf er sich am Nachmittag auf einen Tee mit Roger Tory Peterson. Stuart erinnerte sich:

> Plötzlich saß mir Roger Tory Peterson gegenüber, der Held meiner Kindheit, lebende Legende und der Riese, der Generationen von Birdern für das Hobby begeistert hatte. Dass ich Dr. Peterson in seinem idyllischen Heim interviewen durfte, kam für mich einer Papstaudienz gleich, einem Ritterschlag. Zu sagen, dass mich mein Idol nervös machte, würde diesem überwältigenden Moment nicht gerecht werden.
>
> Als wir unseren Tee tranken und über Dr. Petersons Kriegserinnerungen aus England sprachen, nahm ich draußen ein Flattern wahr. Wir sprachen weiter. Wieder ein Flattern. Eine Elfe schien auf Zephiren zu tanzen, flink und schwungvoll, doch ohne erkennbare Form. In einem Moment fiel noch ihr Schatten durch das Fenster, im nächsten war sie eine verschwundene Erscheinung vor meinem geistigen Auge. Mittlerweile fiel es mir schwer, Dr. Petersons leise Töne in passende Noten umzuwandeln. Je mehr Regungen mein Auge wahrnahm, desto mehr musste ich mich anstrengen, um zuzuhören. Erst als mein Idol mich zu einem kleinen Spaziergang einlud, um Vögel zu beobachten, konnte ich meine Neugier stillen. Außerhalb der Wohnung war Dr. Peterson in seinem Element, jeder noch so entfernte Vogelruf oder das Aufblitzen eines Flügels genügte zu einer augenblicklichen Identifizierung. Binnen Minuten hatten wir eine Handvoll Waldsänger, Fliegenschnäpper und Sängervireos zwischen dem satten Grün verschlungener Pflanzen erspäht. Aus dem Nichts tauchte ein weiterer Vogel auf, die Ursache meiner früheren Ablenkung. Er schwebte aufrecht wie ein großspuriger Kneipenschläger vor einer Blüte und ließ seine Flügel flirren. Zur Ehrerbietung vor dem großen Ornithologen setzte sich der Kolibri auf einen winzigen Zweig

und sah zu uns hinüber, plusterte seine Kehle im nachmittäglichen Sonnenlicht wie ein Pokerspieler, dessen Hand aus Karo und Herz rot leuchtete. Dr. Peterson lächelte. Er ahnte, dass meine Lebensliste um einen Vogel länger geworden war.

Meine Audienz bei dem alten Mann näherte sich schließlich dem Ende. Doch für eine letzte Geste der Großzügigkeit blieb noch Zeit. Als ich ihm die Hand schüttelte und mich für seine Zeit und seine Gastfreundschaft bedankte, überreichte er mir eine signierte Ausgabe seines Feldführers. ›Für Stuart, Good Birding! Roger Tory Peterson‹, lautete die Widmung, die er mit seiner unverwechselbaren Handschrift hineingeschrieben hatte, in roter Tinte, die von derselben Farbe war wie die glänzende Kehle des Rubinkehlkolibris. Wahrlich ein Tag, den ich mir rot im Kalender anstreichen würde.

Für mich war es zu spät für ein Treffen mit dem Helden meiner Kindheit, doch wenn ich irgendwo in den Südstaaten Kolibris sehen wollte, dann musste ich in Arizona in Petersons Fußstapfen treten, wie es bereits unzählige bekannte amerikanische Birder vor mir getan hatten. Mein Besuch des Paton Center war der Startschuss zu einer mehrtägigen Entdeckungsreise quer durch den Bundesstaat, die mich zu berühmten Spots für jeden Vogelliebhaber führte – wir durchforsteten die Canyons um die sogenannten Sky Islands herum, inselähnliche Gebirgszüge, die sich aus der ansonsten flachen Sonora-Wüste erhoben. Wir suchten nach Neuankömmlingen migratorischer Kolibriarten, die von ihren Überwinterungsgebieten in Mexiko aus zur kommenden Brutsaison gen Norden zogen.

Viele von ihnen waren wie die Rotrücken-Zimtelfe in den USA recht verbreitet – allerdings nicht so stark wie vor dem Aufkommen intensiver Landwirtschaft, die das Gesicht des Landes so stark verändert hatte.

Arizona ist zu Recht berühmt dafür, dass man hier alle möglichen vom Weg abgekommenen Vogelarten finden kann, die eigentlich aus Zentralamerika stammen, darunter auch Kolibris.

Ich tat mich mit Teresa DeKoker zusammen, einer Naturforscherin aus Green Valley, um ein paar Tage lang das Hinterland von Arizona entlang der mexikanischen Grenze zu erkunden. Schon bald wurde mir klar, dass ich für die großen Zugvogelströme wohl etwas zu früh dran war, denn hauptsächlich begegneten uns einheimische Spezies und nur einige wenige migratorische Arten in kleinen Zahlen, die Vorhut der riesigen Schwärme, die sich südlich der Grenze bereits sammelten.

Ich war zum ersten Mal so nahe der Grenze unterwegs, und die Erfahrung bereitete mir gemischte Gefühle. Auf der einen Seite war mir die Wüstenlandschaft so völlig fremd. Wir wanderten an riesigen gerippten Saguaro-Kakteen vorbei, an unfassbar lauten Gilaspechten, die ihre Nester in diesen stacheligen Giganten mit den ausladenden Armen bauten. Wir suchten nach Trauerseidenschnäppern, einem schwarz glänzenden Singvogel mit seidigem Gefieder und punkigem Irokesenschnitt, der am liebsten die purpurnen, perlenförmigen Früchte der Wüstenmistel fraß. In feuchteren Gegenden fanden wir Zinnoberrote Fliegenschnäpper (*Pyrocephalus obscurus*), deren schwarz-rotes Gefieder schon aus weiter Ferne sichtbar war.

Obwohl ich inmitten der Pajarita-Wildnis in den Tiefen des Sycamore Canyon eigentlich nach migratorischen Vögeln suchte, waren die deutlichsten Anzeichen von Migration anderer, menschlicher Natur. Vielerorts fanden wir Müll in den Sträuchern: leere Lebensmittelverpackungen und Dosen, allesamt mexikanischer Herkunft, gebrauchte Windeln, zerschlissene Kleidung – Hinterlassenschaften vereinzelter, aber beständiger Einwanderungsversuche über die mit Stacheldraht versehene Grenze den abgelegenen Canyon hinunter, Richtung Norden nach Arizona, in der Hoffnung auf ein neues, besseres Leben. Der Müll war Beweis genug, doch auch Fußspuren fanden sich in der feuchten Erde entlang kleiner Pfützen und Rinnsale, die durch einen südlich entlang des Canyons verlaufenden Fluss entstanden waren. Die Fußspitzen zeigten alle nach Norden, in Richtung der USA.

Wir hatten Teresas altehrwürdigen VW-Camper am Eingang zum Canyon geparkt, der neben einem grün-weißen Truck der Grenzpolizei der einzige Wagen weit und breit blieb. Der blaue Himmel über uns war wolkenlos, und ein weiß-brauner Arizonaspecht kletterte lautstark durchs Geäst eines Baumes, doch Teresa hatte nur Augen für den Pick-up. Er stand einsam und verlassen herum.

»Wahrscheinlich lauern sie drüben im Canyon in irgendeinem Versteck, um Leute abzufangen, die gen Norden wollen«, sagte sie verbittert. Wir wussten nicht, ob die Anwesenheit der bewaffneten Grenzpolizisten uns beruhigen oder beunruhigen sollte. Bei unseren Zusammentreffen in den letzten Tagen hatten die Staatsdiener nicht gerade einen positiven Eindruck hinterlassen – sie waren allesamt eher unfreundlich, mein britischer Pass stimmte sie misstrauisch, und auch Erklärungsversuche, dass wir auf der Suche nach Kolibris seien, hielten sie für unglaubwürdig.

Im Gegensatz zu Donald Trumps offener Hetze gegen Einwanderer verspürten viele Bürger Arizonas Mitgefühl mit diesen Menschen, die verzweifelt genug waren, alles zu riskieren, um die Grenze zu überwinden und die unbarmherzige Sonora-Wüste zu durchqueren, ohne viel mehr bei sich zu tragen als das Hemd an ihrem Körper. Teresa erzählte mir, ländliche Anwohner platzierten nachts häufig ein wenig Essen auf ihrer Veranda, falls jemand in der Dunkelheit vorbeikam. Ich musste an Volkssagen aus meiner Heimat denken, in denen es hieß, die Bewohner der Shetlands hätten in früheren Zeiten Essensgaben für die Trows übrig gelassen, trollähnliche Zauberwesen aus den umliegenden Hügeln. Ich fragte mich, ob die Legende von den Trows durch die letzten verzweifelten Pikten entstanden war, die aufgrund der Invasion der Wikinger aus ihrer Heimat fliehen mussten, verdammt zu einem Leben am Rande der Gesellschaft, draußen in den Shetland-Mooren – vielleicht hatten sie nachts nach einer milden Gabe von denjenigen gesucht, die Mitleid mit ihrem Schicksal als Vertriebene hatten.

Wir folgten dem sich windenden Weg entlang des Flusses, der zur mexikanischen Grenze floss, und kamen nur langsam voran. Der Ruf der Schluchtenzaunkönige hallte von den Felswänden über uns wider, ein hübscher, fallender Gesang, der auf zwei kurzen, gekrächzten Tönen endete. Doch ein anderer, dissonanter Ruf schlug uns noch mehr in seinen Bann. *Wrah-wrah-wrah* … Ein Krächzen tönte aus dem dichten Unterholz, das vom Fluss aufwärts bis zu den Klippen über unseren Köpfen wuchs. Auf ein Flattern folgte ein Vogel – kein Kolibri, aber nichtsdestotrotz eine Seltenheit. Ein Kupfertrogonmännchen verstummte und beobachtete uns misstrauisch. Typischerweise findet man Trogone in tropischen Wäldern auf der ganzen Welt, doch gerade die amerikanische neotropische Zone ist mit einer besonderen Vielfalt dieser Art gesegnet. Ihr nördlichster Vertreter, der Kupfertrogon, lässt sich ab und an auch nördlich von Mexiko blicken. Für mich persönlich war es eine besondere Entdeckung und eine farbenfrohe noch dazu.

Begierig nahm ich den Anblick der limettengrünen Rückenfedern und den himbeerroten Bauch des Vogels in mich auf, sein schneeweißes Brustband und seinen bananengelben Schnabel. Kein Wunder, dass umherziehende Kupfertrogone mittlerweile von einiger Wichtigkeit für Arizona sind. Schon in den 1970er-Jahren betrachtete das Cornell Lab of Ornithology, eine führende Organisation für den Artenerhalt sowie globales ornithologisches Forschungszentrum, die Anwesenheit von Kupfertrogonen in Arizona als wichtigen sozioökonomischen Faktor für den Bundesstaat. Schätzungsweise besuchen jährlich etwa 25 000 amerikanische Birder den Cave Creek Canyon, einen der Lieblingsplätze der Vögel in den Chiricahua Mountains, um einen Kupfertrogon zu sehen. Ungeplant und unerwartet waren Teresa und ich in den Genuss gekommen, nicht nur ein Exemplar beobachten zu können, sondern sogar zwei, denn noch während wir das Männchen betrachteten, landete ein Weibchen in einem etwas höher gelegenen Baum am Hang. Sie schienen sich kurz abzusprechen, bis sie tiefer im Wald Schutz suchten und aus unserem Sichtfeld verschwanden.

Ihrem Flug folgend, hob ich den Blick und sah einige Höhleneingänge am Fuße der Felshänge über uns. Der kleine Junge in mir konnte diese Möglichkeit zu einer abenteuerlichen Erkundung unmöglich ausschlagen.

»Ich bin gleich wieder da. Ich will nur einen kurzen Blick reinwerfen«, beschwichtigte ich Teresa. Sie war von meinem Plan sichtlich genervt.

»Ich halte das für keine gute Idee. Vielleicht verstecken sich tagsüber Menschen darin. Die werden von deinem Auftauchen wenig begeistert sein.«

Doch die Kupfertrogone hatten mich euphorisch gestimmt, sodass ich ihre Warnung einfach in den Wind schlug. Es war ein schöner, sonniger Tag, ich war offensichtlich ein harmloser britischer Vogelfreund, ich sprach Spanisch, und davon abgesehen waren auch noch zwei Officer der Border Patrol mit uns im Canyon unterwegs. Was konnte schon passieren? Teresa blieb auf dem Weg entlang des Flusses, während ich den steilen, steinigen Hang zum Fuß der Felsen hochkraxelte.

Trotz Teresas Bedenken war in den Höhlen niemand, der sich dort versteckte. Allerdings fand ich Anzeichen dafür, dass diese Höhlen tatsächlich von Menschen auf dem Weg in ein besseres Leben im Norden genutzt wurden: kreisrunde Feuerstellen, die mit großen, verrußten Steinen ausgelegt waren, Konservendosen mit spanischsprachigen Etiketten, hier und dort lagen zurückgelassene Decken. In der größten Höhle führte eine Nische ins dunkle Herz der Canyonwand. Um sie zu erkunden, hätte man auf Knien in die Finsternis kriechen müssen, und trotz meines früheren Enthusiasmus hielt selbst ich dies nicht für ratsam.

»Komm jetzt, wir sollten los. Ich fühle mich beobachtet hier«, sagte Teresa. Der Gedanke, jemand könnte von sich aus merken, wenn er beobachtet wird, hatte mir nie eingeleuchtet – wie sollte das rein logisch betrachtet funktionieren? Doch es schien nicht der richtige Augenblick für lange Diskussionen zu sein, Teresa fühlte sich sichtlich unwohl. Ich versuchte die Lage zu entschärfen.

»Das sind vermutlich nur die Jungs von der Grenzpolizei, die darauf warten, jemanden zu verhaften. Gehen wir weiter und suchen nach Kolibris, oder vielleicht finden wir ja auch die Kupfertrogone wieder.«

Wir wagten uns weiter in den Canyon vor. Dies wurde nun zunehmend schwieriger, denn der Weg verlief durch unwirtliches Dickicht und an steilen Felsbrocken vorbei. Irgendwann ging es nicht weiter – der Weg endete am Rande einer tiefen Stelle im Fluss, die von steilen Felsen gesäumt wurde. Entweder mussten wir durch das brusthohe Wasser waten oder irgendwie die Felsen entlangklettern. Beide Optionen waren nicht gerade attraktiv, denn wir waren bereits seit einigen Stunden unterwegs und hatten uns vorgenommen, noch bei Tageslicht zum Eingang des Canyons zurückzukehren. Zwar hatten wir keine Kolibris gefunden, doch der Arizonaspecht und die Kupfertrogone waren mehr als entschädigend. Wir machten kehrt und liefen wieder durch das dichte Buschwerk, durch das wir uns wenige Minuten zuvor unseren Weg gebahnt hatten.

Wie sehr man sich erschreckt, wenn man beinahe auf einen Puma tritt, ist schwer in Worte zu fassen. Sagen wir einmal so: Als er aus dem Gestrüpp zu meinen Füßen geschossen kam und die geschwungene Felswand hinaufstürmte, war ich zunächst nur überrumpelt – etwa so, als wenn man aus Versehen ein Moorhuhn aufscheucht. Natürlich bekam ich einen Schreck. In den wenigen Sekunden, in denen wir das Tier bei seiner Flucht vor uns beobachten konnten, fiel mir auf, wie groß und lang es war, gelblich braun, und dass es scheinbar mühelos den Berg erklomm. Seine Schnelligkeit war unfassbar. Und das war der Moment, in dem mir klar wurde, was gerade geschehen war. Es war mein erster Puma in freier Wildbahn, und er war mir so nahe gewesen, dass ich die Hand nach ihm hätte ausstrecken können. Das Herz hämmerte in meiner Brust.

Als das Tier den Fuß der Felswände gerade erreicht hatte und außer Sichtweite war, ertönte vom Gestein um uns herum das Echo einiger hoher, kreischender Laute. Die Wildkatze ließ keinen Zweifel daran, wer hier in wessen Territorium eingedrungen war. Meine Idee, den Hügel hinaufzuklettern und vielleicht ein paar Fotos zu schießen, erstickte Teresa im Keim. »Unter *keinen* Umständen gehst du da rauf! Das Kätzchen da ist so was von wütend. Man legt sich nicht mit einer Wildkatze an, die sich in die Ecke gedrängt fühlt.«

Mit gemischten Gefühlen – Begeisterung und Enttäuschung – wanderten wir den Pfad, den wir gekommen waren, wieder hinauf, vielleicht etwas zügiger als auf dem Hinweg. Im Schlamm sahen wir neben unseren eigenen Fußabdrücken und denen der gestern vorbeigezogenen mexikanischen Einwanderer nun auch die großen Pranken des Pumas. Er war uns gefolgt. Die großen Tatzen setzten dort ein, wo wir zuvor die Kupfertrogone beobachtet hatten, an dem Ort, an dem sich Teresa beobachtet gefühlt hatte. Meine Begeisterung wandelte sich. Von einer fleischfressenden Raubkatze verfolgt und vielleicht sogar als Beute betrachtet worden zu sein, war eine zutiefst lehrreiche Lektion in Demut.

Am nächsten Tag fuhren wir bei Nogales über die Grenze, die quer durch die Stadt verlief, wobei es sich auf der Seite von Arizona um ein unbekanntes amerikanisches Städtchen handelte, während das mexikanische Nogales weitaus größer war und auf den Straßen das Leben tobte. Auch gab es dort gute, günstige Zahnärzte, und einem von ihnen wollte Teresa einen Besuch abstatten. Ich schloss mich ihr an und bummelte durch die Geschäfte, während Teresa anderweitig beschäftigt war.

In den größeren Gemischtwarenläden erkannte ich einige Markennamen von den weggeworfenen Verpackungen wieder, die wir am vorigen Tag im Sycamore Canyon gefunden hatten. Vermutlich machten viele Migranten in Nogales einen Zwischenstopp, um sich mit dem nötigsten Proviant einzudecken – falls sie es sich leisten konnten –, bevor sie versuchten, die Grenze zu überqueren und unbeobachtet in den USA unterzutauchen.

Abseits der Hauptstraßen fand ich kleinere Geschäfte, in denen neben frischen Lebensmitteln auch speziellere Waren feilgeboten wurden. Die Fronten waren kunterbunt bemalt, so bunt wie die Kupfertrogone, und wirkten ebenso anziehend. Ich durchstöberte ziellos die Läden, um Zeit totzuschlagen. Schließlich blieb ich abrupt vor einem Eingang stehen, vor dem ein draußen angebrachtes Schild *plantas medicinales*, also Heilpflanzen, versprach. Als Biologe war ich natürlich neugierig, was ich im Inneren dieser *botánica* vorfinden würde.

Hinter dem Verkaufstresen entdeckte ich etwas, womit ich nun wirklich nicht gerechnet hatte. Auf einem handbemalten Schild waren Kolibris im Flug abgebildet, beworben wurden sie als *Chuparosas*. Auf einem kleinen, in mehrere Fächer unterteilten Holztablett gleich unter dem Schild lagen kleine Plastiktüten. Man konnte kaum erkennen, was sie enthielten. Die Verkäuferin, eine freundliche Frau, die ich auf Anfang 60 schätzte, erkannte mein Interesse an den Chuparosas und versorgte mich sogleich mit Informationen, da sie offensichtlich einen Verkauf witterte. Sie zog das Tablett hervor und stellte es auf den Tresen zwischen uns. Dann hielt sie mir eine der kleinen Plastiktüten hin.

»Es sind Chuparosas, für die Liebe – Sie verstehen? Hier drin sind ein Chuparosa und ein Gebet. Es bringt Ihnen Glück in der Liebe. Haben Sie eine Freundin?«

Das meiste verstand ich, nur war mir der Ausdruck »Chuparosa« kein Begriff. Anscheinend sah sie es mir an.

»Sie wissen schon, *la chuparosa*? Der kleine Vogel …«

Während sie sprach, flatterte sie flink und stakkatohaft mit ihren Handflächen vor meinen Augen herum, wobei die Plastiktüte jedes Mal raschelte, wenn sie aufhörte. Dann dämmerte mir, was sie mit ihrer Handpantomime sagen wollte.

»Sie meinen ein *Colibrí*?«, fragte ich.

»Sí!« Sie lächelte breit und freute sich sichtlich, dass wir die Sprachbarriere so schnell überwunden hatten. »Schauen Sie, ich zeige es Ihnen!«

Vorsichtig öffnete sie das Tütchen und schüttete seinen Inhalt auf den Tresen.

»Hier, das ist das Gebet. Und das …« Sie hielt kurz inne, um eine schwarze Kordel aufzudröseln, die ein kleines rotes Stoffbündel zusammenhielt, »… das ist *la chuparosa*. Er ist sehr wirksam!«

Erwartungsvoll sah sie mich an. Zweifelsohne war das hier der krönende Abschluss ihres Verkaufsgesprächs, die große Offenbarung, bevor alles in trockenen Tüchern war. Vor langer Zeit hatte ich selbst einmal als Verkäufer gearbeitet, sodass ich genau wusste, wohin die bedeutungsschwangere Stille führen sollte.

Vor mir lag, auf einem winzigen Fetzen purpurroten Satins, ein Leichnam von tragischer Winzigkeit. Im Tod schien der Vogel noch kleiner als zu Lebzeiten. Mit seinen eng an den Körper gedrückten Flügel und dem hervorstehenden Schnabel sah er aus wie ein dicker Dartpfeil. Ich war nicht ganz sicher, doch es schien sich entweder um eine Rotrücken-Zimtelfe oder einen Allenkolibri zu handeln, denn sein Gefieder war von einem satten Rotbraun. Mir war etwas mulmig zumute. Es war das erste Mal, dass mir ein Wildtier als Ware angeboten wurde, als reines Verkaufsobjekt. Ich riss meinen Blick von ihm los. Ich wusste, dass ich eigentlich wütend werden sollte, vielleicht sogar die Verkäuferin zur Rede stellen sollte, doch ich tat nichts dergleichen. Der Kolibri war für die Frau nur ein Mittel der Naturheilkunde in einem Laden, der Hunderte enthielt. Sollte ich die Verkäuferin dafür verurteilen, dass sie ganz offensichtlich nur dem Gesetz von Angebot und Nachfrage folgte – einer Nachfrage, von deren Existenz ich zuvor nichts gewusst hatte? Ich bedankte mich höflich bei ihr und verließ unter einem Vorwand das Geschäft, doch noch auf dem Weg zu Teresa, die ich zum Mittagessen treffen wollte, war ich peinlich berührt und schämte mich.

Später saßen wir bei Teresas Eltern in Green Valley auf der Terrasse und tranken in der warmen Frühabendluft starke Margaritas. Ich hörte die Rufe eines Kolibris, der am Futterspender auf der Nachbarterrasse nach Nahrung suchte. Mein Erlebnis in Nogales hing mir noch immer nach, und das entfernte Schnattern des Kolibris hinter dem Zaun klang vorwurfsvoll in meinen Ohren. Nun war ich es, der menschliche Emotionen in diese Vögel hineininterpretierte.

Milton Oldman, der in Quebec als Fotograf arbeitet, erzählte mir, dass neugierige Rubinkehlkolibris ihn regelmäßig auf der Terrasse des an einem See gelegenen Ferienhauses seiner Familie besuchen kamen.

»Wenn man eine gelbe, rote oder orangefarbene Rettungsweste auf der Terrasse unserer Hütte aufhängt, zieht sie die Kolibris an. Sie fliegen an die Jacke heran, schweben ein paar Sekunden lang wenige Zentimeter entfernt davor und schwirren dann ab. Etwas Ähnliches passiert regelmäßig, wenn ich draußen lese und neben mir auf dem Beistelltisch ein Manhattan oder ein Camparicocktail steht. Die kleinen Biester hängen eine Weile über dem Drink, beinahe als spielten sie mit dem Gedanken, sich auf dem Rand des Glases niederzulassen. Aber sie zischen immer wieder ab – bisher hat noch keiner beschlossen, einen Schluck zu nehmen.«

Während ich in Arizona in der Dämmerung saß, wünschte ich

mir, ein Kolibri möge herüberkommen, um an meiner Margarita zu schnuppern. Alles in allem schwante mir, dass ich dieses Vergnügen nicht verdient hatte, denn mit meinem Stillschweigen am Nachmittag hatte ich seiner Spezies keinen Gefallen getan.

3

La Chuparosa

Mexiko-Stadt und Jalisco, Mexiko, 19°–20° nördliche Breite

Jene *Chuparosas*, die mich am Übergang zwischen den USA und Mexiko so verstörten, hatten ihren dunklen Ursprung weit südlich dieses Hinterlandes, in lange vergangenen Zeiten. Nördlich der Landschaft, die viele Jahre später zu dieser harten Grenzregion werden würde, kamen Kolibris in der reichen mündlichen Tradition der Native Americans vor. Sie wurden für ihre Schönheit geschätzt und fungierten häufig als Überbringer von Nachrichten oder als Brücke zwischen den Lebenden in dieser und den Geistern in der jenseitigen Welt. Bei den Cherokee handelt eine Geschichte von einem Heiler, der sich in einen Kolibri verwandelt, um eine wertvolle verschollene Pflanze zu suchen und zu ernten. Die Apachen kennen die Legende von einem Krieger, der nach seinem tragischen Tod als junger Mann in Form eines Kolibris zurück auf die Welt kommt, um die Frau zu besuchen, die er liebt. Seine Ankunft leitet das Ende des Winters und das Kommen milderen Wetters ein.

Im Norden wurden Kolibris als wohlmeinende Botschafter wahrgenommen. Weiter im Süden spielten sie für die Mythologie und Religion der Azteken eine ganz andere, noch zentralere Rolle. Das Pantheon der aztekischen Götter war ebenso kompliziert, wild und blutig wie das der alten Griechen – es beheimatete etliche Götter und Göttinnen, von denen viele auf die eine oder andere Art ebenso Gefallen am Krieg gefunden hatten. Hier spiegelte sich sicherlich ein Hauptaspekt der irdischen aztekischen Gesellschaft wider. Umso erstaunlicher, dass der wichtigste Gott des Krieges im antiken Mexiko mit einem Kolibri assoziiert wird, obwohl der Landstrich von unzähligen Raubtierarten bevölkert wird, vom Adler am Himmel bis zum Jaguar in den Urwäldern.

Über den genauen Ursprung des Namens Huitzilopochtli wird bis heute gestritten, sicher ist jedoch, dass das Nahua-Wort *huītzilin* (Kolibri) die Basis bildet. Die Nahua waren ein indigenes Volk, das mit der Zeit unter einer aztekischen Identität subsumiert wurde. Während des 15. Jahrhunderts bekleidete Tlacaélel der Ältere, der Sohn des aztekischen Herrschers Huitzilíhuitl und seiner Frau Cacamacihuatl, jahrzehntelang das Amt des Cihuacóatl, eine Art Premierminister – Jahrzehnte, in denen die Azteken ihre Position als dominante Macht in der Region etablierten.

Tlacaélel spielte bei diesem erstarkten Militarismus eine führende Rolle, was sich durchaus darin zeigt, dass er Huitzilopochtli im Pantheon der aztekischen Götter eine Vormachtstellung zukommen ließ. Dieser war nicht nur der Gott des Krieges, der Sonne und der Menschenopfer, sondern auch Schutzpatron der Stadt Tenochtitlan. Tenochtitlan bildet das Zentrum des heutigen Mexiko-Stadt. Zur damaligen Zeit war es die Hauptstadt des sich immer weiter ausdehnenden aztekischen Reiches.

Es mag wenig überraschen, dass die Menschenopfer unter Tlacaélels Führung zugenommen haben sollen, und das nicht nur, um Huitzilopochtli zu huldigen. Sie dienten ebenso als potentes Mittel staatlicher Kontrolle – die eindrucksvoll inszenierte rituelle Tötung von Menschen war zugleich göttliche Abschreckung und irdische Inspirationsquelle. Der Aztekenlegende nach brauchte Huitzilopochtli die Menschenopfer, die ihm Stärke lieferten. Der Krieg, der praktischerweise Huitzilopochtlis Spezialgebiet war, versorgte den Gott – und seine Anhänger – mit einem steten Fluss an den dafür nötigen menschlichen und dinglichen Tributen.

Wer einmal beobachtet hat, wie angriffslustig Kolibris untereinander sind, ja sogar gegenüber anderen Vogelarten oder Tieren, die größer sind als sie selbst, wird sicherlich verstehen, warum die Azteken einen Kolibrigott zu ihrem höchsten Gott des Krieges erklärten. Kolibris sind schnell, aggressiv und absolut angstfrei, wenn es darum geht, ihren Besitz zu verteidigen. Und in einem Reich, in dem größter Wert auf äußere Ästhetik gelegt wurde, strahlten Kolibris aufgrund ihrer Schönheit mit Sicherheit eine ganz besondere Anziehungskraft aus. Kein Wunder, dass die Azteken glaubten, gefallene Krieger würden als Kolibris wiedergeboren.

Der Legende nach wurde Huitzilopochtli dadurch gezeugt, dass seine Mutter Coatlicue von einer fallenden Federkugel geschwängert wurde, während sie den Tempelboden wischte. Aus ihren Kindern wurden auch der Mond und die Sterne, doch Huitzilopochtli war von Anfang an anders. Angeblich sprang er ausgewachsen aus ihrem Leib und war bereits mit einem Adlerfedernschild und extravagantem gefiederten Kopfschmuck ausgestattet.

Dass Federn bei dieser Legende eine so wichtige Rolle spielen, ist kein Zufall. Zu jener Zeit wurden Federn in Mexiko und den umliegenden Ländern, die die präkolumbische mesoamerikanische Region bildeten, als ebenso wertvoll betrachtet wie Edelsteine, Jade oder Türkise beispielsweise. Sie waren Symbole für Fruchtbarkeit, aber auch für Macht im Allgemeinen. Nur die Reichen konnten sie sich leisten, und manche Federn wurden besonders stark mit göttlicher Macht assoziiert. Feine, farbenfrohe Federarbeiten schmückten Herrscher und Edle, Priester und Götterbilder ebenso wie die zeremoniellen Kleider von Kriegern und ihren Generälen.

Als Moctezuma II. im Jahr 1519 Boten ins Reich seiner mächtigen Nachbarn schickte, der Purépecha, und sie um Hilfe gegen die spanischen Invasoren bat, befanden sich unter den Geschenken, die das feindliche Volk zur Allianz überreden sollten, auch Federn von Quetzalen – einer extravaganten Vogelspezies aus der Familie der Trogone. Auch die Purépecha hatten in der Vergangenheit grüne Federn zu Völkern geschickt, deren Freundschaft sie sich sichern wollten, und Quetzalfedern waren hierbei besonders begehrt. Vor Beginn einer Schlacht sollen sie ihren Feinden federgeschmückte Schilde gezeigt und so ihren Sieg vorbestimmt haben. Unglücklicherweise wurde Moctezumas Federgeschenk nicht dankend angenommen – die Purépecha brachten seine Gesandten um.

Im Laufe der Zeit hatten die Azteken mehr als einmal versucht, die Purépecha zu besiegen, waren jedoch ein ums andere Mal gescheitert. Tatsächlich waren die Purépecha bis zur Ankunft der Spanier 1520 ungeschlagen, doch die unbarmherzigen Konquistadoren machten mit ihnen kurzen Prozess. Bis zur Ankunft von Nuño de Guzmán 1529 war ihre Hauptstadt Tzintzuntzan – der »Ort der Kolibris« – von Tanganxoan II. regiert worden, doch dann ließ Guzmán den Herrscher kurzerhand öffentlich verbrennen. Die Federn der Purépecha halfen dieses Mal nicht.

Der Konquistador Bernal Díaz del Castillo, Teilnehmer der Expedition von Hernán Cortés, berichtete von dem, was die Spanier vorfanden, als sie im Reich der Azteken ankamen. Er beschrieb »magische Szenen«, die an den *Amadís de Gaula* erinnerten, einen Ritterroman, der sich in Spanien zu der Zeit großer Beliebtheit erfreute: »Viele von uns fragten sich, ob wir wachten oder träumten […] es sei zu bedenken, dass kein Mensch je gesehen, gehört oder ersonnen hat, was dem Spektakel, das uns grüßte, zur Ähnlichkeit gereichen könnte.«

Sein Kommandant Cortés schwärmte 1520 in einem Bericht an Kaiser Karl V. vom florierenden Handel feiner Waren innerhalb Mexikos. Über die Stadt Tlaxcala schrieb er: »In dieser Stadt gibt es einen Markt, den an jedem Tag mehr als dreißigtausend Menschen besuchen, um zu kaufen oder zu verkaufen [...] Hier gibt es alles, was sie brauchen oder womit sie handeln möchten. Es gibt Schmuck aus Silber und Gold, kostbare Steine oder andere Zierde aus Federarbeiten, und all das ebenso kundig präsentiert wie auf jeder anderen Wegeskreuzung oder auf anderen Märkten dieser Welt.«

Cortés hatte bereits mit eigenen Augen gesehen, was für einen Stellenwert Federn von Kolibris oder anderen farbenfrohen Vögeln für die Azteken hatten. Bevor er Moctezuma persönlich traf, hatte dieser Gesandte mit Geschenken zu den Konquistadoren geschickt, wie Díaz del Castillo berichtete: »Dann kamen vier Mitglieder des mexikanischen Hochadels mit einem reichen Geschenk. Es handelte sich um Gold im Wert von zehntausend Kronen und zehn Büschel feinster Rückenfedern. Nachdem sie Cortés mit tiefstem Respekt begrüßt hatten, überbrachten sie die Nachricht ihres Monarchen.«

Federn waren hier ähnlich wertvoll wie Gold. Sie wurden aus der gesamten mesoamerikanischen Region entnommen und anderorts verkauft und dabei nicht nur für ihre Schönheit und symbolische Kraft geschätzt, sondern auch für ihre vielseitigen Verwendungsmöglichkeiten. In der Aztekenhauptstadt Tenochtitlan wurde ein ganzer Bezirk Kunsthandwerkern überlassen, die mit Federn beliefert wurden, um die Kunstwerke, Kleidungsstücke und religiösen Bildwerke zu schaffen, nach denen das Reich verlangte. Das Amantla-Viertel gab den Kunsthandwerkern ihren Namen, die mit Federn arbeiteten – sie wurden *amanteca* genannt, und ihre hohe Stellung in der Gesellschaft drückte sich in der ungewöhnlichen Wertschätzung aus, die ihnen und ihrem Handwerk entgegengebracht wurde. Sie mussten dem Herrscher keinen Tribut zahlen, auch wurde von ihnen keine gemeinnützige Arbeit verlangt.

Man muss wohl nicht erwähnen, dass diese Nachfrage nach bunten Federn schlimme Folgen für die Vogelwelt hatte. Von Quetzalen wurde behauptet, sie überlebten eine Gefangenschaft nicht, also hielt man sie fest und rupfte ihnen die langen, leuchtend grünen Schwanzfedern aus, bevor man sie wieder ziehen ließ. Angeblich sollten die Federn in der Wildnis wieder nachwachsen, zumindest in der Theorie, denn natürlich wissen wir nicht, wie es den Quetzalen mit ihrem gerupften, nackten Schweif in freier Wildbahn erging.

Andere Vögel ließen sich nicht einfangen, und Kolibris waren viel zu klein und empfindlich, um ihnen die winzigen, schimmernden Federn vom lebendigen Leib zu rupfen. Der spanische Missionar und Franziskanermönch Bernardino de Sahagún, der die Region im frühen 16. Jahrhundert besuchte, fertigte eine Liste der für den Federnhandel vorgesehenen Vögel an – darauf befanden sich auch Kolibris, deren sicheren Tod es bedeutete, in die Hände von Federhändlern zu geraten.

Die Ankunft der Spanier in Mexiko hatte für das Aztekenimperium ebenso verheerende Folgen wie die Nachfrage nach Federn für die mexikanischen und zentralamerikanischen Vogelbestände. Die Azteken waren auf farbenfrohe Federn aus, die Spanier jedoch wollten noch viel mehr. Neuspanien war für sie ein Füllhorn all der wertvollen Schätze, die sie begehrten, es versprach schier endlose Vorkommen, die geplündert und besetzt werden konnten.

Zu Beginn war den Azteken das Ausmaß der kolonialistischen Ambitionen der Neuankömmlinge ganz offensichtlich noch nicht bewusst. Als ihr Herrscher Moctezuma Hernán Cortés mit Geschenken überhäufte, wusste er nicht, dass er mit dieser großzügigen Geste die Unterwerfung seines Volkes und das Ende seiner Herrschaft beschleunigte. 1519 schickte Cortés eine Auswahl wundersamer Schätze nach Spanien. Über das Sammelsurium aus Gold, Silber, Juwelen und federbesetzten Schilden und Kopfschmuck schrieb er: »Sie sind von solcher Herrlichkeit, so neuartig, dass sie nicht von dieser Welt zu sein scheinen, und demnach von unschätzbarem Wert.«

Eine weitere Schiffsladung wurde 1522 vor den Azoren von französischen Piraten gekapert. Sie soll noch grandioser als die erste gewesen sein. Man muss sich fragen, ob die Freibeuter mit den gefiederten Komponenten ihrer Beute etwas anfangen konnten – Werke aus Gold und Silber waren gewiss von offensichtlicherem Wert und leichter zu verkaufen, sodass die auf den ersten Blick wertlosen farbenfrohen Federarbeiten vermutlich über Bord geworfen wurden, nachdem die darin eingebrachten Juwelen entfernt wurden. Vielleicht hat man sie auch verbrannt. So wurde der Tod der Vögel, die für die Kunst der Amantecas hatten ihr Leben lassen müssen, noch einmal sinnloser.

Auch wenn der aztekische Federschmuck als zeremonielles Gewand und Zahlungsmittel durch die Eroberung der Spanier ebenso schnell ausstarb wie ihre Kultur und ihr Reich, war es mit der Nachfrage nach Federn nicht vorbei. Zwar unterdrückten die Spanier die Arbeit der Amantecas zunächst, da sie ihre Werke als Teil der aztekischen Religion sahen, die sie durch den Katholizismus ersetzen wollten, doch ihnen wurde schnell der Wert ihrer Fähigkeiten für die Kreation religiöser Kunstwerke klar, die sie an die höchsten Mitglieder der katholischen Kirche daheim in Europa schicken wollten.

Mosaike zu christlichen Themen, die aus unzähligen winzigen Federfragmenten bestanden, aufgeklebt auf Papier, wurden kurz nach Ankunft der Konquistadoren für den Export hergestellt. Die Federn tropischer Vögel, darunter auch die intensiven Farben des Kolibrigefieders, bildeten die Palette aus metallisch glänzenden und irisierenden Federn, mit der gewöhnliche Farben nicht mithalten konnten. Der italienische Naturforscher Ulisse Aldrovandi beschrieb die Federmosaike im 16. Jahrhundert als »Grenze zwischen Kunst und Wissenschaft«.

Die meisten dieser Federmosaike bildeten Gestalten des christlichen Kanons ab, von der Jungfrau Maria über Jesus bis hin zu verschiedenen Heiligen. Eines dieser Werke, *Die Messe des heiligen Gregor*, wurde 1539 von Diego Huanitzin, dem Neffen und Schwiegersohn Moctezumas, Papst Paul III. zum Geschenk gemacht. Von der Schönheit und Kostbarkeit des Geschenkes einmal abgesehen, zeigt es darüber hinaus, wie schnell die spanischen Missionare das aztekische Volk vereinnahmt hatten.

Er war nicht der einzige Pontifex, der diese neuen Darstellungen der großen und rechtschaffenen Kirche bewunderte – Aldrovandi berichtete 1599, dass Papst Sixtus V. darauf bestanden habe, ein Federmosaik, das den heiligen Franz von Assisi darstellte, zu berühren, um sich zu vergewissern, dass es tatsächlich nicht gemalt worden war, sondern aus kunstvoll kombinierten Federstücken bestand.

Da diese Stücke selten und teuer waren, wurden sie schließlich nicht nur für die Kirche zum Objekt der Begierde, sondern auch für die Könige und den Adel Europas. Es waren Prunkstücke, die nach außen nicht nur Reichtum und Macht demonstrierten, sondern obendrein auch noch Frömmigkeit.

Im späten 16. Jahrhundert fertigte Juan Baptista Cuiris eines der berühmtesten Federmosaike aller Zeiten an: ein Christusbild aus Kolibri- und Papageienfedern. Heute befindet es sich in der Schatzkammer des Kunsthistorischen Museums in Wien, und selbst 400 Jahre nach seiner Entstehung haben die kobaltblauen und aquamarinfarbenen Federn, die Christi Gewand und den Hintergrund schillern lassen, nichts von ihrer atemberaubenden, metallischen Intensität eingebüßt.

Als sich der Katholizismus in der Neuen Welt ausbreitete, wurden Kolibrifedern anderweitig für religiöse Kunstgegenstände verwendet, da europäische und lateinamerikanische Kunsttraditionen miteinander verbunden wurden, um liturgische Objekte herzustellen. 1948 spendete der Zeitungsmagnat William Randolph Hearst, der als Vorlage der Titelfigur aus *Citizen Kane* gilt, dem Los Angeles County Museum of Arts einen Abendmahlkelch, der im späten 16. Jahrhundert von einem unbekannten mexikanischen Kunsthandwerker angefertigt wurde. Dabei handelt es sich um ein reichlich verziertes Kleinod aus vergoldetem Silber, geschnitztem Buchsbaumholz, Bergkristall und glänzend türkisfarbenen Kolibrifedern – Letztere dienen als Hintergrund für die aufwendigen Schnitzarbeiten an Schaft und Fuß des Kelches. Alltäglichere Stücke, für den Gebrauch europäischer Bischöfe bestimmt, waren mit Federn geschmückte Mitren und Messgewänder.

Ende des 18. Jahrhunderts war die Herstellung dieser juwelenähnlichen Bildwerke und liturgischen Kleidungsstücke so gut wie beendet, denn die Kunstfertigkeit der Amantecas ging mit der Zeit verloren. Als Alexander von Humboldt Mexiko 1803 besuchte, erwarb er dennoch ein federgeschmücktes Bild: die *Madonna auf der Mondsichel.* Gesicht und Hände von Maria waren mit Ölfarben gemalt, doch der Rest des Bildes bestand aus Kolibrifedern, eine Kombination aus künstlerischen Techniken der Alten und der Neuen Welt, die im 18. Jahrhundert zunehmend Verbreitung fand. Vielleicht handelte es sich nicht nur um eine Form der künstlerischen Fusion, sondern vielmehr um eine notwendige Konsequenz der jahrhundertelangen Jagd auf die seltenen Federn: Sicherlich wurden die begehrtesten Spezies mit der Zeit immer seltener.

Auch wenn die Herstellung dieser religiösen Gegenstände irgendwann ein Ende nahm, werden bis heute kleinere Amulette mit besonders bunten Farben geschmückt. Hierin lag, wie ich annahm, der Ursprung der Chuparosas, über die ich in dem mexikanischen Geschäft gestolpert war. Kolibris waren also eine Zeit lang für die katholische Kirche interessant, doch heute spielten sie in der mexikanischen Kultur eine säkulare Rolle. Statt die Mäntel der Aztekenherrscher zu schmücken, königliche oder päpstliche Sammlungen aufzuwerten, begleiteten sie nun mexikanische Immigranten auf ihrem Weg gen Norden, wo sie auf mehr Glück bezüglich ihrer wirtschaftlichen Lage hofften – und vielleicht auch in der Liebe.

Ich war nicht der Einzige, den die Kolibriliebestalismane in dem mexikanischen *botánica*-Geschäft schockierten. Zehn Jahre zuvor hatten Mitarbeiter der Artenschutzbehörde, des US Fish and Wildlife Service (FWS), das erste von vielen mit toten Kolibris gefüllten Paketen abgefangen, das per Post von Mexiko in die USA geschickt worden war. Zunächst waren sie perplex – was sollte man mit so vielen toten Kolibris anfangen? Sie waren kein offensichtliches Beispiel für illegalen Handel mit Wildtieren, wie es bei Elfenbeinraub oder dem Verkauf seltener Orchideen der Fall war.

Der FWS bat Pepper Trail um Hilfe, der in einem der forensischen Labore in Ashland, Oregon, arbeitete. Der forensische Ornithologe war bestens qualifiziert, um Licht ins Dunkel der Kolibrifunde zu bringen – angeblich war er einer von nur zwei Menschen auf diesem Planeten, der die Opfer von Gewalttaten identifizieren konnte, sofern es sich bei diesen Opfern um Vögel handelte.

Trail ist nicht nur Federdetektiv, sondern auch Birder und Dichter. Er gibt zu, eine »Todesliste« mit über 800 Spezies zu führen, die er im Laufe seiner zwanzigjährigen Karriere als forensischer Ornithologe identifiziert hat – eine sarkastische Verdrehung der »Lebensliste« konventioneller Birder –, und doch ist Trail offensichtlich ein empfindsamer Mensch. Auf seinem Twitter-Account veröffentlicht er wunderschöne Haikus, und Kolibris üben auf ihn eine besondere Faszination aus. Er hat sie als starke Tiere beschrieben und beobachtet, wie Menschen auf ihre Schönheit, Energie und Vitalität reagieren. Als er hinter das Geheimnis ihrer kommerziellen Verwertung als Chuparosas kam, reagierte er ähnlich bestürzt wie ich.

Eines der von der Behörde beschlagnahmten Pakete erreichte Trails Labor im Jahr 2013. Es beinhaltete Dutzende rote Papierröllchen, die von einem roten Seidenband zusammengehalten wurden. Sie enthielten je einen toten Kolibri und ein spanisches Gebet oder *oración*:

¡Oh, chuparosa divina!,
tú que das y quitas el néctar de las flores,
tú que das e inculcas a la mujer el amor,
yo me acojo a tí como a tus poderes fluidos
para que me protejas y me des las facultades
de querer cuanta mujer(hombre) yo quiera,
ya sea doncella(o), casada(o) o viuda(o).
Pues te juro
por todos los espíritus de los Santos Apóstoles,
no dejar ni un solo momento de adorarte
en tu relicario sacrosanto,
para que me concedas lo que yo te pido,
mi chuparosa hermosa.

Übersetzt bedeutet Chuparosa »Rosentrinker« – ein schönes spanisches Wort für eine hässliche Tradition. Das Gebet war eine interessante Mischung aus heidnischem Flehen und christlicher Frömmigkeit. Der Träger des Chuparosa verspricht bei allen heiligen Aposteln, den mumifizierten Kolibri, den er in einem Medaillon um den Hals trägt, ohne Unterlass zu verehren. Dann, und nur dann, wird die Frau, die er liebt (oder der Mann, den sie liebt), seine Liebe erwidern, sei sie »eine Jungfrau, verheiratet oder verwitwet«.

Nähere Untersuchungen dieser ersten Vögel sowie Hunderter weiterer Exemplare, die im Laufe der folgenden Jahre an Trail nach Oregon geschickt wurden, ergaben schließlich, dass etwa ein Drittel der Vögel mit Schrotflinten abgeschossen worden war;

die Schrotkugeln waren nicht größer als Mohnsamen. Der Rest war entweder mit Netzen oder Vogelleim gefangen worden, einer klebrigen Flüssigkeit, die auf Äste aufgetragen wird. Wenn ein Vogel darauf landet, kann er nicht mehr wegfliegen. Besorgniserregend war die zunehmende Professionalisierung des Chuparosa-Handels. Laut Trail wurde die Oración einheitlich auf das Papier gedruckt und die Pakete mit einem »Made in Mexico«-Sticker oder Stempel versehen.

Bisher hat Trail 18 Kolibrispezies identifiziert, die dieses schreckliche Ende gefunden haben. Zwei Drittel von ihnen stehen nach der Gesetzgebung des US Migratory Bird Treaty Act unter Naturschutz, wobei alle Kolibriarten unter internationalem Schutz durch die Convention on International Trade in Endangered Species (oder CITES) stehen. Für die Überführung dieser Spezies, die unter diese Gesetzgebung fallen – ob tot oder lebendig, spielt dabei keine Rolle –, sind formelle Anträge und Befugnisse nötig. Natürlich liegt für keine der Chuparosas eine derartige Erlaubnis vor – der Handel ist vollständig illegal.

Kurz nachdem ich in Nogales über die Chuparosas gestolpert war, spazierte ich durch Mexiko-Stadt, wo ich mich mit María del Coro Arizmendi traf, einer Ökologieprofessorin der Nationalen Autonomen Universität von Mexiko (UNAM) und führenden Kolibriforscherin des Landes. Ich wollte mit ihr über mögliche Auswirkungen des Chuparosa-Handels auf Mexikos Kolibripopulationen sprechen und – ein weit positiveres Thema – über ihr Kolibrigartenprojekt. In den letzten Jahren war sie treibende Kraft hinter der Schaffung kleiner Grünflächen, die Kolibris anlocken und eine Fütterung auch in der riesigen urbanen Ausdehnung von Mexiko-Stadt ermöglichen sollten. Dies sollte nicht nur den Vögeln ermöglichen, sich mithilfe von Futterstationen an ein Zusammenleben in nächster Nähe mit der Bevölkerung zu gewöhnen, sondern im Gegenzug ihren menschlichen Nachbarn die Chance bieten, ihnen näher zu kommen.

Der erste Garten entstand 2014 auf einem Grundstück der Universität mitten im Herzen der dicht bebauten Großstadt Tlalnepantla nördlich von Mexiko-Stadt. Nur wenige Tage nachdem der Garten mit den nektarreichen Pflanzen ausgestattet wurde, die Kolibris besonders lieben, hatten die Vögel ihn auch schon entdeckt. Von diesem Erfolg beflügelt, entwarfen Arizmendi und ihr Team 2016 gemeinsam mit Lehrern und Schülern einer städtischen Schule einen weiteren Kolibrigarten, in den neben passenden Blühpflanzen auch Recyclingmaterialien integriert wurden. Arizmendi erinnert sich, dass bereits wenige Stunden nach der Bepflanzung die ersten Kolibris vorbeischauten.

Mittlerweile gibt es in Mexiko-Stadt noch weitere fünf Kolibrigärten, und Dutzende Einwohner wurden dazu inspiriert, ihre eigenen Gärten umzugestalten. Von Arizmendi erfuhr ich, dass die Inspiration für die Kolibrigärten von niemand Geringerem als Michelle Obama gekommen sei. 2009 hatte die First Lady auf dem Gelände des Weißen Hauses einen Gemüsegarten angelegt und darauf geachtet, ihn auch mit nektarreichen Pflanzen auszustatten, um Bienen anzuziehen. Als die Obamas aus dem Weißen Haus auszogen, erklärte sie: »Ich bin sehr stolz darauf, dass dieser kleine Garten weiterhin als Symbol der Hoffnung und des Traumes dienen wird, für unsere Kinder eine gesündere Nation hervorzubringen.«

Auch weiterhin sind Arizmendis Kolibrigärten ein voller Erfolg, wenn es darum geht, den Menschen diese Vögel näherzubringen. Man musste hierzu nicht im Weißen Haus leben, und es war ganz gleich, ob man einen großen Garten oder auch nur einen einzigen Pflanzentopf besaß: Solange die Menschen aus der Stadt die Vögel fütterten und anlockten, würden sie einen enormen Beitrag zum Erhalt ihrer Art leisten.

Den Garten der UNAM besuchte ich ohne die große Erwartung, einen Kolibri zu Gesicht zu bekommen, auch wenn ich natürlich darauf hoffte. Der Tag meiner Ankunft in Mexiko-Stadt war wolkenverhangen und kalt, die Studierenden huschten in dicken Jacken an mir vorüber. Nicht unbedingt ein günstiger Tag, um nach Kolibris Ausschau zu halten. Ich hätte es besser wissen sollen, denn Kolibris sind notwendigerweise hartgesottene Vögel, und sie müssen Futter suchen, ganz gleich, ob es regnet oder die Sonne scheint – sonst geraten sie in eine tödliche Ermüdungsstarre. Kaum hatte ich den Garten betreten, als ich einen wohlbekannten Kampfschrei vernahm – das wütende Kreischen eines Kolibris, der einen Rivalen aus seinem Territorium verjagt.

Zunächst konnte ich ihn nicht ausmachen. Ich suchte die Büsche und Bäume nach Bewegungen ab, doch nichts dergleichen verriet sein Versteck. Plötzlich teilten sich über meinem Kopf einige Äste und Zweige, und nun hörte ich nicht mehr nur im Hintergrund das Geschnatter, ich sah auch die unverwechselbare Silhouette eines Kolibris.

Langsam machte ich ein paar Schritte um den hohen Busch herum, damit sich einer der Bäume in den Hintergrund schob und ich den Vogel besser sehen konnte – ein Beryllamazilienmännchen. Wie immer war der Anblick ein kurzes Vergnügen. Er hatte zu tun, die Blumen warteten auf ihn. Wenige Momente nachdem ich ihn zugeordnet hatte, war er wieder verschwunden, flog zielstrebig durch eine Öffnung zwischen den Bäumen und versteckte sich weiter hinten im Garten. Etwa eine halbe Stunde lang versuchte ich ihn wiederzusehen, doch dieser Wunsch wurde von ihm nicht erwidert – zwar hörte ich ihn oder seine Kumpanen, doch ich konnte sie nur flüchtig erhaschen. Wie kleine Staubkörnchen flogen sie am Rand meines Sichtfeldes vorbei, sie waren zu beschäftigt, um für mich eine Pause einzulegen.

Schließlich wurde mir kalt, und es blieb nur noch eine Stunde, bevor ich wieder aufbrechen musste. Ich beschloss, dass es nun an mir wäre, in die Gänge zu kommen.

Die Chuparosas gingen mir noch immer nicht aus dem Kopf. Ich hatte düstere Geschichten über den Sonora-Okkultmarkt gehört, wo Chuparosas angeblich ganz offen und ungeniert verkauft wurden, und obwohl mich Freunde, die sich in Mexiko-Stadt auskannten, davor gewarnt hatten, ihn als unbedarfter Tourist ohne Begleitung zu besuchen, hatte ich das Gefühl, es den Kolibris schuldig zu sein, auf einem der örtlichen Märkte nachzusehen, ob die Geschichten der Wahrheit entsprachen. 2009 hatten Forscher den Sonora-Markt nach Chuparosas abgesucht und über 650 tote Vögel gefunden. Ich fragte mich, ob sich die Zeiten mittlerweile geändert hatten, ob das zunehmende ökologische Bewusstsein weltweit die Nachfrage nach diesen tragischen Liebessymbolen verringert hatte. Vielleicht hatte María del Coro Arizmendis positive Kolibrikampagne in der Stadt Wirkung gezeigt.

Von außen wirkte der Mercado Sonora recht freundlich, die runden Wellblechgiebel waren ginstergelb gestrichen, darauf stand über die gesamte Länge des Gebäudes in großen schwarzen Lettern der Name des Marktes geschrieben. Darunter boten gelbe Markisen einigen dicht gedrängten Verkaufsständen an den Eingängen zum Markt ein schattiges Dach. Ich wich einigen Pfützen auf dem Asphalt aus und bahnte mir meinen Weg zu einem der Eingänge, über dem eine riesige blaue Plakatwand hing, die eine Meeresschildkröte abbildete, darunter die motivierende Message: *Menos plastic, mas vida* – Weniger Plastik, mehr Leben.

Im Innern des Sonora-Marktes erstreckten sich überladene Verkaufsstände in alle Richtungen, die Gänge waren mit geschäftigen Einkäufern übersät, dazwischen der eine oder andere amerikanische Tourist, der große Augen machte und seine Kamera zückte. Ich erinnerte mich an die Warnungen meiner Freunde und gab mir Mühe, nicht wie ein Gringotourist zu wirken. Statt mich an Instagram-freundlichen Auslagen mit grellen Día-de-los-Muertos-Produkten aus Plastik aufzuhalten, die das Werbeplakat draußen ad absurdum führten, reihte ich mich in den steten Strom der *chilangos* ein, der Bewohner von Mexiko-Stadt, und ging tiefer in die Markthalle hinein.

Als mich die Menge ins Herz des Marktes schob, bemerkte ich, dass sich die Auslagen merklich veränderten, je weiter ich mich vom Eingang entfernte. Aus Plastikwaren wurden Naturprodukte – manche Stände erinnerten mich an den Laden in Nogales, es wurden zahllose getrocknete Kräuter in kleinen Dosen und Tiegeln angeboten. Andere Auslagen waren weniger kryptisch, dort verkaufte man Kerzen aus schwarzem, rotem oder elfenbeinfarbenem Wachs, auf die Gebete gedruckt waren. Manche Verpackungen schmückte das Bild eines Kolibris. Waren sie eine Alternative zu den Chuparosas, für die Vögel getötet wurden? Die Kerzen versprachen Liebe, Glück, Gesundheit, Reichtum, Rache – sämtliche Bereiche des Lebens wurden abgedeckt.

Der Geruch stieg mir in die Nase, noch bevor ich die Käfige sah. Ganz hinten in der Markthalle fand ich mich in einem Gang wieder, der von einer Wand aus Käfigen gesäumt wurde – darin saßen Papageien, Haushühner und Bantamhühner, farbenfrohe Gimpel und Prachtmeisen, aber auch Säugetiere. Winzige sich windende Katzenbabys, die sicherlich noch zu klein waren, um von ihrer Mutter getrennt zu werden. Hundewelpen lagen auf dem Betonboden herum, umgeben von Urinpfützen, deren Inhalt bis auf den Weg rann, auf dem ich stand. Rastlose Chinchillas und zusammengekauerte Kaninchen mit weit aufgerissenen ängstlichen Augen.

An jenem düsteren Ort fand ich den ersten Stand, an dem Kolibrikadaver angeboten wurden, der Reihe nach aufgeknüpft an einem Faden, wie makabres Trockenobst. Sie ließen mich erstarren. Die Besitzerin, eine Frau mittleren Alters, pries ihre Ware sogleich an, während ihr untersetzter ungefähr 20-jähriger Sohn, der etwas abseits auf einem Hocker saß, misstrauisch von seinem Handy aufsah.

»Sie sind gut für die Liebe, aber sie heilen auch, wenn man krank ist. Man kann ihre Herzen in der Suppe essen. Sehr stark. Sie sind auch gut für Reisende: Sie öffnen den Weg, der vor ihnen liegt. Sie bringen Glück, wenn Sie einen davon bei sich tragen …«

Kolibris waren offenbar für mehr als nur einen Liebeszauber gut – das war mir neu. Später erfuhr ich, dass man tote Kolibris auch auf *narcoaltares* gefunden hatte, den Altären in Schreinen, in denen Mitglieder mexikanischer Drogenkartelle zu Santa Muerte beteten, ihrer Schutzpatronin, und um Glück, Sicherheit auf Reisen und Schutz vor der Polizei baten. Auch in die *narcocultura*, Mexikos Drogenkultur, haben Kolibris es geschafft: Der virtuose Akkordeonspieler Juan Villareal, der von seinen Scharen von Fans nur Don Juan genannt wird, hat ihnen ein Lied gewidmet. Auch wenn Don Juan sich nicht öffentlich als Komponist von *narcocorridos* (Drogenballaden) präsentiert, sind einige seiner Lieder klar gegen das Establishment gerichtet und finden somit Anklang bei vielen Gesetzlosen. Don Juan und seine Band Los Cachorros sind im Bundesstaat Sinaloa beliebt, in dem das Sinaloa-Kartell angesiedelt ist, das von US-Geheimdiensten als mächtigste Organisation des internationalen Drogenschmuggels gilt. Sein Lied »La Chuparosa« erfreut sich besonderer Beliebtheit und wurde viele Male von anderen Künstlern gecovert.

Eine Coverversion stammt von Fabian Ortega, auch als *Halcón de la Sierra*, Falke der Sierra, bekannt. Ortegas von Kugeln durchsiebter Körper wurde in Chihuahua an einem Straßenrand gefunden, nur ein Jahr nachdem er 2009 an Bord einer Jacht vor der Küste von Baja California verhaftet worden war: Er hatte eine gewisse Menge Crystal Meth bei sich, 20 000 Dollar Bargeld, illegale Waffen und über 800 Schuss Sturmgewehrmunition. Schlimmer noch, er war in Begleitung eines *sicario*, eines Auftragsmörders, der für den berühmt-berüchtigten mexikanischen Drogenbaron Teodoro »El Teo« Simental arbeitete und den Spitznamen »der Suppenkoch« trug, da er die ausgeschalteten Gegner seines Bosses in Fässern mit Säure auflöste.

Für mein ungeübtes Ohr klang Ortegas Version von »La Chuparosa« etwas schriller als Don Juans Original, doch sein Vorstrafenregister ließ mich annehmen, dass sein Tod eher auf seinen Lebensstil zurückzuführen war als auf einen unzufriedenen Musikkritiker und einen Song über einen metaphorischen Kolibri. Der Bundesstaat Chihuahua gehört zum Territorium des Sinaloa-Kartells … Dass sich »La Chuparosa« in einer Setlist von Songs befand, in der die *narcocultura* glorifiziert wurde, mag einiges über den Stellenwert aussagen, den Chuparosas in der Psyche mancher Mexikaner innehatten.

Ein deutlich positiveres Beispiel für die kulturelle Bedeutung des Kolibris fand sich im Bereich des *lucha libre*, des mexikanischen Wrestlings, wo der mit den Vögeln in Verbindung gebrachte Mut einem der *luchadores* seinen Namen gab. Óscar Gutiérrez tritt heutzutage für World Wrestling Entertainment unter seinem Ringnamen Rey Mysterio auf. Doch so hieß er nicht immer. Zu Beginn seiner Karriere in Mexiko wurde er von seinem damals als Rey Mysterio bekannten Onkel trainiert und war wesentlich kleiner als die meisten seiner Gegner. Sein Onkel gab ihm den Ringnamen Colibrí. Ein schlauer Marketingschachzug, denn besonders Kinder liebten es, dem kühnen Colibrí dabei zuzusehen, wie er gegen sehr viel größere Wrestler kämpfte – und gewann. Schnell trat er nicht mehr bei kleinen Shows auf Jahrmärkten auf, sondern am Wochenende in Arenen in Tecate und Mexicali. Später würde er als Rey Mysterio zum größten Cruisergewichtswrestler aller Zeiten avancieren, doch seine ersten Kampferfahrungen machte er als Colibrí.

Ich stand also im Sonora-Markt und sah mich erneut mit den allzu realen Chuparosas konfrontiert. Möglichst unauffällig lehnte ich dankend ab, gab vor, nicht interessiert zu sein, und ging meines Weges. Ich wollte so schnell wie möglich raus aus der

Halle, ohne jedoch dabei die Blicke auf mich zu ziehen. Die Geräusche, Farben und Gerüche des Marktes drangen plötzlich von allen Seiten an mich heran. Mit flauem Magen bahnte ich mir durch die schwere Luft meinen Weg zum Ausgang.

Draußen auf der Straße sog ich dankbar die kalte, nach Abgasen riechende Luft in meine Lunge. Alles war besser als der Gestank von Angst und Verzweiflung, der in der Halle herrschte. Die aufgeknüpften Kolibris waren schlimm genug gewesen, doch die Käfige mit den aufgeschreckten Vögeln, die Tiere mit ihren toten Augen, die in ihrem eigenen Urin und ihren Fäkalien hockten … Ich wusste, dass ich wütend darüber sein sollte, wie man sie behandelte, dass Lebewesen zu reiner Ware reduziert wurden, doch stattdessen wurde ich von einem Gefühl der Hilflosigkeit überwältigt. Ich wusste, dass ich nichts tun konnte, hier und jetzt, um all den Tieren zu helfen, die ich zurückgelassen hatte. Ich konnte die vielen Kolibris nicht wieder zum Leben erwecken, die man wie getrocknete Chilis über die Auslage mit Kerzen, Kräuterbündeln und leuchtend bunten *calaveras* und *calacas* gehängt hatte, die typischen Totenköpfe und Skelette. Ich hasste den Sonora-Markt. Ich hasste die Inhaber der Stände. Ich hasste ihre Kunden. Und ich hasste mich selbst, weil ich alldem gegenüber machtlos war.

Auch in Mexiko war meine Zeit knapp bemessen. Ich reiste an die Pazifikküste, um nach einem dort heimischen Kolibri zu suchen, der so stark mit diesem Land assoziiert wird, dass er den Namen Mexikoschattenkolibri trägt. Lange Zeit galt er als Unterart des Westlichen Langschwanz-Schattenkolibris, doch 2013 stellten Taxonomen fest, dass es sich tatsächlich um eine eigene Spezies handelte, die nur in Mexiko vorkam, und dort nur an der Pazifikküste. Es waren relativ große Kolibris, die jedoch, wie die meisten ihrer Art, besonders scheu sind. Den Schatten tragen sie nicht umsonst im Namen, denn beim geringsten Anzeichen von Gefahr ziehen sie sich augenblicklich ins Dickicht zurück. Sie sind so gut wie nie an künstlichen Futterspendern zu sehen und trauen sich kaum vor das Auge interessierter Beobachter – wenn, dann nur kurz. Im Gegensatz zu den meisten anderen Kolibris ist ihr Gefieder recht unauffällig, die gedeckten Oliv- und Hellbrauntöne helfen ihnen dabei, unbeobachtet im dichten Unterholz auszuharren.

Zwar berauschten mich die ausgefallenen regenbogenfarbenen Gefieder der meisten Kolibris immer mehr, doch der europäische Vogelliebhaber in mir fühlte sich mit der altbekannten Zurückhaltung des Mexikoschattenkolibris umso wohler. Er erinnerte mich an unsere heimischen Waldsänger: tristes Gefieder und Schreckhaftigkeit. Auch stellte ich mich gerne der Herausforderung, einen so notorisch scheuen Vogel ausfindig zu machen. Einen Mexikoschattenkolibri zu finden, ist das Gleiche, wie ein besonders kniffliges Kreuzworträtsel zu lösen.

Später am Nachmittag reiste ich auf eigene Faust entlang der Küste. Ich nahm einen Bus zum Botanischen Garten von Vallarta, wo ich meinen Mexikoschattenkolibri zu sehen hoffte. Ich hatte die Anlage fast für mich allein, sodass es mir nicht schwerfiel, so zu tun, als befände ich mich in der Wildnis, und die vielen Vögel überall um mich herum untermalten meine kleine Fantasie. Gelbbürzelkassiken mit glänzendem schwarz-gelbem Gefieder pfiffen und schnatterten aus vollem Hals, während Elfenbeinsittiche und mexikanische Sperlingspapageien von Ast zu Ast flogen. An vielen Bäumen kletterten Vanillepflanzen den Stamm empor, deren glänzende Blätter wie sattgrüne Leitern zur Baumkrone führten.

Auf der Terrasse des Restaurants hingen Futterspender, um die sich einige Zimtbauchamazilien und ein schüchterner Funkenkehlkolibri scharten, doch sie waren es nicht, die mich hierhergebracht hatten. Manche Schattenkolibris wagten sich an künstliche Futterspender heran, andere wiederum nicht. Ich wusste nicht, wie sich ein Mexikoschattenkolibri verhalten würde, sodass ich nach einiger Zeit zurück in die Gartenanlage ging.

Der Weg war von Feigenkakteen gesäumt, die auch Zimtbauchamazilien anlockten. Vorsichtig ging ich an den hohen, am Stamm verholzten Kakteen vorüber, mit einigem Abstand – zum einen, da ich die Kolibris nicht stören wollte, die dort nach Nahrung suchten, zum anderen, da ich gesunden Respekt vor den langen, spitzen Stacheln der Pflanzen hatte. Die Zimtbauchamazilien störten sich nicht daran, sie flogen mutig an den Spitzen der Kakteen umher und versenkten ihre Schnäbel entschlossen in den orangefarbenen Blüten, ohne sich um die langen Sporne zu kümmern, die sie von allen Seiten umgaben.

Neben dem regelmäßigen Summen und Brummen der umherfliegenden Kolibris bemerkte ich ein völlig anderes Geräusch – einen tieferen, drängenderen Ton, der aus dem niedrigeren Gestrüpp zu kommen schien. Als ich mich umwandte, schwebte mir gegenüber, etwa auf Hüfthöhe, ein Mexikoschattenkolibri und sah mich unverwandt von der Seite an. Ich erkannte ihn sofort – das Profil seines Kopfes war unverwechselbar, ich sah die dunkle Banditenmaske, die vom Schnabel bis über sein glänzendes schwarzes Auge führte und sich von zwei hellbraunen Streifen darüber und darunter absetzte. Sein Schnabel war lang und elegant nach unten gebogen.

Der Mexikoschattenkolibri machte kehrt, sodass ich einen kurzen Blick auf sein dunkles, olivgrünes Gefieder erhaschen konnte, bevor er wendig zurück in die dichten Büsche flog. Sein langer weißer Schwanz war wie ein Lichtstreifen, der im Grün verschwand. Dann war er weg. Unser Aufeinandertreffen hatte nur wenige Sekunden gedauert, doch sie waren genug. In jenem Moment fühlte ich mich vollkommen mit diesem Vogel verbunden – beinahe kam es mir so vor, als wäre er zu mir gekommen, denn ich hatte für die Sichtung so gut wie nichts getan. Es schien, als hätte die Neugier ihn zu mir geführt, und nachdem er sie befriedigt hatte, war er wieder abgezischt. Mit diesen Gedanken tröstete ich mich, nachdem ich noch eine Stunde damit verbracht hatte, bei den Feigenkakteen herumzulungern in der Hoffnung, ihn noch einmal zu sehen. Ich fand ihn im Vallarta-Garten nicht mehr wieder und auch keinen anderen seiner Art, doch ich hatte meinen Mexikoschattenkolibri gesehen und war glücklich.

Trotz meiner unschönen Erlebnisse in Nogales und Mexiko-Stadt rief mir der Tag zurück in Erinnerung, dass dieses Land noch immer herrlichste Habitate zu bieten hatte, die umwerfenden Kolibris ein Zuhause boten. Auch gab es zum Glück noch andere Menschen, die sich nicht nur um die ungewisse Zukunft der Vögel in Mexiko sorgten, sondern auch um die dortige Natur im Allgemeinen. In einem Vortrag bestätigte mir das auch Kenn Kaufman, der als Teenager auf eigene Faust durch ganz Amerika getrampt war, um Vögel zu beobachten, und der sich mittlerweile zu einem der angesehensten Vogelbeobachter der Welt gemausert hatte.

> In den späten 1970er- und 1980er-Jahren, der Zeit meiner Jugend, war Mexiko ein magischer Ort, um Vögel zu beobachten. Ich lebte in Arizona und konnte leicht die Grenze überqueren und das ganze Land sehr billig mit öffentlichen Verkehrsmitteln bereisen. Damals kamen noch nicht viele Menschen nach Mexiko, um Vögel zu beobachten, hauptsächlich aus Nordamerika und Europa, die Einheimischen interessierte das kaum. Wo auch immer ich hinfuhr, bestand die Möglichkeit einer Sichtung, oder man konnte etwas Neues über eine kaum bekannte Art lernen. Zunächst reiste ich allein oder mit Freunden, später wurde ich Tourguide und erforschte jede erdenkliche Ecke Mexikos.
>
> Eines meiner Lieblingsgebiete war ein Stück Regenwald auf der Atlantikseite der Sierra Madre in Oaxaca. Vielen Menschen wird der Name dieses Bundesstaates Bilder der eleganten Altstadt von Oaxaca ins Gedächtnis rufen, die in seiner Mitte in einem trockenen Tal gelegen ist. Doch eine schmale, gepflasterte Straße – der Highway 175 – verläuft nordöstlich der

Stadt über einen hohen Felsenkamm durch Bergtäler über einen noch höheren Kamm, bevor er sich über hundert Kilometer langsam wieder hinunterschlängelt und schließlich bei Valle Nacional etwa auf Meeresspiegelhöhe endet.

Als ich in den 1980er-Jahren dort war, säumte wunderschöner Regenwald beide Seiten des Highways von Valle Nacional beinahe bis hoch auf die Spitze. Je nach Höhenlage veränderte sich das Habitat, vom feuchten Tropenwald bis hoch zu verhangenen, moosbewachsenen Nebelwäldern, und mit der Szenerie veränderte sich auch die Vogelwelt, sodass man hinter jeder neuen Straßenwindung anhalten und nach Vögeln Ausschau halten konnte. Für mich persönlich waren die Wappenvögel dieses Highways zwei Kolibris: der winzige Smaragdkehlkolibri und der große, auffällige Granatkehlkolibri.

Bevor mir über Valle Nacional regelmäßig Smaragdkehlkolibris begegneten, wusste ich so gut wie nichts über diese Art. Sie verhielten sich niemals auffällig, doch sie waren immer da – auf moderaten Anhöhen entlang der Straße oder wenn der Straßenrand im Schatten hoher Bäume lag. Dann kamen die kleinen Tiere aus ihrem Versteck, um von winzigen Blüten nahe am Boden zu trinken, bevor sie wieder zurück in den Wald schossen. Das Grün der Kehle der Männchen war eine flüchtige Farbe, genauso flüchtig wie die Vögel selbst, doch mit etwas Geduld konnten wir diese Elfen des Unterwuchses immer finden.

Granatkehlkolibris tauchten immer nur einzeln auf, in einem Nebelwald nahe dem höchsten Punkt der Straße, und sie schienen am liebsten in Baumkronen zu sitzen. Nahe einer breiten Haltebucht gab es einen knorrigen, abgestorbenen Baumstumpf, in dem sich ein Männchen drei Jahre in Folge verbarg, ein perfektes Versteck. Wenn das Licht auf ihn fiel, sah der Vogel kunterbunt aus, der grüne Rücken setzte sich von drei verschiedenen Violetttönen an seiner Brust ab. Wenn er losflog, um Insekten aus der Luft zu schnappen, leuchteten seine Flügel rotbraun auf.

Hunderte Vogelarten lebten entlang dieser Straße, und auf jeder Fahrt sahen wir unzählige von ihnen. Es hätte eigentlich das reinste Vergnügen sein sollen, die Vögel dort zu beobachten, doch bei einem meiner letzten Besuche in den frühen 1990er-Jahren wurde ich plötzlich von Melancholie überwältigt. Durch ein Loch zwischen den Baumstämmen sah ich hinunter ins Tal, nahm den überwältigenden Anblick der von unberührtem Regenwald bedeckten Hügelketten in mich auf und dachte mir: *So wird es nicht bleiben.* Ich hatte überall in Mexiko bemerkt, dass Lebensräume kleiner und kleiner wurden, und es schien, als könne niemand etwas dagegen tun. Das öffentliche Interesse an Vögeln war so gering, dass es den paar wenigen Umweltschützergruppen schwerfiel, an Einfluss zu gewinnen. Schon damals klang meine Vorhersage düster: *In fünfundzwanzig Jahren wird dieser gesamte Lebensraum mit all seinen Vögeln verschwunden sein.*

Kaufmans Verzweiflung kam mir nur allzu bekannt vor. In Alaska hatte ich einen Vorgeschmack bekommen; der Klimawandel hatte dazu beigetragen, dass dort in jenem Sommer riesige Gebiete des nördlichen Nadelwaldgürtels abgebrannt waren, das Meer heizte sich auf, und die Lebensräume der Kolibris veränderten sich nicht binnen Jahrtausenden, sondern innerhalb weniger Jahrzehnte. In den Botánicas und Mercados von Mexiko war ich unfreiwillig Zeuge des mutwilligen Schadens geworden, den die Menschheit unschuldigen Tieren zufügen konnte.

Doch aus Kenns Worten sprach auch die Hoffnung:

Schieben wir diesen unschönen Ausblick einmal beiseite und springen mehr als fünfundzwanzig Jahre in die Zukunft, in die 2020er-Jahre. Der Wald ist noch immer da. Die Vögel sind noch da. Wenn ich heute etwas über den Status eines Beobachtungspunktes wissen möchte, muss ich nicht darauf warten, dass ein Freund aus den USA oder Großbritannien mit mir hinfährt, denn mittlerweile gibt es Scharen mexikanischer Vogelliebhaber, mit Clubs vor Ort und Experten im ganzen Land. Nun kennen sie ihre nationalen Vögel besser, als wir Touristen es jemals getan haben, und sie haben den Schutz ihrer speziellen Fauna ganz genau im Blick.

Ich kontaktierte Eric Antonio Martinez, einen Birder aus Oaxaca de Juárez, um ihn nach der Straße oberhalb von Valle Nacional zu fragen. Er sagte mir: »Ja, dort gibt es noch immer große Gebiete schöner Nebel- und Regenwälder. Sie sind kleiner als früher, aber der Großteil ist erhalten geblieben. Der Wald hat davon profitiert, dass das Gelände so steil ist, daher wurden keine neuen Städte gebaut.«

Nie war ich glücklicher, dass ich mich geirrt hatte. Meine traurige Prophezeiung stellte sich als völlig falsch heraus. Die magische Vogelstraße ist noch immer da, dort leben noch immer wunderbare Kolibris, und eine neue Generation aktiver mexikanischer Vogelfreunde hat alles im Blick. Natürlich wird es in der Zukunft vermutlich notwendig sein, diese Wälder zu schützen. Doch für den Moment flitzen die kleinen Smaragdkehlen noch immer durch die Schatten der Bäume, die großen Granatkehlen zischen noch immer durch den Dunst des Nebelwaldes, und bis dato ist in ihrer Welt alles in Ordnung.

Nachdem ich Mexiko guten Gewissens verlassen hatte – ich hatte meinen Mexikoschattenkolibri gesehen, und Kenns erbauliche Kolibrigeschichte hatte mir ebenfalls gutgetan –, sprach ich noch einmal kurz mit Pepper Trail. Ich wollte wissen, ob es zumindest einen Funken Hoffnung im Fall der Chuparosas gab. Er reagierte zurückhaltend, war jedoch vorsichtig optimistisch:

> Meines Wissens nach ist der Chuparosa-Verkauf, was Kolibris betrifft, der bedeutendste Fall illegalen Tierhandels. Die Ermittlungen der Umweltbehörde laufen, insofern kann ich nicht viele Informationen rausgeben.
> Vermutlich reicht die Tradition, Kolibris als Glücksbringer in der Liebe zu tragen, Jahrhunderte zurück. So etwas mit Naturschutzargumenten beizukommen, ist dann schwierig, doch es scheint so zu sein, dass diese Tradition (wie viele andere) bei den jüngeren Mexikanern keine große Rolle mehr spielt. Da die mexikanischen Autoritäten so gut wie nichts gegen den Handel unternehmen, setzen wir unsere Hoffnung lieber darauf, dass die Nachfrage von Chuparosas mit der Zeit abnehmen wird und sich das Problem auf diese Weise löst.

Ich hoffte inständig, dass Trail recht hatte. Manche Traditionen verliefen besser im Sand, da Moral und Tradition häufig nicht Hand in Hand gingen. Das war bei Weitem nicht nur in Mexiko der Fall: Auch nahe meiner Heimat, in den Mooren der britischen Uplands, wurden Raubvögel häufig illegal geschossen, vergiftet oder gefangen, ein Jagdbrauch aus viktorianischer Zeit, der sich hartnäckig hielt. Wenigstens dienten die Chuparosas dem guten Zweck der Liebe – unser hauseigenes, britisches Verbrechen an Wildtieren konnte nicht einmal mit so einem positiven Aberglauben aufwarten.

Doch alle Sorgen konnte mir Trail nicht nehmen. Ich selbst hatte gesehen und gehört, dass Kolibris noch immer eine Rolle in der mexikanischen Kultur spielten – und mit Blick auf die derzeitige Wiederentdeckung indigener, prähispanischer Religion, Philosophie und Tradition, allen voran durch die Mexicayotl-Bewegung, die in den 1950er-Jahren unter Intellektuellen in Mexiko-Stadt entstand und in den folgenden Jahrzehnten an Bedeutung gewonnen hat. Ihre Ursprünge liegen weit früher im 20. Jahrhundert, in der Mexikanischen Revolution und später auch im Konzept der Mexicanidad, dem kulturellen Vorgänger der Mexicayotl, die von dem Künstlerehepaar Diego Rivera und Frida Kahlo vertreten wurde.

Nachdem Frida Kahlos Ehe mit Rivera sowie ihre Affäre mit dem Fotografen Nickolas Muray 1940 zu Ende gegangen waren, schuf Kahlo eines ihrer wohl emotional bedeutsamsten Kunstwerke.

Selbstbildnis mit Dornenhalsband und Kolibri zeigt ein frontales Porträt Kahlos. Ihr Blick ist unverwandt und herausfordernd, auf der einen Schulter sitzt ein schwarzer Affe, auf der anderen eine schwarze Katze, und an ihrem Hals hängt ein schwarzer Kolibri an einer Dornenkette, eine Mischung aus christlicher Ikonografie und traditioneller mexikanischer Symbolik. Blut rinnt aus den Wunden in ihrer Haut. Ihr Leiden ist offensichtlich, doch gleichzeitig wirkt sie stolz und entschlossen.

Das Konzept der Mexicanidad hatte großen Einfluss auf Kahlo, der Symbolismus der Tiere auf dem Bild ist entscheidend: Der schwarze Affe steht für das Böse, die schwarze Katze symbolisiert Unglück und Tod, der Kolibri vereinigt vielleicht beide Assoziationen – er ist ganz offensichtlich ein Chuparosa-Glücksbringer, doch vielleicht steht er auch für Huitzilopochtli, den aztekischen Gott des Krieges. Kurze Zeit später heirateten Rivera und Kahlo erneut, sodass ihre Beschwörung der Kräfte des Kolibris offenbar Früchte trug.

Ich kam zu dem Schluss, dass dies der einzige Ort war, an dem Chuparosas in meinen Augen auftauchen durften – in der Kunst, sei es auf Bildern, in der Musik oder Literatur. In Zeiten zunehmender Bedrohung der Natur hatten sie an den Halsketten von Liebeskranken oder Reisenden, die sich nach kosmischem Schutz sehnten, nichts zu suchen. Also machte ich mich auf den Weg weiter gen Süden in Richtung Karibik und Costa Rica, ohne einen Talisman in der Tasche zu tragen.

4

Der kleinste Vogel der Welt

Matanzas, Kuba, 22° nördliche Breite, und diverse Orte, Costa Rica, 9° nördliche Breite

Im Jahr 1936 veröffentlichte ein amerikanischer Ornithologe namens James Bond ein Standardwerk zur Vogelwelt der westindischen Karibikinseln: *Birds of the West Indies*. Ein Exemplar fand seinen Weg ins Bücherregal des früheren Militärgeheimdienstlers und Schriftstellers Ian Fleming.

Casino Royale, Flemings erster Roman, dessen Hauptfigur der britische Geheimagent und brachiale Womanizer James Bond alias 007 war, erschien 1953. Bond basierte auf einigen Charakteren, die sein Schöpfer während des Zweiten Weltkriegs in der Marinegeheimdienstabteilung kennengelernt hatte – Fleming beschrieb seinen Protagonisten als eine Mischung aus sämtlichen Spionen und Geheimdienstlern, mit denen er es im Krieg zu tun gehabt hatte.

Unter anderem folgte auf diese Veröffentlichung 1960 die Kurzgeschichtensammlung *For Your Eyes Only*. Der erste Absatz liest sich überhaupt nicht wie etwas, was man von Fleming erwarten würde – vom aalglatten, sardonischen, über den Durst trinkenden Bond weit und breit keine Spur. Stattdessen lesen wir von dem Vogel, der für Fleming der schönste von ganz Jamaika ist, vielleicht sogar der ganzen Welt: dem Wimpelschwanz, auch Rotschnabel-Jamaikasylphe oder Jamaika-Kolibri genannt. Die

Beschreibung könnte direkt aus einem Feldführer stammen, so detailreich werden Gefieder und Größe geschildert. Auf Jamaika wird der Kolibri auch Doktorvogel genannt – Fleming erzählt, dass dies an seinen langen schwarzen Schwanzfedern liegt, die an einen Frack erinnern, den Ärzte in vergangenen Zeiten trugen.

Anschließend stellt uns die Geschichte den nicht mehr ganz jungen Colonel Havelock und seine Frau vor, die gerade im Garten ihres Hauses auf Jamaika ihren nachmittäglichen Tee einnehmen. Während der Colonel ausführlich über die fortdauernde Revolution auf der kubanischen Nachbarinsel doziert, die Fidel Castro und seine Anhänger gegen die Batista-Diktatur unternommen haben, beobachtet Mrs. Havelock zwei Jamaika-Kolibris, die neben der Veranda vom blühenden roten Chinesenhut und von den Monkeyfiddle-Büschen trinken und streiten. Sie nennt sie Daphnis und Pyramus, die zugehörigen Weibchen folgerichtig Chloe und Thisbe, nach den antiken Liebespaaren.

Die idyllische Szene nimmt durch die Ankunft dreier kubanischer Auftragsmörder ein jähes Ende. Ein gewissenloser Kubaner hat sie den Havelocks auf den Hals geschickt, um sie zu zwingen, Haus und Grundstück an ihn zu verkaufen. Als sie sich weigern, werden sie kaltblütig erschossen. Es wird klar, dass die Havelocks mit James Bonds Vorgesetztem M befreundet sind, woraufhin der Geheimagent Rache schwört. So nimmt die Geschichte ihren Lauf.

Dass Kolibris in der Eröffnungsszene der Geschichte vorkommen, ist bei Weitem kein Zufall. Fleming war begeisterter Vogelbeobachter und verbrachte einige Monate im Jahr in seinem Haus auf Jamaika namens Goldeneye – der Name bezeichnete nicht nur einen Vogel, sondern auch eine umfassende Geheimmission, an der Fleming während des Krieges beteiligt gewesen war. In seinem Bücherregal in Goldeneye fand sich ein Exemplar der zweiten Auflage von Bonds Vogelführer, und als Fleming sich daranmachte, auf seiner alten Royal-Schreibmaschine die ersten

Zeilen von *Casino Royale* zu schreiben, fiel sein Blick darauf. Er suchte nach einem »platten Allerweltsnamen« für seinen Protagonisten und fand in James Bond genau das, was er brauchte. Später erklärte er: »Ich wollte ihm den einfachsten, langweiligsten Namen geben, den ich finden konnte. James Bond war sehr viel besser als ein auffälliger Name wie Peregrine Carruthers. Er sollte ein neutrales, anonymes, abgestumpftes Werkzeug der Regierung sein.«

Erst zehn Jahre nachdem der erste 007-Roman erschienen war, bemerkte der Ornithologe Bond, dass sein Name für die fiktionalen Eskapaden des Spions hatte herhalten müssen. In einem Brief an Fleming beschwerte sich Bonds Frau Mary fröhlich, er habe »ganz unverfroren den Namen eines echten Menschen für einen Strolch!« verwendet.

Fleming schrieb an Mary zurück und bot ihrem Ehemann als Entschädigung gerne die unbefristete Verwendung seines eigenen Namens für jeden Zweck an, nach dem ihm der Sinn stand. Sollte Bond beispielsweise eines Tages eine besonders hässliche Vogelart entdecken, so stand es ihm von nun an frei, Fleming auf diese Art eins auszuwischen.

Der echte James Bond machte von Flemings großzügigem Angebot keinen Gebrauch, erhielt jedoch als Geschenk eine Erstausgabe von *You Only Live Twice* – ein Titel, der mit einem Augenzwinkern auf Bonds damaliges Doppelleben als Ornithologe und fiktionaler Spion anspielte. Fleming hatte eine Widmung hineingeschrieben: »Für den echten Bond, vom Dieb seiner Identität.«

Fleming fand also den Namen eines Ornithologen ausreichend langweilig, um ihn für seinen Protagonisten in einer Thrillerserie zu verwenden. Der Naturforscher und Philosoph Alexander Skutch versuchte dagegen, den Ruf von Vogelfreunden wieder ins rechte Licht zu rücken. »Unsere Suche [nach den Vögeln] führt uns an die schönsten Orte«, erklärte er. »Um sie zu finden und ihnen einige ihrer wohlgehüteten Geheimnisse zu entlocken, nehmen wir die größten Strapazen auf uns und leben besonders intensiv.«

Seinen Worten konnte ich mich nur aus vollem Herzen anschließen, denn genauso erging es mir auf meiner Suche nach Angehörigen der Kolibrifamilie. Hätte ich den kleinsten Vogel der Welt sehen wollen, hätte ich im Jahr 1844 leben müssen, doch ich wäre sicher in sein Habitat gereist, einen Ort, an dem 100 Jahre später der Spion James Bond das Licht der Welt erblickt hatte. Ab dem frühen 18. Jahrhundert hatte Jamaikas unauffällige Zwergelfe diesen Titel inne – mit gerade einmal sechs Zentimetern Länge und etwa zwei Gramm Gewicht schien es unmöglich, dass es einen kleineren Vogel geben sollte. Die Zwergelfe zeichnete sich auch dadurch aus, dass sie als einer der ersten Kolibris einen lateinischen Namen von Carl von Linné erhalten hatte. *Mellisuga minima* drückte nicht nur aus, wie klein der Vogel war (*minima*), sondern auch, wovon er sich ernährte – *mellisuga* bedeutete in etwa Honigsauger.

Der deutsche Ornithologe Johannes (Juan) Gundlach zog 1839 nach Kuba und machte sich sogleich daran, die Vogelwelt der Insel zu erforschen. Er war passionierter Sammler und Tierpräparator, und dank der glücklichen Nebenwirkung eines Unfalls, der sich bei einer Feldstudie ereignete – eine kleine Pistole wurde zu nahe an seiner Nase abgefeuert, sodass er den Geruchssinn verlor –, blieben ihm die unangenehmeren Aspekte dieser Arbeit erspart. Von dem Tag, an dem er Kuba betrat, muss er die allgegenwärtigen Kubasmaragdkolibris gesehen haben – eine glänzend grüne Spezies, die sich auf der gesamten Insel finden lässt. Erst 1844 jedoch stolperte er über sehr viel kleinere Artgenossen – winzige blau-weiße Kolibris, deren Männchen eine weinrote, glänzende Kehle besaßen, die am Ende in einen hängenden Streifen überging. Gundlach, ein Inselneuling, freundete sich mit Charles Booth, dem Besitzer einer Zuckerplantage, an und benannte den neu entdeckten Kolibri nach dessen Frau Helene: *Mellisuga helenae*, auch als Bienenelfe bekannt.

Ob die Bienenelfe tatsächlich kleiner als die Zwergelfe ist, ist bis heute nicht eindeutig geklärt – beide könnten in etwa dieselbe Größe und dasselbe Gewicht aufweisen, wobei das Männchen jeweils kleiner ist als das Weibchen. Die kubanische Bienenelfe hat als Spezies jedoch den Vorteil, sowohl neuer als auch hübscher zu sein als ihr jamaikanisches Gegenstück, sodass sie seit ihrer Entdeckung den Titel kleinster Vogel der Welt trägt. Wenig hilfreich ist auch, dass die Zwergelfe ausschließlich in jamaikanischen Baumkronen zu finden ist, sodass wir bis heute nicht viel über sie wissen. Wenn ich heute den kleinsten Vogel der Welt bewundern wollte, musste ich dafür nach Kuba.

Eine Kubareise klang zunächst genau nach Alexander Skutchs Auffassung von Vogelbeobachtung – die Insel im Herzen der Karibik gilt unter Urlaubern als einer der schönsten Orte überhaupt. Leider hatte ich zuvor eine völlig andere Erfahrung gemacht. Kurz nach der Jahrtausendwende hatte ich eine Woche dort verbracht, die unter keinem guten Stern stand: Mein Bett war von Wanzen befallen, ich wurde beinahe am helllichten Tag mit gezücktem Messer ausgeraubt, fing mir eine langwierige Amöbenruhr ein, die mich noch wochenlang begleitete und meinen Arzt über die »wirklich besonders hartnäckigen Amöben« staunen ließ; auf dem Rückflug nach Hause musste das Flugzeug zu guter Letzt wegen eines Triebwerkschadens auf dem nächstgelegenen Flughafen notlanden, in Shannon, an der Westküste Irlands.

Das waren übrigens meine Flitterwochen, und wie es mit bösen Omen für den Verlauf einer Ehe nun einmal so ist, lag dieses goldrichtig.

Man hätte mir insofern nicht übelnehmen dürfen, hätte die Aussicht auf eine Rückkehr nach Kuba meinerseits nicht für Freudensprünge gesorgt, doch ich stellte überrascht fest, dass ich mich tatsächlich darauf freute, die Vergangenheit ruhen zu lassen und nicht nur den kleinsten Vogel der Welt zu sehen, sondern auch einen Blick in das farbenfrohe Reich einheimischer kubanischer Arten zu werfen.

Bei meinem ersten Besuch hatte sich nichts um Flora und Fauna gedreht – damals gab ich mir noch Mühe, mein Interesse an Naturkunde herunterzuspielen, da es sich im Gegensatz zu heute um eine Zeit handelte, in der man als Naturfreund allzu häufig nichts als Spott erntete. Diesmal konnte ich besser vorhersehen, wie sich mein Aufenthalt auf der Insel gestalten würde.

Vor vielen Jahren hatte ich einige Wochen auf der Orkneyinsel North Ronaldsay Vögel beobachtet, ich hatte die Zeit im dortigen Vogelobservatorium verbracht, wo ich Andy Mitchell kennenlernte, den Assistenzleiter der Einrichtung. Jahre später kreuzten sich unsere Wege erneut, und als ich ihm von meinen Plänen erzählte, noch einmal nach Kuba zurückzukehren, machte Andy mir das großzügige Angebot, alles für mich zu arrangieren, vom Moment meiner Ankunft bis zum Rückflug. Offenbar stattete Andy der Insel bereits seit Jahrzehnten jährliche Besuche ab und hatte viele enge Freunde dort, die mir weiterhelfen konnten.

Unter ihnen waren auch zwei Brüder, Orestes und Angel Martínez, die mit neun Geschwistern (und mit Krokodilen und einer Moskitoplage) in einem kleinen Dorf im Herzen der Ciénaga de Zapata (Zapata-Sumpf) aufgewachsen waren. Ihr kindliches Interesse an Vögeln hatten die Brüder kurzum zum Beruf gemacht und waren mittlerweile örtliche Tourguides für die Tierwelt der Insel. Die Zapata-Halbinsel, die von Kubas Südküste abgeht, ist eine besonders biodiverse Region der Insel. Neben allem, was sie in puncto Vogelwelt Herrliches zu bieten hatte, gab es dort auch eine ansehnliche Bienenelfenpopulation. Die Kubaner nannten sie *zunzuncitos*, ein Wort, das charmanterweise in etwa »kleiner Brummer« bedeutete. Ich kam schnell dahinter, dass dieser lautmalerische Name ausgezeichnet zu den winzigen Vögeln passte, die von vielen fliegenden Insekten an Größe übertroffen wurden.

Wenn man der kubanischen Folklore glaubt, sind die Zunzuncitos lebende Inkarnationen von *guanín*, einer Legierung aus Kupfer, Gold und Silber, die im präkolumbischen Mittelamerika aufgrund ihrer prächtigen, glänzenden Rotfärbung und ihres Geruchs geschätzt wurde. Dass ich eine Bienenelfe riechen würde, war unwahrscheinlich, allerdings hoffte ich darauf, den metallisch roten Kopf eines Männchens zu Gesicht zu bekommen, und als ich spätabends in Havanna ankam, spürte ich, wie meine Vorfreude stieg.

Am nächsten Morgen schlürfte ich auf der Terrasse des Hostels Doña Amalia Kaffee. Es lag etwas außerhalb der Stadt, und schon konnte ich dabei zusehen, wie ein Kubasmaragdkolibri vom Nektar der Büsche naschte, die im Garten wuchsen. Mein erster kubanischer Kolibri, am ersten Tag meines Aufenthalts, und die Sonne war gerade erst aufgegangen. Da ich von der späten Ankunft noch etwas müde war, tat ich es dem Vogel gleich und rührte einen zusätzlichen Löffel Zucker in meinen Kaffee. Eine süße Ernährungsweise war alles, was Kolibris brauchten, um in der Luft zu schweben und rückwärtszufliegen, sie würde auch mir einen guten Start in den Tag bescheren, der vor mir lag. Ich blätterte durch James Bonds Vogelführer, um neben der Bienenelfe weitere endemische Vögel kennenzulernen, und stellte mir dabei vor, ich wäre selbst der britische Geheimagent – in *Stirb an einem anderen Tag* schmökert Pierce Brosnan in einer Szene, die in Havanna spielt, in *Birds of the West Indies* und stellt sich gegenüber Giacinta »Jinx« Johnson (Halle Berry) als Ornithologe vor.

Orestes »Chino« Martínez holte mich ab, und wir begaben uns, nachdem wir uns einander vorgestellt hatten, auf die lange Fahrt zu seinem Haus an der Küste von La Bahía de Cochinos, der Schweinebucht, an der 1961 die vom CIA unterstützte Invasion scheiterte, um die von Fidel Castro angeführte kubanische Revolution und den jungen kubanischen Staat aufzuhalten, von denen Flemings fiktionaler Colonel Havelock zu Beginn von *For Your*

Eyes Only erzählt hatte. Während wir Havanna in südöstlicher Richtung verließen, erzählte mir Chino von den Höhen und Tiefen der Bienenelfen.

»Zwischen 1960 und 1980 gab es immer weniger von ihnen. Das lag an einigen schlimmen Hurrikans, doch seit 1990 haben sich die Vögel erholt.«

Ich fragte nach den Auswirkungen der Landwirtschaft – mir war zu Ohren gekommen, dass der industrielle Anbau von Zuckerrohr, Kaffee, Tabak und Kakao zu Rodungen und Lebensraumverlusten in ganz Kuba geführt hatte, zum Leidwesen vieler Spezies, auch der Bienenelfen. Auf der anderen Seite hatte ich auch Positives über Fidel Castros Bemühungen um eine »grüne Revolution« gehört. Bei der historischen Konferenz der Vereinten Nationen 1992 in Rio de Janeiro, bei der es um Umweltschutz und Entwicklung ging, machte Castro führende Politiker der Industrienationen für die verheerenden Auswirkungen ihrer konsumorientierten Gesellschaften auf die Umwelt verantwortlich und forderte sie auf, dieses Verhalten zu ändern. Seine mit fünf Minuten ungewöhnlich kurze Rede vor den Delegierten der ganzen Welt beendete er mit den Worten: »Selbst morgen zu handeln wird zu spät sein für etwas, was wir vor langer Zeit hätten tun sollen.«

Nach seiner Rückkehr machte sich Castro daran, auf seine Worte Taten folgen zu lassen, und änderte die kubanische Verfassung: Auf den Schutz von Luft, Wasser und Erdboden sollte künftig besonderer Wert gelegt werden. Die Veränderungen, die in diesem neuen Naturschutzgesetz, das 1997 in Kraft trat, festgeschrieben wurden, erscheinen erheblich. Kubanische Waldgebiete haben dramatisch zugenommen, zunächst von 14 Prozent im Jahr 1959 auf 19,2 Prozent 1990, und 2015 waren es schließlich bereits 30 Prozent. Mittlerweile gibt es über 100 Wasserschutzgebiete. Etwa 20 Prozent der Gesamtfläche Kubas stehen unter Naturschutz. Zum Vergleich: In den USA sind es nur 13

Prozent – hier wurde der gesetzliche Umweltschutz unter Präsident Donald Trump systematisch zersetzt. Biologische Landwirtschaft ist in Kuba auf dem Vormarsch, und laut der Regierung wurden über 50.000 Hektar Brachfläche zu urbanen Nutzflächen umgewandelt, auf denen mittlerweile etwa 60 Prozent von allem Obst und Gemüse angebaut werden, die in Havanna auf den Tisch kommen.

Es klang so, als wäre Kuba dank eines lichten Momentes in der Umweltpolitik seitens Fidel Castros zu einer Art Vorzeigemodell geworden, was eine nachhaltige Nahrungsproduktion anging, bei der die gesamte Natur von zentraler Wichtigkeit war – doch vielleicht war es auch schlicht und ergreifend eine wirtschaftliche Notwendigkeit gewesen. Miguel Altieri, Professor für Agroökologie an der University of California, Berkeley, kam zu dem Schluss, dass kein anderes Land auf diesem Planeten ein vergleichbares Landwirtschaftssystem vorweisen konnte, in dem Lebensmittel für den lokalen Konsum mit kürzesten Wegen und besonders energieeffizient hergestellt wurden und dabei noch so viel Wert auf die Biodiversität der umliegenden Landschaft gelegt wurde.

Ich fragte Chino, ob sich die Bienenelfenpopulation in den letzten Jahren aufgrund dieser fortschrittlicheren Entwicklungspolitik erholt hatte. Er zuckte die Achseln. »Die Regierung redet gerne über Umweltschutz. In Wahrheit sind sie diesbezüglich weder gut noch schlecht. Nur Mittelmaß.«

Ich wusste nicht, wem die Bienenelfe den Fortbestand ihres Lebensraumes wirklich zu verdanken hatte – vielleicht lag die Wahrheit irgendwo zwischen meinem idealistischen Enthusiasmus für kluge, umweltbewusste politische Entscheidungen und Chinos Zurückhaltung und seinem natürlichen Zynismus, was die Politik der kubanischen Regierung betraf. Mir war klar, dass man eine Regierung nicht durch die Bank weg loben konnte, wenn das gesamte Land noch immer unter Benzinknappheit litt, die den Alltag sämtlicher Bewohner erschwerte, um nur eines der vielen unausweichlichen Probleme zu erwähnen. Außerdem war Chino zwar der Meinung, dass sich die Bestände der Bienenelfe erholten, trotzdem standen die Vögel noch immer auf der Roten Liste bedrohter Arten der International Union for Conservation of Nature (IUCN), da ihre Zahlen offiziell noch immer abnahmen. Die Wahrheit schien so ungreifbar zu sein wie die Flügelschläge der Kolibris, die nur einen verschwommenen Blick auf das erlaubten, was wirklich passierte.

Als wir uns Playa Larga näherten, begann ein anderes Kapitel der Geschichte, und diesmal betraf es uns Menschen. Die Straße war mit Denkmälern für die Gefallenen der Kämpfe in der Schweinebucht gesäumt, dazwischen standen kleine Gedenktafeln mit heroischen Slogans: *Aquí se libró un combate por la Victoria* – Hier wurde bis zum Sieg gekämpft. Als wir die Stadt erreicht hatten, stand ein stolzer sowjetischer SU-100-Panzer am Straßenrand, vor dem gerade amerikanische Touristen für ein Foto posierten. Chinos Haus zu erreichen, dauerte einige Zeit, da er mit heruntergelassenem Fenster Schritttempo fuhr und mit vielen Fußgängern und Fahrradfahrern ein paar Worte wechselte.

»Ay, Chino!«, erscholl es von allen Seiten, und die darauffolgenden lebhaften Gespräche erinnerten mich an die geschwätzigen farbenfrohen kubanischen Sittiche, an denen wir am ländlichen Teil der Strecke vorbeigefahren waren. Ich hatte das Gefühl, mit einem örtlichen Prominenten auf Vogelsuche zu gehen, ein Eindruck, der sich verstärkte, als wir an seinem Haus direkt am Strand ankamen – es war leuchtend rot gestrichen, und die Fassade zur Straße zeigte ein riesiges Wandbild, auf dem Chino neben einem Kubazaunkönig (oder Zapata-Zaunkönig) zu sehen war, einer hier heimischen Art.

Ich hoffte darauf, in den bewaldeten Gebieten des Zapata-Sumpfes eine Bienenelfe ausfindig machen zu können, doch Chino verlor keine Zeit, meine Erwartungen zu bremsen. »Sie sind sehr, sehr schwierig im Wald zu finden. Zu dieser Zeit ist das beinahe unmöglich. Da müssten wir schon großes Glück haben.«

Falls uns dieses Riesenglück nicht vergönnt sei, beruhigte er mich jedoch, sei der beste Ort, um eine Bienenelfe zu finden, der Garten von Bernabé Hernández im Nachbardorf Palpite. Im Garten von Bernabé und seiner Frau Juana stand ein großer, blühender Baum, und zusätzlich hatten sie ein paar Nektarspender an die Wäscheleine gehängt. In den letzten Jahren hatte sich all das als starkes Lockmittel für Bienenelfen herausgestellt, sodass ihr Haus mittlerweile La Casa del Zunzuncito genannt wurde – das Bienenelfenhaus.

»Dort wirst du sie sehen, ohne Probleme. Und ich habe einen Freund hier in Playa Larga, der auch Nektarspender hat, sodass Bienenelfen in seinen Garten kommen. Dort ist es etwas ruhiger, besser zum Fotografieren. Weniger Gäste.«

Doch bevor wir die sichere Variante der freundlichen Gastgeber und ihrer Gärten wählten, war ich fest entschlossen, zumindest zu versuchen, meine erste Bienenelfe im Wald zu sehen. Nach einer kurzen Fahrt heraus aus Playa Larga führte uns der Weg von asphaltierten Straßen zu einer Schlammpiste, die sich zwischen den Bäumen hindurchschlängelte. Schließlich ließen wir das Auto stehen und bahnten uns zu Fuß unseren Weg durch den Regenwald. Chino neigte den Kopf und horchte ebenso gebannt auf die Vögel, wie er sie mit dem Blick suchte. Plötzlich blieb er stehen.

»Vielfarbentodi«, sagte er leise. »Ganz in der Nähe.«

Irgendwo im dichten Unterholz vor uns rief ein Vogel, harte, schnell aufeinanderfolgende Stakkatotöne wie Murmeln, die aufeinanderprallten. Chino schürzte die Lippen und imitierte den Ruf, dann deutete er wie ein Zauberer in einen nahe gelegenen Baum.

»Da!«, flüsterte er. »Vielfarbentodi. Ein Männchen ...«

Mit dem Blick folgte ich seinem Finger und sah mich mit dem ulkigsten kunterbunten Vogel konfrontiert, den ich jemals gesehen hatte. Er war kleiner als ein Tennisball und beinahe ebenso rund, eine neongrüne Kreatur, die ausschließlich aus einem Kopf zu bestehen schien, der den Körper verschluckt hatte, und nur ein lächerlicher Stummelschwanz guckte heraus. Seine Kehle war blutrot, die Wangen himmelblau, der Bauch schneeweiß, mit einem kaugummipinken Tupfer auf jeder Seite. Er schien überhaupt keine Angst vor uns zu haben und rief ohne Unterlass weiter. Ein herrlicher Empfang.

Leider empfingen uns auch Scharen von Moskitos – sie waren hungrig genug, um uns durch die Kleidung zu stechen. Das Insektenspray verfehlte seine Wirkung, und da sich sämtliche Schwärme auf mich stürzten und meinen Begleiter verschmähten, nahm ich an, dass es sie nach frischem, exotischem Blut dürstete. Schließlich fand ich mich mit ihrem Hunger ab und wurde mehr als entschädigt. Kubanische Grünspechte kletterten durch die Baumkronen über unseren Köpfen, während aschfarbene, bräunliche Kubaschnäppertyrannen an den lichten Stellen Jagd auf Insekten machten. Bienenelfen suchten wir jedoch vergeblich. Mir dämmerte plötzlich, warum Chino es für unmöglich hielt, sie hier zu finden: Das Habitat war riesig und dicht bevölkert. Bei einem so winzigen Vogel suchten wir die Nadel im Heuhaufen.

In dieser Nacht war ich in einem Bed & Breakfast, *casa particular,* untergebracht, das von einem von Chinos Brüdern geführt wurde, Ramón, den alle nur Mongui nannten. An der Wandbemalung konnte ich sehen, dass dies wohl die Honeymoon-Suite war. Eine von Herzen umgebene nackte Frau, deren Scham nur strategisch von einem Rosenstrauß bedeckt wurde, kniete auf dem Boden, daneben las ich: *Mi cuerpo esta presente y tu mente asente* – Mein Körper ist anwesend, und dein Geist stimmt zu.

Am nächsten Morgen waren mein Körper und mein Geist im Einklang: Heute war der Tag gekommen, an dem ich auf jeden Fall meine erste Bienenelfe sehen würde. Chino war wesentlich entspannter, für ihn schien dies reine Formsache zu sein. Er steigerte meine Vorfreude, indem er mit mir ins Herz des Zapata-Sumpfes fuhr, in dem er aufgewachsen war. In den ersten Morgenstunden suchten wir also einige andere geflügelte Berühmtheiten der Zapata-Halbinsel. Sogleich fanden wir einen singenden Zapata-Zaunkönig – ein großer gestreifter brauner Vogel, der nichts mit den kleinen Zaunkönigen aus meiner Heimat auf den Shetlands zu tun hatte, nur sein Gesang klang ebenso lieblich und melodiös. Auch die Zapata-Ammer war auf Kuba heimisch, jedoch schwerer zu entdecken, da sie unter den dichten Büschen am Rande der tiefen Sumpfkanäle am Boden Nahrung suchte, doch auch sie entging uns dank Chinos geübtem Blick und gutem Ohr nicht.

Kurz vor Palpite nahmen wir ein frühes Mittagessen aus Reis und Bohnen zu uns. Ich stellte endlich eine Frage, die mir durch den Kopf gegeistert war, seit ich Chino zum ersten Mal getroffen und auf seine Hand geschaut hatte, die auf dem Lenkrad ruhte.

»Darf ich dich etwas fragen, Chino? Wie hast du deinen Finger verloren?«

Er hielt inne und spülte gedankenversunken einen Schluck Bier durch seinen Mund, bevor er zu einer Antwort ansetzte.

»Krokodil.«

Wir hatten den Morgen im Sumpf direkt am Wasser verbracht, und ich hatte zu keinem Zeitpunkt auch nur einen Gedanken an Krokodile verschwendet. Auch in meinem aktuellen Vogelführer von Nils Navarro, *Endemic Birds of Cuba*, hatte ich keine Warnung gelesen, dass man Probleme mit Krokodilen bekommen könne. Stattdessen schrieb Navarro fröhlich: »Auf Kuba gibt es keine gefährlichen oder hochgiftigen Tiere, was das Archipel zu einem wahren Paradies macht.«

Nachdem ich auf meiner Suche nach Kolibris bereits einem Raubtier entgangen war, war ich nicht gerade scharf auf eine weitere Begegnung und sehr froh, als ich erfuhr, dass wir nach dem Mittagessen nicht zu den Gewässern zurückkehren würden, in denen extrem hungrige Krokodile ungesehen lauerten. Stattdessen würde uns der sehr viel sicherere und einladendere Garten der Casa del Zunzuncito umgeben, wo wir, wie Chino mir noch einmal versicherte, auf jeden Fall ein paar Bienenelfen sehen würden.

Ähnliche Versprechungen hatte ich mit der Zeit von vielen Birdern gehört, weshalb ich mich nicht mehr ganz auf sie verließ. Tatsächlich hatte auch ich selbst als Guide von Wildtiertouren meinen Gästen gegenüber dieselben Plattitüden geäußert, nur um kurz darauf festzustellen, dass der Vogel oder der Schmetterling oder die Pflanze, die ich an einer gewissen Stelle versprochen hatte, nirgendwo zu sehen waren. Ich blieb bis zu dem Moment skeptisch, in dem wir den Garten von Bernabés und Juanas kleinem Haus betraten.

Wir folgten unserem Gastgeber auf dem Fuße und bogen gerade um die Ecke, als Juana in dem kleinen eingeschlossenen Garten ausrief: *»Ooh, mira, mira! El zunzuncito, el macho!«*

Tatsächlich entdeckte ich nur Zentimeter von uns entfernt auf Augenhöhe einen unglaublich kleinen kobaltblau-weißen Kolibri, der vor einem der Nektarspender schwebte. Er starrte mich nicht an und flatterte um den Spender, wobei seine Kehle im Schatten der Gaube des Hauses schwarz aussah. Ich merkte plötzlich, dass ich den Atem anhielt und erst wieder einatmete, als er hoch in die schützenden Zweige des berühmten blühenden Baumes flog, von dem ich bereits so viel gehört hatte. Es handelte sich um einen *Hamelia patens*, auch Feuerbusch genannt, einen Baum, der ein bis vier Meter groß werden kann und lange, röhrenförmige, korallenrote Blüten bekommt, das Lockmittel, das die Kolibris ursprünglich in den Garten geführt hatte und nun von Bernabé und Juana durch eine nicht abreißende Versorgung mit Zuckerwasser in den Spendern ergänzt wurde.

Nachdem der Vogel kurzzeitig verschwunden war, war es seine Größe, die den stärksten Eindruck bei mir hinterließ. Ich hatte mich darauf vorbereitet, dass die Bienenelfe winzig sein würde, gleichzeitig hatte ich angenommen, dieser Superlativ würde nur zu einer Art Entzauberung führen, wenn ich den Vogel erst einmal zu Gesicht bekommen hätte. Doch ich lag völlig daneben, denn der Kolibri schien tatsächlich kaum größer zu sein als eine große Hummel oder Holzbiene, die ich aus meiner europäischen Heimat kannte. Ich war überglücklich, dass meine erste Sichtung einer Bienenelfe so schnell zustande gekommen war, doch gleichzeitig fiel es mir schwer zu verstehen, dass ein Vogel tatsächlich so unfassbar klein sein konnte.

Der spanische Ornithologe Juan Lembeye, der 1850 zum ersten Mal über Bienenelfen schrieb, war genauso wenig auf den unglaublichen Eindruck vorbereitet, den der Vogel bei ihm hinterließ.

> Bisher war die Schönheit des Kubasmaragdkolibris in der Ornithologie unangefochten. Wenn wir diese winzigen Wesen betrachten, die ebenso strahlen wie der hellste Stern in unseren Sternbildern, ihre Bewegungen wie ein flüchtiger Atemhauch am Firmament, wenn wir sie sehen, ich sage es noch einmal, so hübsch und grazil, dann ist es fast undenkbar, dass sie an Schönheit übertroffen werden könnten.
>
> Im anziehenden Glanz ihrer irisierenden Kehlen scheint sich die Natur erschöpft zu haben; doch just als wir glaubten, das schönste kubanische Wesen gefunden zu haben, erscheint inmitten unseres ewigen Gartens eine neue Spezies, von winziger Gestalt und unvergleichlicher Livree, und führt uns vor Augen, dass es in dieser herrlichen Schöpfung immer etwas gibt, was das Bekannte noch übertrifft.

Ich spähte ins Geäst des Feuerbusches, um zu sehen, wo sich die Bienenelfe zwischen ihren Mahlzeiten ausruhte. Bernabé, der die

Angewohnheiten seiner Kolibris kannte, zog mich zur Seite und deutete auf eine Nische in den Blättern. Dort über meinem Kopf saß das Männchen, dessen Kehle nun in der Sonne glühte wie ein Stück Kohle: sattes, feuriges Purpurrot im Licht. Diese flammenden Federn erstreckten sich seitlich an seinem Gesicht entlang und wirkten wie ein hängender Schnurrbart aus Lavatönen. Er war klein, aber absolut wundervoll. Er neigte den Kopf zur Seite und hielt Ausschau nach Störenfrieden in seinem Territorium und erinnerte mich ein wenig daran, wie Chino gestern ausgesehen hatte, als er hoch konzentriert den Wald nach Vögeln absuchte. Ich fragte mich, wie man einen so kleinen, perfekten Vogel in Worte fassen konnte.

Juan Lembeye ließ seine Ergüsse der Bewunderung hauptsächlich dem Kubasmaragdkolibri zukommen, den er bis dato, wie zitiert, als »hellsten Stern« im Vogelfirmament betrachtet hatte, doch was die Bienenelfen betraf, schienen ihm ganz entgegen seiner Art die Worte zu fehlen. Sie waren »von winziger Gestalt und unangefochtener Livree«, doch weitere Worte fand er nicht. 1966 verfasste der spanische Dichter Blas de Otero zu Ehren der Zunzuncitos ein gleichnamiges Gedicht, in dem er sich ähnlich zurückhielt. De Otero kam 1964 zum ersten Mal nach Kuba und blieb bis Anfang 1968 dort, bevor er nach Spanien zurückkehrte. In Kuba begegnete ihm zum ersten Mal eine Gedichtform, die in Spanien mit der Zeit in Vergessenheit geraten war – die sogenannte *Décima* (Dezime), ein zehnzeiliges Gedicht aus Achtsilbern im Reimschema *abba accddc*, das im späten 16. Jahrhundert von spanischen Priestern, Musikern und dem Dichter Vicente Espinel geprägt wurde. In Kuba blieb es eine beliebte Form, und es entstanden ebenso strukturierte Lieder, in denen der Kampf um Unabhängigkeit von Spanien und die Revolution von 1959 besungen wurden. De Otero begegneten diese Lieder während seiner Zeit in Kuba in Bars und bei öffentlichen Versammlungen. »El Zunzuncito« wurde in der Zeitschrift *Bohemia de La Habana* neben einem Gedicht des kubanischen Dichters Nicolás Guillén veröffentlicht, das den Titel »El Zunzun« trug – so nannten die Inselbewohner den anderen einheimischen Kolibri, den Kubasmaragdkolibri.

Für de Otero war der Zunzuncito mehr als nur der kleinste Vogel der Welt. Für ihn lag in seinem Flug die unglückliche Vergangenheit, er ließ Erinnerungen an weniger glückliche Zeiten in Kuba aufleben und beschrieb den Zunzuncito als ein Symbol der Freiheit. In der ersten Gedichtzeile beschwor er das brüderliche Gefühl, das Spanier und Kubaner miteinander verband. In der nächsten sehnte er sich nach einer besseren Zukunft für Spanien, das damals von dem faschistischen Diktator Francisco Franco unterjocht war. Die Bienenelfe stand für weit mehr als die traditionelle folkloristische Assoziation mit der wertvollen Metalllegierung *guanín* – für de Otero, der von Kuba aus auf sein spanisches Heimatland blickte, war er die Verkörperung von Freiheit.

Auch im Schreiben eines anderen berühmten Gastautors der Insel, Ernest Hemingway, war der Fremde im Exil ein wiederkehrendes Motiv. Während Robert Jordan in *Wem die Stunde schlägt* und Frederic Henry in *In einem andern Land* genau wie ihr Schöpfer im fremdsprachigen Exil lebten, bewegte sich de Otero auf seinen kubanischen Wegen in seiner Muttersprache genau wie Hemingways Fischer Santiago aus *Der alte Mann und das Meer*. Auf den ersten Blick schien Hemingway einen pragmatischeren Blick auf die Fauna um sein Landgut Finca Vigía herum besessen zu haben als de Otero. Er war als gieriger Angler von Speerfischen und Barrakudas aus den Gewässern um Havanna bekannt, als Schürzenjäger und Freund von Papa Doble Frozen Daiquiris, die so stark waren, dass er sie damit verglich, im Neuschnee auf Skiern einen Gletscher hinunterzurauschen.

Sein Sohn Patrick hingegen erinnerte sich an das einfache Vergnügen, die Finca Vigía durch das Tor zu verlassen, um im umliegenden Terrain Perlhühner zu schießen. Allerdings gibt es auch

Anzeichen dafür, dass der um sein Anwesen herum angelnde und jagende Hemingway trotz seines ausufernden Lebensstils feinfühliger war, als es nach außen den Anschein hatte. Hemingway weigerte sich, die Bäume auf dem Baseballfeld zu fällen, das er auf dem sechs Hektar großen Landsitz hatte anlegen lassen, damit sie weiterhin den dort lebenden Vögeln Schutz bieten konnten. Hibiskusbüsche säumten die Veranda seines Hauses, und ihr Nektar nährte Kubasmaragdkolibris, die ihre Drinks alkoholfrei vorzogen.

Man kann darüber streiten, inwiefern dies Hemingways Zutun war. Die Finca Vigía, ein heruntergekommenes Steinhaus aus der Kolonialzeit, auf einem Hügel mit Blick über Havanna gelegen, hatte seine dritte Frau Martha Gellhorn ausgesucht, eine Kriegsberichterstatterin, die bald seine dritte Ex-Frau werden würde. Seine Frau beschrieb das Anwesen um die Finca – überwuchert mit Bougainvillea, Orchideen und Rankpflanzen; völlig übersät mit Kolibrinestern, rostigen Benzinkanistern und leeren Ginflaschen – als eine wunderschöne einsame Insel. Das Haus war seit Jahren nicht mehr bewohnt, und Hemingway zeigte seine ursprünglich vehemente Ablehnung all dessen durch ausgedehnte Angelausflüge – angeblich zog er den Trubel Havannas der wilden Einsamkeit der Finca vor. Doch zumindest in diesem Aspekt setzte sich Gellhorn in ihrer turbulenten Beziehung durch, und die Entscheidung sagte auch Hemingways jüngstem Sohn Gregory zu, der sich daran erinnerte, im Blattwerk rund ums Haus winzige Kolibrijunge in Nestern gefunden zu haben. Stundenlang sah er den Weibchen beim Ausbrüten ihrer Eier zu, ein Anblick, der für ihn zum Schönsten zählte, das er jemals gesehen hatte.

Der Schriftsteller Hemingway beschrieb die Natur mal als Herausforderung, mal als Inspiration – da er semiautobiografischem Schreiben nicht abgeneigt war, ist davon auszugehen, dass dies seine eigenen Gefühle widerspiegelte. Gellhorns Drängen, in die kolibrireiche Finca Vigía zu ziehen, war trotz Hemingways äußerem Missfallen ein Segen für seine schriftstellerische Tätigkeit. Sie war ein ruhiger Ort, an dem er mitten in der Natur von Sonnenaufgang bis zum frühen Nachmittag schreiben konnte, bis er schließlich jenen anderen Süchten nachgab, die den Rest seines Tages bestimmten. Ob die Kolibris, von denen die Veranda der Finca heimgesucht wurde, Hemingway genauso berührten wie Martha Gellhorn oder seinen Sohn Gregory, lässt sich schwer sagen. Kolibris nehmen keinen prominenten Platz in seinem Werk ein – doch vielleicht lebt das Erbe der Kolibris der Finca Vigía in seiner Enkeltochter Mariel weiter. Sie schwärmt von den Kolibris, die im Garten ihres Hauses in Kalifornien zu den Nektarspendern kommen, die sie früh am Morgen füllt, tief in einem Canyon außerhalb von Malibu. Sie beschreibt das friedvolle Gefühl, das sich bei ihr einstellt, wenn sie mit einer Tasse Tee auf der Terrasse sitzt und die Kolibris beobachtet, und ist der Meinung, dass Freude dort ist, wo Frieden ist, und wo Freude ist, ist auch Glück nicht weit.

Zurück in Bernabés Garten in Palpite, verbrachte ich den Nachmittag in glücklicher Versunkenheit, ich sah den Bienenelfen beim Kommen und Gehen zu und konnte Mariels Gefühle nachvollziehen. Ich konnte einfach nicht glauben, wie klein sie waren – selbst das Wissen, dass es sich hierbei um die kleinsten Vögel der ganzen Welt handelte, war keine ausreichende Vorbereitung auf ihre zwergenhafte Realität. Von Zeit zu Zeit tauchte eine Libelle im Luftraum des Gartens auf und rückte die Dimension der Vögel noch einmal in die richtige Perspektive – sie war um einiges größer als die Bienenelfen und scheuchte die Kolibris auf; sie piepten schrill im Chor und flüchteten sich in den Feuerbusch wie ein Funkenstrudel, der im Kamin aufstieg.

Man könnte meinen, dass Kolibris, selbst die winzigen Bienenelfen, von Insekten nichts zu befürchten hätten. Immerhin sind sie bemerkenswert flink und wendig, sie zu fangen, wäre sicherlich keine leichte Aufgabe. Libellen gelten allerdings als besonders schnelle Räuber der Lüfte, und die Reaktion der Bienenelfen zeugte sicherlich von einem gesunden Respekt ihnen gegenüber. Seit Jahren wird davon gesprochen, dass Libellen Kolibris fressen könnten, doch bisher konnte dies noch nicht dokumentiert werden. Ein Mann namens Joseph Kennedy war 2015 kurz davor, denn er schoss in Texas ein Foto von einer Amerikanischen Königslibelle, die einen Rubinkehlkolibri fraß. Libelle und Kolibri sind in etwa gleich groß, sodass es möglich erscheint – wenn auch noch nicht bewiesen –, dass die Libelle ihm den Todesstoß versetzt hat.

All das soll nicht heißen, dass Wirbellose nicht regelmäßig Kolibris räubern. Viele Kolibris verwenden Spinnenseide aus Netzen dazu, ihre Nester zusammenzuhalten. Zusammen mit weichen Moosranken bildet die Seide ein stabiles, aber dehnbares Nest, das es der Mutter ermöglicht, ihre beiden Eier bequem auszubrüten, und den Nestlingen ausreichend Platz bietet, darin zu wachsen, bis sie flügge werden. Leider verheddern sich manche Kolibris auf der Suche nach Fäden in den Spinnennetzen, und wenn die fragliche Spinne groß genug ist, sind sie ihr eine willkommene Mahlzeit.

Manche Insekten jagen noch aktiver. Eine Studie zeigte, dass es sich bei 114 von 147 untersuchten Beutevögeln von Gottesanbeterinnen um Kolibris handelte. Gottesanbeterinnen wurden dabei beobachtet, sowohl an nektarreichen Pflanzen als auch an Futterspendern Jagd auf Kolibris zu machen – sie passten ihr Jagdverhalten ebenso gekonnt an, wie die Kolibris es gelernt haben.

Die Zunzuncitos, die vor der Libelle das Weite suchten, schienen zugleich unglaublich verletzlich, dabei jedoch auch überaus fähig und zäh. Ich fragte mich, welcher Weg der Evolution zu ihrem Dasein als Winzling der Vogelwelt geführt hatte. Ich wusste davon, dass viele Tierarten auf Inseln über die Jahrtausende kleiner wurden – diese sogenannte Inselverzwergung war vermutlich den begrenzten Nahrungsquellen geschuldet. Andererseits waren so gut wie alle Kolibris keine Giganten der Lüfte – sowohl ihre bevorzugte Nahrung als auch ihre Flugmechanik begrenzten ganz einfach die Größe, die ein Kolibri realistischerweise haben konnte. Der südamerikanische Riesenkolibri ist der größte seiner Art – ich würde ihn im Laufe meiner Reise noch zu sehen bekommen, einen Kolibri, der in etwa die gleiche Größe wie ein europäischer Star hatte, wenn er auch wesentlich schlanker und mit nur etwa 24 Gramm deutlich leichter war. Doch für einen Kolibri reichten 24 Gramm aus, um den Riesenkolibri zu einem langsamen Giganten seiner Art zu machen, der nur etwa 15-mal pro Sekunde mit seinen Flügeln schlug. Charles Darwin, der die Vögel in Chile beobachtete, schrieb über die Sichtung: »Wenn er vor einer Blüte schwebt, schlägt er die Flügel in einer sehr langsamen und kraftvollen Bewegung, die sich sehr von den vibrierenden Flügelschlägen seiner Art unterscheidet, deren Summen man deutlich vernehmen kann. Nie habe ich einen anderen Vogel gesehen, dessen Flügelschlag proportional zu seinem Körper so kräftig ausfällt (ähnlich einem Schmetterling).«

Es wird vermutet, dass sich Riesenkolibris an der Obergrenze der möglichen Größe eines Kolibris befinden – für sie erfordert in der Luft zu schweben einen exponentiell höheren Energieaufwand als für kleinere Kolibris, denn dieser steigt nicht proportional mit der Zunahme an Körpergewicht. Wissenschaftler schätzen, dass der Riesenkolibri etwa 4300 Kalorien pro Stunde benötigt, wenn er fliegt. Hätte ein Mensch einen ähnlichen Energiebedarf, so müsste er an jedem Tag 150 000 Kalorien zu sich nehmen. Auf einer Insel, auf der die Nahrungsquellen zu bestimmten Zeiten im Jahr begrenzt sind, war es also von Vorteil, besonders klein zu sein, wie die Bienenelfe.

2020 wurde in Myanmar ein winziges, in Bernstein eingeschlossenes Dinosaurierfossil aus dem Mesozoikum gefunden, das nahelegt, dass Inselverzwergung auf abgelegenen Inseln schon immer wahrscheinlich und ein potenzieller Vorteil für spätere Vögel war. Der vogelartige Kopf des Tieres wies einen Schnabel mit Dutzenden kleinen, spitzen Zähnen vor und war kürzer als zwei Zentimeter – etwa so lang wie der Schnabel der heutigen Bienenelfe.

Wenn man den Bienenelfen zusah, war es leicht, sich wie Alice im Wunderland zu fühlen, die leichtsinnigerweise einen Bissen von dem Kuchen gegessen hatte, der sie zu einer Riesin hatte anwachsen lassen. Zumindest fühlte ich mich angesichts des kleinsten Vogels der Welt so, und wenn ich die verzückten und ungläubigen Gesichter der anderen Gäste betrachtete, war ich nicht der Einzige.

Nach einiger Zeit konnte ich manche Kolibris voneinander unterscheiden, ganz besonders die Männchen, deren gemusterte Juvenil- und Adultfedern an der Kehle unverwechselbar waren wie ein Fingerabdruck. Irgendwann brachte Juana mir einen Kaffee, der allerdings kalt wurde, da ich mich auf die Vögel konzentrierte und auf den durchgehenden Andrang von Bewunderern, die ebenfalls gekommen waren, um sie zu sehen. Es war herrlich mitzubekommen, was für einen starken Sog diese winzigen Vögel auf andere Kubareisende aus aller Welt ausübten. Touristen aus Frankreich, Italien, Kolumbien, den USA und Russland kamen im Laufe des Nachmittags vorbei. War gerade keine Bienenelfe im Garten zugegen, nahm Bernabé einen der Nektarspender in die Hand und lockte die Vögel mit einem sanften Ruf – *psch-psch-psch* –, und binnen Sekunden flog zumindest eine der Bienenelfen mit surrenden Flügeln zu ihm und schwebte an seiner Seite.

Als es dunkel wurde, nahm die Aktivität an den Spendern zu, wo die Vögel ihre Kraftreserven für die Nacht auftankten. Die letzten Besucher des Gartens, eine russische Familie mit zwei Töchtern, standen neben mir, während die Vögel um uns herumschwirrten. Sie waren mit dem Taxi von Varadero aus hergekommen, von der nördlichen Küste der Insel, nur um die Bienenelfen zu sehen, zwei Stunden hin und zwei Stunden zurück. Sie bereuten es nicht. Ich bemerkte ihnen gegenüber, wie viele Russen mir in den letzten Stunden begegnet waren. Der Vater, ein großer Mann mit silbergrauen Haaren in kurzem Militärschnitt und durchdringenden blauen Augen, entgegnete trocken: »Nun, viele Amerikaner machen in Vietnam Urlaub, und jede Menge Russen kommen nach Kuba …«

Am sichtbarsten zeigte sich der amerikanische Einfluss auf Kuba zweifellos durch die dichten Reihen der stattlichen Straßenkreuzer aus den 1940er- und 1950er-Jahren, die sich ihren Weg über die zerfallenden Straßen der Insel bahnten. Mit der Revolution 1959 wurde der Import dieser großen Fahrzeuge abrupt gestoppt – auf merkwürdige Art war dieser politische Moment Anstoß einer evolutionären und taxonomischen Entwicklung, die der Entstehung von Kubas endemischen Vogelarten, einschließlich der Bienenelfe, nicht unähnlich war. Die Isolation auf der Insel, ohne merklichen Einfluss von außen, die verstreichende Zeit und die Anpassung an die örtlichen Gegebenheiten ließen eine Vielfalt farbenfroher und einzigartiger Vogelarten auf Kuba entstehen, vom auffälligen Vielfarbentodi bis zum Kubatrogon – einem wunderbaren, von Natur aus zahmen Geschöpf, dem man sich ohne Probleme nähern kann und das durch einen glücklichen Zufall die Farben der kubanischen Flagge – weiß, rot und blau – im Gefieder trägt.

Mit den Buicks, Cadillacs, Mercuries, Oldsmobiles und Plymouths verhielt es sich genauso. Durch Revolution, Kalten Krieg und das amerikanische Handelsembargo isoliert, entwickelten sich diese altehrwürdigen Fahrzeuge notgedrungen weiter – ihre Mechanik wurde repariert oder ganz ausgetauscht, wenn sie hinüber war, sie wurden neu lackiert, die Karosserie durch neue Lampen, Finnen und Zierleisten verschönert, manchmal zeugte eine bauliche Veränderung sogar von den täglichen Bedürfnissen ihrer Besitzer. Ich sah Autos, die zu Pick-up-Trucks umfunktioniert worden waren, andere zu Minibussen. Ich kam mir vor wie in einer Automobilversion von H. G. Wells' *Insel des Doktor Moreau*, wie an einem Ort, an dem sich Autos durch Menschenhand zu etwas original Kubanischem entwickelt hatten.

Es fiel mir schwer, Kuba zu verlassen, doch bevor es so weit war, nahm Chino mich mit zu einem guten Freund namens Adrian Cobas Arencibia. Der Garten der Casa Ana war sehr viel ruhiger, sowohl was die Kolibris als auch die Menschen betraf, und insgesamt war es ein noch friedlicherer Ort. Das Haus stand auf einem steinigen Kap außerhalb von Playa Larga, von dem aus man auf einen trägen schwarzen Fluss blickte. Adrian hatte eine kleine Lichtung angelegt, die von niedrigen blühenden Büschen gesäumt wurde, von denen einige Nektarspender und merkwürdigerweise auch ein paar Spritzen baumelten. Am Rand standen einige Holzblöcke, in die je eine halbe und mit Wasser gefüllte Kokosnussschale in einer kleinen Kuhle eingebettet war.

Die Trinkstationen schienen für eine durstige Gruppe Waldsänger unwiderstehlich zu sein, allesamt unterschiedlich und farbenfroh wie die Auslage eines Süßwarenladens aus alten Zeiten. Sie strahlten und funkelten zwar nicht wie die Kolibris, machten dies jedoch mit ihren klaren, hellen Farben wett: Zitronensorbetgelb, Nektarinenorange, Schwarz und Weiß wie Lakritzlutscher und Blauviolett wie Heidelbeeren. Ich wurde umschwärmt von einer Wolke aus trinkenden, badenden und schwatzenden Meisen-, Schnäpper-, Blaurücken- und Goldkehl-Waldsängern.

Es fiel mir schwer, den Blick von ihnen loszureißen, doch ich war hergekommen, um Kolibris zu sehen. Kubasmaragdkolibris tauchten als neonfarbene Blitze regelmäßig an den Spendern auf, während sich zwei Bienenelfenweibchen fröhlich an den Injektionsspritzen gütlich taten. Adrian hatte, wie mir auffiel, ausgemustertes medizinisches Werkzeug mit demselben Einfallsreichtum umfunktioniert, den viele Kubaner an den Tag legten, um ihre alternden amerikanischen Straßenkreuzer auf der Straße zu halten. Die Bienenelfen schienen die Spritzen den herkömmlichen Spendern vorzuziehen, ohne sich der Ironie bewusst zu sein, dass sie eine Flüssigkeit aus einer Vorrichtung leckten, die eigentlich dazu gemacht war, uns Flüssigkeiten abzunehmen oder zu injizieren.

Ab und an traute sich auch ein Bienenelfenmännchen auf die Lichtung, und ich bemerkte, dass mir allein das Geräusch seiner Flügelschläge seine Ankunft ankündigte: Ihr Summen war etwas tiefer als das der Weibchen. Seine Besuche waren flüchtiger als die der anderen Bienenelfen, die ich am Vortag in Bernabés Garten beobachten konnte, sodass meine Bemühungen um bessere Fotoaufnahmen nicht fruchteten. Irgendwann flog er geradewegs auf mich zu, ich stand mit erhobenem Apparat da und versuchte frustriert, ihn im Flug zu erwischen.

Plötzlich surrten seine Flügel zehnmal lauter, und mir wurde klar, dass er in die große Objektivhaube am Ende meines Teleobjektivs geflogen war, die dazu dient, die Bildqualität zu verbessern, und einen offenen Raum umschließt. Das Stelldichein war genauso schnell vorbei, wie es begonnen hatte, mit einem schrillen Schnattern sauste er über die Büsche weg von mir, ein winziger, wütender Komet, der in seinem Spiegelbild im Glas meiner Linse einen Rivalen ausgemacht hatte, der sich einfach nicht vertreiben ließ.

Ich ließ das Fotografieren sein, da ich das gewohnte Kommen und Gehen der Bienenelfen nicht stören wollte, und gab mich damit zufrieden, in der warmen Sonne zu sitzen und den verbleibenden Rest meiner Zeit auf dieser wundervollen Insel allein mit ihnen zu verbringen. Ich hatte die kleinsten Vögel der Welt gesehen und die Geister meiner ersten Kubareise vertrieben.

Hier waren mir zwei Kolibriarten begegnet. In Costa Rica erwartete ich dagegen eine Vielzahl der Arten, denn ich hatte den Blog eines amerikanischen Auswanderers und Birders gelesen, Pat

O'Donnell, der die rhetorische Frage stellte: Wie viele Kolibriarten kann man in Costa Rica innerhalb eines Tages sehen?

Er pries Costa Rica in dieser Hinsicht an: Da auf relativ kleinem Gebiet eine Reihe unterschiedlicher Lebensräume zugänglich waren, wäre es durchaus möglich, an einem einzigen Tag zwischen 15 und 20 Arten zu Gesicht zu bekommen.

Pat schlug sogar eine Route vor, die funktionieren könnte. Auf meiner Reise durch Zentralamerika kam mir Pats Vorschlag unwiderstehlich vor – wäre er selbst mit an Bord, wollte ich ihn auf eine halsbrecherische Kolibrijagd quer durch seine Wahlheimat begleiten. Ich schrieb ihm und fragte, ob er seine Frage in die Tat umsetzen wolle – und das Beste war, dass wir nicht nur einen Tag hätten, sondern gleich zwei. Zunächst reagierte er zurückhaltend – wollte ich diese verrückte Tour de Force wirklich durchziehen? Ich konnte ihn davon überzeugen, dass es mir mit meiner Anfrage ernst war und vor allem, dass ich bald bei ihm sein würde.

Als ich gegen Mitternacht nach nur vier Stunden Schlaf in San José ankam, war ich sehr erleichtert, als Pats Wagen tatsächlich vor meinem Hostel vorfuhr. Ich war todmüde und brauchte unbedingt einen Kaffee, doch ein Adrenalinstoß belebte mich, als wir uns in Richtung Küste auf in die Dunkelheit machten. Pat erklärte, dass wir durch die zweitägige Exkursion etwas mehr Zeit hätten, um nach den schwer auffindbaren Spezies zu suchen.

»Meine erste Idee war eine Tour von San José aus zu den feuchten Gebirgsausläufern und dem Flachland der Karibikseite, dann hoch zum Nebelwald und in die Hochwälder, weiter zu den heißfeuchten Habitaten an der Pazifikküste und zum Schluss zurück nach San José. Mir ist klar geworden, dass so ein verrückter Ausflug von der einen Seite der Berge zur anderen und dann wieder zurück mehr Fahrerei als Beobachten bedeuten würde, insofern ist es wirklich eine gute Idee, die Route auf zwei Tage aufzuteilen.«

Unser erster Kandidat war ein in Costa Rica heimischer Vogel, die Mangrovenamazilie.

»Die will jeder Vogelliebhaber sehen, der hierherkommt«, erzählte Pat, »und bei den meisten steht sie danach auch auf der Liste, was aber nicht bedeutet, dass alle wirklich eine Mangrovenamazilie gesehen haben. Sie sehen einen Schuppenbrustkolibri am Rand der Mangroven, sie sind hier, um eine Mangrovenamazilie zu sehen … Tja, du weißt, was ich meine. Mangrovenamazilien sind eine endemische, bedrohte Art, und selbst in den Mangroven findet man sie nur selten. Im Gegensatz zu anderen Kolibris weigern sie sich, zu Nektarspendern zu kommen, und sie an blühenden Büschen zu finden, ist schwierig. Sie sind eine Seltenheit und wirklich nicht leicht zu finden.«

Ich war in meinem Element. Was das Beobachten von Vögeln betrifft, bin ich immer für eine Herausforderung zu haben, und auch wenn es schön war, dass sich einige Kolibris bereitwillig an Spendern zeigten, war die unberechenbare, seltene und komplizierte Sichtung einer Mangrovenamazilie genau das, was mein Herz höherschlagen ließ.

Gerade als sich die Sonne am Horizont zeigte, erreichten wir den Rand des Mangrovenwalds außerhalb von Mata de Limón, westlich von San José, am Golf von Nicoya. In Costa Rica ist der Sonnenaufgang ein kurzes Vergnügen, die Kolibris des Waldes verloren keine Zeit. Einige Schuppenbrustkolibris suchten am Rand der Mangroven nach Nahrung, und ein Funkenkehlkolibri flog über unsere Köpfe hinweg. Aus der Entfernung konnte ich verstehen, dass der Schuppenbrustkolibri dem ungeübten Auge einen Streich spielen konnte, doch dank Pats Vorwarnung wusste ich, dass wir auf der Suche nach einem Vogel waren, dessen Bauch heller und weißer war. Ich fragte mich nur: Wenn sich Mangrovenamazilien nur selten an die blühenden Bäume wagten, um nach Nektar zu suchen, wie sollten wir dann eine sichten, ohne dass es sich um einen reinen Glücksfund handelte?

Das Surren der erwachenden Moskitos wurde von Pats Stimme unterbrochen, der versuchte, eine Mangrovenamazilie aus den dichten Mangroven zu locken, die sich unter uns aus dem dunklen Wasser erhoben. In Pats Arsenal befanden sich zwei Waffen – Pishen und der Zwergkauz. Es ist gar nicht so einfach, einem Uneingeweihten zu erklären, was genau Pishen ist. Dabei schürzt man die Lippen und stößt regelmäßige *Psch-psch-psch*-Laute aus. Manch ein renitenter Vogel lässt sich so aus seinem Versteck locken. Niemand weiß, warum das so ist – vielleicht klingt es nach einem Vogelschwarm, der eine Eule oder einen Raubvogel piesackt. Es klappt allerdings nicht bei allen Vögeln und scheint in Amerika wirksamer zu sein als in Europa.

Viele kleine Vögel tun sich zusammen, wenn es darum geht, Angreifer zu verjagen. Alle in der Gruppe profitieren davon, dem Räuber gemeinsam zuzusetzen, ganz gleich, welche Gefahr von ihm ausgeht – je mehr Aufmerksamkeit, sagen wir mal, eine Eule bekommt, desto weniger wahrscheinlich ist es, dass sie ein ahnungsloses Opfer überfällt. Sind die Vögel hartnäckig genug, kann es sogar sein, dass sie den unerwünschten Besuch so sehr nerven, dass er sich ganz aus ihrem Territorium verzieht und es somit etwas sicherer ist. Der Ruf eines Brasilzwergkauzes vermag es in Costa Rica, selbst den schüchternsten Kolibri aus dem Geäst zu bekommen. Pat machte von beiden Rufen Gebrauch, dem *psch-psch* als auch dem monotonen *huu-huu-huu-huu-huu* des Zwergkauzes, beständig und fest entschlossen rief er in den Wald hinein, was sich für die nächste Dreiviertelstunde als völlig nutzloses Unterfangen herausstellte und keine Mangrovenamazilie dazu bewegte, aus dem Sumpf herauszukommen.

Unser anfänglicher Optimismus wandelte sich für eine Weile zu verbissener Entschlossenheit. Doch als wir kurz davor waren, die Sichtung einer Mangrovenamazilie aufzugeben, tauchte mit surrenden Flügelschlägen in den Büschen ein Weibchen auf und landete auf einem nahen Ast. Es besaß eine subtile Schönheit, seine tatsächlich blütenweiße Bauchpartie setzte sich vom zartgrünen, metallisch glänzenden Rückengefieder ab, und ein Hauch eines weißlichen Backenstreifens verlief vom Schnabelansatz über seine Wangen. Wir waren ihr so nahe, dass es beinahe schwierig war, das Fernglas einzustellen. Nicht mein erster Kolibri in Costa Rica, aber die erste einheimische Art des Wochenendes. Nun konnten wir uns anderen Arten widmen. Das Kolibrirennen stockte nicht länger in den Mangroven, und meine Zuversicht kehrte zurück.

Wir ließen die feuchten Mangroven hinter uns und suchten in einem sehr anderen Lebensraum, dem Trockenwald, nach einem Gabelschwanz-Smaragdkolibri, einer ebenfalls zurückhaltend gefärbten und grünen Art. Entdeckt hatte sie Emmanuel Canivet, ein französischer Ornithologe, und diese Smaragdkolibris waren die einzigen Vögel, in deren lateinischem Namen sein Name widergespiegelt wurde: *Chlorostilbon canivetii.* Manchen Taxonomen zufolge waren wir allerdings auf der Suche nach einer anderen Spezies, die nach einem anderen Naturforscher, Osbert Salvin, benannt war: *Chlorostilbon salvini*, ein Vogel, der manchmal als eine Unterart des Gabelschwanz-Smaragdkolibris behandelt wird. Osbert Salvin war ein fest entschlossener englischer Naturforscher, der im 19. Jahrhundert jede Menge neuer Arten entdeckte, die er gleich, wie es seinem Wesen entsprach, abschoss. Er erinnerte sich: »Ganz gleich, ob Regen oder Sonnenschein, ich war oben in den Bergen und suchte nach Quetzalen, denn einen von ihnen zu sehen und zu schießen war mein größter Traum, seit ich einen Fuß auf mittelamerikanischen Boden gesetzt hatte.«

Salvin war einer der ersten Europäer, die laut eigener Aufzeichnungen das Glück hatten, einen Quetzal mit eigenen Augen zu sehen – den Vogel, dessen lange grüne Federn die Azteken so sehr schätzten –, und beschrieb ihn als »unerreicht schönsten Vogel der Neuen Welt«. Salvin hielt Wort und schoss den unglücklichen Quetzal sogleich ab.

Leider konnten wir den Kolibri nicht ausfindig machen, der bis heute, je nachdem, welchem Systematiker man folgt, entweder den Namen Salvins oder Canivets trägt. Doch wir ließen uns nicht beirren und fuhren ein kurzes Stück landeinwärts zu einer abgelegenen, von hohen Bäumen bewachsenen Stelle kurz hinter Tárcoles. Pat wusste, dass die Bäume gerade blühten – und sein Wissen als ortskundiger Landesbewohner machte sich schnell bezahlt. Unser Glück in Sachen Kolibris kehrte zurück, denn die Luft über uns surrte nur so vor Flügelschlägen. Grünbrust-Mangokolibris kämpften mit Grün- und Braunschwanzamazilien um Platz. Auch Rubinkehlkolibris waren in geringer Zahl anwesend, bekannt für ihre alljährliche Migration aus ihrem Überwinterungsgebiet in Zentralamerika über den Golf von Mexiko zu ihren Brutgebieten im Osten der USA, und zwischen diesen vielen Vögeln tummelte sich auch eine für mich neue Art: ein Goldschwanz-Saphirkolibri, der so verführerisch aussah, wie sein Name es vermuten ließ. Entlang seines Körpers verliefen Regenbogenfarben vom goldenen Schwanz bis zur saphirblauen Kehle.

Wie wichtig Costa Rica für die Rubinkehlkolibris ist, zeigt ein Beringungsprogramm der Research Station der Nicoya-Halbinsel an der Pazifikküste des Landes. Die dortigen Forscher konnten nachweisen, dass einzelne Vögel in jedem Jahr zurückkehren, um in denselben nicht sehr großen Waldgebieten zu überwintern. Wurde das Gebiet während ihrer Abwesenheit vernichtet, haben die Rubinkehlkolibris ein Problem.

Die Kolibris der Wälder Costa Ricas nehmen, ohne es zu merken, blinde Passagiere mit, wenn sie von Blüte zu Blüte fliegen, von Pflanze zu Pflanze. Auf der ganzen Welt gibt es etwa eine Million Milbenarten, von denen jede eine winzige ökologische Nische besetzt. Unter dieser Milbenhorde befinden sich auch verschwindend kleine Raubmilben, sie sind noch kleiner als der Punkt am Ende dieses Satzes. Sie ernähren sich vom Nektar bestimmter, an ihre Spezies angepasster Blüten. Gemeinsam können

Milben etwa die Hälfte des Nektars einer Blüte vertilgen – und machen hungrigen Kolibris Konkurrenz.

Was also tun, wenn der Nektar einer Blüte langsam versiegt? Die Milben warten darauf, dass ein Kolibri vorbeischaut und seinen Schnabel in die von ihnen besetzte Blüte steckt. Binnen Sekunden springen die Milben auf, klettern blitzschnell am Schnabel empor und krallen sich verbissen an seinen Nasenflügeln fest, während der Vogel zu einer weiteren Blüte der richtigen Art fliegt. Dort haben sie ebenfalls nur Sekunden, um von dem Schnabel abzusteigen und sich auf die neue Nektarquelle zu stürzen. Wenn sie bei der falschen Blütenart absteigen, stehen die Chancen gut, dass sie von der dortigen Milbenart angegriffen und getötet werden – der Ritt auf dem Schnabel ist also eine heikle Angelegenheit.

Auch unser Tag wurde zu einem wilden Ritt von Erfolgen zu Misserfolgen. Aus Pats Plan, an einigen blühenden Helikonien nach Schattenkolibris zu suchen, wurde nichts – dort, wo er die blühenden Pflanzen vermutete, fanden wir keine, und somit fanden wir auch die schüchternen Vögel nicht. Der Nachmittag erwies sich als ähnlicher Flop, auf den Straßen des Carara-Nationalparks suchten wir vergeblich nach blühenden Bäumen, und blühende Helikonien waren noch immer weit und breit nicht in Sicht. Auf andere Arten wie den Rosenkehlkolibri und den Weißnackenkolibri stießen wir, nur die Schattenkolibris ließen auf sich warten. Es erwies sich als goldrichtig, dass wir einen Extratag eingeplant hatten.

Im letzten Licht des Tages entdeckte Pat einen großen blühenden Baum in einer Haarnadelkurve, und wir erkoren ihn zu unserer letzten Station. Die Luft war trocken und staubig. Während wir dort standen und einen weiteren Rubinkehlkolibri dabei beobachteten, wie er sich dort oben durch die Blüten arbeitete, flogen zwei Hellrote Aras über unsere Köpfe hinweg und erinnerten uns daran, wie viele andere fantastische Arten unsere Wege kreuzten, während wir uns auf den Kolibri konzentrierten. Dies war keine Überraschung. Obwohl Costa Rica nur etwa 0,03 Prozent der Landmasse unserer Erde ausmacht, finden sich hier ganze fünf Prozent der Biodiversität.

Das Land ist stolz auf diese Artenvielfalt und seine Anstrengungen zum Umweltschutz – als einziges Land erfüllt Costa Rica die fünf Nachhaltigkeitskriterien des Entwicklungsprogrammes der Vereinten Nationen. Derzeit werden dort 98,1 Prozent der Elektrizität aus erneuerbaren Energien gewonnen, und es ist erklärtes Ziel, in absehbarer Zeit klimaneutral zu werden. Seit 1948 hat Costa Rica keine Armee mehr, sodass sich hier ein utopischer Gegenentwurf zum Rest der Welt finden ließ, der mir gut gefiel.

»Auch hier ist nicht alles perfekt«, räumte Pat ein, als wir beim Warten über seine Wahlheimat sprachen, die Köpfe in den Nacken legten und hinauf in die Baumkronen schauten. »Aber vieles läuft richtig.«

Seine Erfahrung und sein Stolz auf die atemberaubende Vogelwelt Costa Ricas machten sich bald bezahlt, denn plötzlich flog ein kleiner Vogel in die Baumkrone, umkreiste sie, sodass wir ihn kurz nicht mehr sehen konnten, und landete schließlich auf einem herausstehenden Ast.

»Das ist doch genau das, was Weißschopfelfen gerne tun«, murmelte Pat. »Volltreffer! Eine Weißschopfelfe!«

Ich sah also meine erste Weißschopfelfe, zwar nur von unten aus einiger Entfernung, trotzdem konnte ich erkennen, dass es sich um einen absolut herrlichen winzigen Vogel mit langem Schwanz, leicht aprikotfarbenem Bauch, strahlend weißer Kehle und einem kleinen weißen Schopf vorn an der Stirn handelte, dem zwei längere grüne Federn bis weit über seinen Nacken hinaus abstanden. Selbst aus dieser Entfernung konnte ich den blutroten Schnabel erkennen, der sich vom dunkelnden Himmel absetzte. Aus unserer Perspektive wirkte er wie ein kompakter kleiner Kolibri mit scharfen Kanten. Für manch einen Vogelbeobachter hätte er nur ein weiteres Häkchen auf der Lebensliste bedeutet. Doch ich nahm mehr von dieser Erfahrung mit – er war für mich keine Zahl, sondern der erste Vertreter einer völlig neuen Kolibrifamilie. Für mich war er spektakulär.

Dasselbe ließ sich leider beim besten Willen nicht über die Schmuckamazilie sagen. Allein der Name wirkte bei einem derart gewöhnlich aussehenden Vogel bemüht. Auch dieser Vertreter der Gattung, der zunächst für eine Unterart der ihm ähnelnden Blaubrustamazilie gehalten wurde, verdankt seinen Namen dem schießwütigen Quetzaljäger Osbert Salvin. Zunächst kam einer dieser graubäuchigen, unauffälligen Vögel zum Trinken in die Baumkrone über uns, dann folgte ein zweiter. Manchmal landeten sie auf einem Zweig und sahen sich um, was uns ermöglichte, einen Blick auf ihre türkis glänzenden Kronen zu erhaschen.

Bis zum Ende des Tages konnten wir 13 Kolibriarten beobachten, eine Zahl, die, wie Pat mir versicherte, weitaus höher hätte ausfallen können, wenn wir uns etwas mehr beeilt und auch einige Futterstationen mitgenommen hätten. Am nächsten Tag würden wir weitaus mehr Arten zu Gesicht bekommen, und wir würden mit einem unter Vogelbeobachtern legendären Ort anfangen: El Tapir.

Wenn es einen Kolibri gab, den ich in Costa Rica unbedingt sehen wollte, dann war es der Schneekappenkolibri. Sein Gefieder ist selbst unter Kolibris einzigartig: Auf den ersten Blick ist das des Männchens von einem einheitlichen tiefen Bordeauxrot, das von der weißen Schneekappe auf seiner Stirn gekrönt wird. Doch bei genauerem Hinsehen ist das bordeauxrote Gefieder von Gold- und Bronzetönen durchzogen; und es schillert wie bei den meisten Kolibris.

In den letzten Jahren haben sich Studien auf die Frage konzentriert, warum das Gefieder von Kolibris im Vergleich zu allen anderen Vögeln aus Federn bestehen kann, die derart komplex und intensiv gefärbt sind. Wissenschaftler untersuchten Federn aus einem Querschnitt von 34 Kolibriarten unter einem Elektronenmikroskop, wobei sie besonders auf die Melanosome in den winzigen Filamenten schauten, die sogenannten Haken- und Bogenstrahlen. Melanosome sind die Zellen, die Melanin enthalten, das Pigment, das Federn, Pelzen und Haut ihre Farben gibt. Wie diese Melanosome geformt, strukturiert und angeordnet sind, wirkt sich stark darauf aus, wie sie von unserem Auge farblich wahrgenommen werden. Die Autoren der Studie wollten unbedingt herausfinden, warum manche Vogelarten bunter sind als andere, und ganz besonders, warum Kolibris so schön und strahlend schillern. Sie fragten sich, ob die Färbungen etwas mit der Wahl der Sexualpartner zu tun hatte oder es an den internen physikalischen Ausprägungen der Federn selbst lag. Das Ergebnis: Kolibrimelanosome besaßen eine ganz eigene Form, sie waren pfannkuchenförmig und enthielten viele kleine Luftbläschen. In den Haaren von Säugetieren ist das Melanin in keiner speziellen Form angeordnet, doch in Vogelfedern bestehen die Melanosome aus Schichten – wenn das Licht von unterschiedlichen Schichten reflektiert wird, sieht der Beobachter Farben.

Für Kolibris bedeuten die pfannkuchenförmigen, luftigen Melanosome, dass die Federn nicht nur jede Farbe des Regenbogens haben können, sondern sie obendrein mit einer schillernden Schärfe reflektieren können, die in der gesamten Natur ihresgleichen sucht. Professor Matthew Shawkey von der Universität Gent und Co-Autor der Studie verglich den Mechanismus mit Seife – ein Stück Seife ist farblich langweilig und stumpf, doch wenn man Seife richtig strukturiert und als Seifenblase mit hauchdünner Oberfläche verteilt, schimmert darin ebenfalls der Regenbogen. Es sind diese Melanosome, die präzise angeordnet in der richtigen Struktur und Form den Kolibris das schillernde Gefieder verleihen.

Als wir am nächsten Tag El Tapir betraten, einen früheren Schmetterlingsgarten tief im Innern Costa Ricas, machte ich mir um die genauen Mechanismen hinter den Farben des Gefieders der Kolibris keine Gedanken, denn ich konnte sofort einen Schneekappenkolibri dabei beobachten, wie er sich systematisch von oben nach unten durch die rosafarbenen Blüten der Wildblumen arbeitete, die in impressionistischen Wolken um uns herumwuchsen. Sein schillernd bordeauxrotes Gefieder war von einer Färbung, wie ich sie nie zuvor bei einem anderen Vogel gesehen hatte, und meine erste, langersehnte Begegnung mit der Schneekappe raubte mir den Atem. Und das war noch nicht alles: Sie war nicht allein. »Für Kolibris ist El Tapir so, als würden sie an Halloween mit Süßigkeiten geradezu überhäuft werden. Bloß dass hier jeden Tag Halloween ist«, hatte Pat mir erklärt. »Du wirst da nicht nur Schneekappen sehen.«

Und tatsächlich wimmelte es in dem Blütenmeer nur so von Kolibris. Sintflutartig prasselte Regen auf uns nieder, doch das hielt die hungrigen Vögel so früh am Morgen nicht von ihrem Frühstück ab. Grüne Fadenelfen, Violettkronennymphen und Violettkopfkolibris schwirrten umeinander herum, und im selben Moment wie die Schneekappe tauchte ein weiterer Neuling für mich auf, die Schwarzschopfelfe, die zwar weniger auffällig war als ihr weißes Pendant vom Vortag, aber ebenso flüchtig. Sie legte einen kurzen Boxenstopp an einer der Blüten ein, bevor sie hoch über unseren Köpfen über die Bäume flog und verschwand. Wir stellten uns unter das tropfende Dach einer zerfallenden Holzhütte und konzentrierten uns auf die Schneekappe, bevor auch sie beschloss weiterzuziehen.

Wir entdeckten weitere Arten, als wir hinunter ins Flachland zu einer Insel im Fluss Puerto Viejo fuhren, wo Pat hoffte, mir endlich einen Schattenkolibri zeigen zu können. Nachdem wir am Vortag keine blühenden Helikonien gefunden hatten, war es nun ein herrlicher Anblick, inmitten ihrer wächsernen, feuerroten Blüten zu stehen. Der an Stärke zunehmende Regen hingegen war weniger angenehm – ein tropischer Guss, dem selbst hungrige Kolibris nichts entgegenzusetzen hatten. Schnell sog sich der Boden unter unseren Füßen voll, und kleinere Pfützen verbanden sich mit größeren, in denen die Helikonien genau wie wir etwas verloren herumstanden. Das traurige Bild, das wir abgeben mussten, wurde nur einmal kurz durchbrochen: Ein Purpurkron-Schmuckkolibri tauchte durch den Prasselregen, trank kurz von der pink aufgefächerten Blüte einer Ingwerpflanze und verlor sich flink wieder im düsteren Himmel. Es fiel uns schwer, nicht den Mut zu verlieren, und die Euphorie, die El Tapir in uns ausgelöst hatte, schwand mit jeder Minute.

»Ich dachte, das hier wäre ein guter Ort, um Schattenkolibris zu sichten«, sagte Pat enttäuscht. »Ohne den Regen wäre es das auch. Wenigstens auf einen Streifenkehl-Schattenkolibri hätten wir in der Zwischenzeit stoßen müssen. Es ist absurd, dass wir noch keinen gesehen haben – die zählen zu den am häufigsten vorkommenden Arten im ganzen Land. Vielleicht sollten wir weiterziehen …«

Wir gingen zurück zu der Brücke, die uns auf die Insel geführt hatte, als Pat ganz plötzlich stehen blieb und den Kopf zur Seite neigte. Trotz des Regens, der überall auf die Blätter prasselte, hatte er etwas gehört.

»Ich glaube, das ist eine Weißbinde«, sagte er leise. »Da, im Unterholz. Kannst du sie hören?«

Ich bemühte mich, den Ruf eines Vogels auszumachen, folgte Pat in das Buschwerk und vernahm durch das rauschende Wasser einen hellen, trällernden Klang. Irgendwo ganz in der Nähe sang ein Vogel. Wir brauchten mehrere Minuten, die sich wie eine Ewigkeit anfühlten, um in dem fast schwarzen Unterholz endlich den Umriss eines Kolibris ausmachen zu können, der knapp über dem Boden auf einem Ast saß. Pats hervorragendes Ohr hatte uns zu einem Schattenkolibri geführt – und nicht zu irgendeinem, sondern zu einem Weißbinden-Schattenkolibri, eine seltene Art, die zu sehen ich noch nicht einmal zu hoffen gewagt hatte.

Infolge des Lichtmangels konnte man die Details des Gefieders kaum unterscheiden – der olivgrüne Mantel schien fast schwarz, nur der weiß gestreifte Schwanz und zwei weiße Streifen in seinem Gesicht hoben sich von der Dunkelheit ab.

Wir ließen es mit der Jagd auf Schattenkolibris gut sein und setzten uns in ein Café am Straßenrand, um ein warmes Mittagessen aus Fisch und Reis zu uns zu nehmen. Wir teilten uns die Terrasse mit zwei Truckern, die vom Treiben der Kolibris an den Futterspendern, die von den Cafébesitzern aufgehängt worden waren, ebenso begeistert waren wie wir. Der Regen schien nicht nachlassen zu wollen, und da wir etwas höher gefahren waren, machte sich nun auch der Wind bemerkbar.

Einen dramatischen Auftritt am Nektarspender hatte besonders der Violettdegenflügel: ein großer Kolibri mit majestätischem, tiefviolettem Gefieder und langen, dunklen, gebogenen Flügeln, die wie Kastagnetten klangen, als sie um die Futterspender herumsausten. Gegen die unauffällige Weißbinde waren die Violettdegenflügel umso aufsehenerregender.

Nach dem Mittagessen verbesserte sich unser Sichtungsglück dramatisch. Nur wenige hundert Meter von unserem Stopp entfernt entdeckten wir in einer blühenden Baumkrone einen der nur in Costa Rica heimischen Bronzekopf-Elvirakolibris – einen schüchternen Vogel mit subtilen Grün- und Bronzetönen in seinem Gefieder, der die Trucker vermutlich ebenso in seinen Bann gezogen hätte, wie es die zutraulichen, extravagant gefärbten Violettdegenflügel getan hatten, doch für mich war er sogar noch schöner als sie. Manchmal war weniger mehr, wenn es um Kolibris ging. Die Flügel des Elvirakolibris hatten die Patina einer Henry-Moore-Bronzeplastik und wirkten wie eine Verheißung auf das, was an diesem Nachmittag noch folgen sollte. Der Regen ließ nach, und plötzlich flatterten etliche Kolibris aus den Büschen, eine Flut an Arten, die all meine Erwartungen übertraf.

»Normalerweise mache ich einen Bogen um den Wasserfallgarten von La Paz«, sagte Pat, als wir auf einen kleinen Parkplatz einbogen, »weil er eine Art Zoo ist und immer überfüllt. Aber für unsere Kolibrisuche in Costa Rica ist er unerlässlich. Die Spender gehören zu den besten im Land.«

Tatsächlich wurde die Anlage von Familien gefüllt, die mit versteinerten Gesichtern versuchten, das Beste aus dem verregneten Tag zu machen und ihren Kindern die Tiere in den Gehegen zu zeigen, doch als wir die kleine Kolibrifütterstation erst einmal erreicht hatten, bekamen wir jede Menge Wildvögel zu Gesicht, neben einigen weiteren Violettdegenflügeln und Fadenelfen auch zwei Veilchenkehlnymphen und Purpurkehlnymphen. Bei ihnen handelte es sich um Spezies, die aus den höheren Regionen Zentralamerikas stammten. Beide Hochlandspezies Seite an Seite zu erwischen, war sehr selten, doch obendrein entdeckten wir neben ihnen auch noch einen Schwarzbauchkolibri – wie die Weißbinde von diesem Morgen eine Art, mit deren Sichtung wir nicht gerechnet hatten.

Pat schlug einen kleinen Ausflug zu einem nahe gelegenen reißenden Fluss vor, dessen Wasser zahlreiche Felsen umspülte. Wir kraxelten einen glitschigen, schlammigen Pfad in Richtung Flussbett hinunter.

»Siehst du den?« Pat deutete auf einen kleinen Wasserfall, der an einer ruhigeren Stelle in den Fluss mündete. »Sieht aus wie der perfekte Ort für einen Grünstirn-Lanzettschnabel.«

Kaum hatten die Worte seinen Mund verlassen, da schwang sich ein fröhlicher dunkelgrüner Kolibri von einem moosbewachsenen Stein am Flussufer auf, um sich aus der Luft eine Fliege zu schnappen und für einige kostbare Sekunden auf einem dünnen Zweig, der über dem Wasser hing, zu verweilen. Ein Grünstirn-Lanzettschnabel, der wie auf Befehl gerade so lange auftauchte, dass wir seinen langen schwarzen Schnabel bewundern konnten, so dünn wie eine Nadel, bevor er im Nebel des Wasserfalls wieder verschwand. Adrenalin schoss durch meinen Körper – plötzlich schienen wir uns die Arten nur wünschen zu müssen, damit uns vom Schicksal eine Sichtung beschert wurde. Wieder einmal floss die Kolibrisucht durch meine Adern.

Die nächste Stunde ging es hinauf auf den Vulkan Poás, dessen riesenhafte Gestalt im Norden von San José vor sich hin köchelte, hoch in die Wolken, die den Tag mit ihrem Niederschlag beinahe versaut hätten. Am Zaun eines weiteren Cafés am Straßenrand hingen Kolibrifutterspender – nach menschlichem Maßstab nicht gerade das angenehmste Setting für einen Kolibri, doch den Vögeln machte das nichts aus – alles, was für sie zählte, war eine leicht erreichbare, verlässliche Nahrungsquelle. Immer mehr Spezies flogen herbei – Streifenschwanzkolibris, Glitzerbrillantkolibris, Berg-Veilchenohrkolibris und Violettkehl-Sternkolibris. Plötzlich wurde der Traum von Costa Ricas Kolibrireichtum Wirklichkeit. Eine Hoffnung blieb noch unerfüllt, eine Art, die selbst Pat noch nie an einem Spender erblickt hatte. Auch ich wollte sie unbedingt einmal mit eigenen Augen sehen, denn es gibt für das schönste Schimmern der Kolibrifedern wohl keinen besseren Vertreter als das Feuerkehlkolibrimännchen. Von vorn betrachtet offenbart sich bei diesem ansonsten grün gefiederten Vogel eine Kehle, die in ihrem Zentrum rot wie ein glühendes Stück Kohle brennt, zu Bernstein-, Gold- und Türkistönen verschwimmt, während er auf dem Kopf eine leuchtend blaue Krone trägt, als hätte der Himmel auf die Federn abgefärbt.

Zwar war die Sichtung eines Feuerkehlkolibris unter gewöhnlichen Umständen keine Seltenheit, doch das Wetter wandelte sich erneut zu unseren Ungunsten. Je höher wir kamen, desto feuchter und windiger wurde es. Wir gaben auf und bahnten uns durch den diagonal fallenden Regen unseren Weg zu Pats Wagen, als aus dem uns umgebenden Grau ein Kolibri herausschoss und in einem Baum am Straßenrand landete. Ein Feuerkehlkolibri, den ich in Ruhe durchs Fernglas betrachtete.

Auf dem Weg zurück nach San José hielt Pat im letzten Tageslicht noch einige Male an, um mir weitere Arten zu zeigen. Vielleicht hätten wir noch eine Orangenkehlelfe oder den berühmtberüchtigten Gabelschwanz-Smaragdkolibri finden können. Auch der sonst so häufige Streifenkehl-Schattenkolibri fehlte noch, doch ein erneuter Wetterumschwung machte uns das Leben schwer.

In unseren zwei Tagen hatte uns Costa Rica insgesamt 223 Vogelspezies präsentiert, davon 37 Kolibris, unter denen sich einige unter Birdern begehrte endemische und ikonische Arten befanden. Ich wusste bereits, dass ich eines Tages zurückkehren würde, und zwar für längere Zeit, um das Land weiter zu erforschen. Es gab noch so viel zu sehen, und schon allein für den Anblick einer weiteren Schneekappe würde es sich lohnen – für mich zählten sie zu den schönsten Kolibris der Welt.

5

Fakes, Freaks und Phantome

Santa Marta, Kolumbien, 11° nördliche Breite, und Antioquia, 6° nördliche Breite

Keinen Naturforscher, der etwas auf sich hält, müsste man lange bitten, nach Kolumbien zu reisen. Für Vogelliebhaber – ganz besonders, wenn sie verrückt nach Kolibris sind – ist Kolumbien einfach unwiderstehlich. Das Land bietet beinahe 2000 Vogelarten ein Zuhause, Tendenz steigend. Noch in der jüngeren Vergangenheit galt Kolumbien als politisch zu instabil und gefährlich für einen Besuch, doch als ich die nächste Station meiner Odyssee plante, waren derlei Sorgen größtenteils nicht mehr begründet, und ich konnte mich auf eine Reise freuen, auf die seltensten Kolibris, die Südamerika zu bieten hatte, rätselhafte Spezies, die zuvor für Vogelfreunde unerreichbar und für die Wissenschaft über Jahrzehnte verschollen gewesen waren.

Kolumbien ist nicht seit Jahrzehnten, sondern schon seit Jahrhunderten für seine schillernden Kolibris bekannt. Arten sind gekommen und gegangen, haben ihre Beobachter und deren Gefolge an der Nase herumgeführt, und ihre Identitäten und Geschichten sind ebenso flüchtig und kompliziert wie die Vögel an sich. Ihre Historie steckt voller Erfindungen und Fälschungen, der gute Ruf von Forschern wurde abgesteckt, gefeiert und ruiniert, und manche Vögel haben sich, nicht nur metaphorisch, sondern ganz buchstäblich, bis heute jeder Beschreibung entzogen.

Diese Geschichte verschollener Kolibris beginnt im Jahr 1788, als der deutsche Naturforscher Johann Friedrich Gmelin die 13. Auflage des großen Werkes *Systema Naturae* des bekannten schwedischen Taxonomen Carl von Linné herausbrachte. Gmelin ließ akademisch nichts anbrennen und war in den späteren Jahrzehnten des 18. Jahrhunderts gleichzeitig Professor für Medizin, Chemie, Botanik und Mineralogie an der Universität Göttingen. In dieser neuen Ausgabe von *Systema Naturae* widmete er seine Aufmerksamkeit der formellen Beschreibung von beinahe 300 Vogelspezies, unter denen sich auch einige Arten befanden, die zuvor ohne einen linnéschen wissenschaftlichen Namen von dem englischen Naturforscher John Latham in einem früheren Werk (*A General Synopsis of Birds*) beschrieben worden waren. Dies war die offizielle wissenschaftliche Geburtsstunde des Harlekinkolibris, *Trochilus multicolor*.

Lathams Beschreibung von 1782 war wissenschaftlich trocken gehalten und ließ die linnésche Klarheit vermissen:

> Länge elfeinhalb Zentimeter. Schnabel gebogen, etwa vier Zentimeter lang und von brauner Farbe; Krone, Kinn, Brust und oberer Rücken: grün. Vom Schnabel über das Auge verläuft ein blauer Streifen beinahe bis zum Nacken, unterer Rand schwarz. Der obere Teil von Körper und Flügeln ist braun, Bauch und Geschlecht zinnoberfarben, jedoch nicht glänzend wie der Rest des Gefieders. Der Schwanz ist am Ende glatt und von brauner Farbe, auch die Beine sind von blassem Braun.

Lathams Beschreibung basiert auf einem Ausstellungsstück aus der Sammlung des British Museum, wobei er den Hinweis hinzufügte, das Stück sei mit »keiner Historie versehen«. Fünf Jahre später, im Jahr 1787, schrieb er erneut über den Harlekinkolibri, und die beigegebene Bildtafel zeigte einen auffallend farblich geteilten Vogel – zusätzlich hatte er nun eine weitere Quelle für den Vogel ausfindig gemacht, nämlich die Zeichnung des englischen Naturforschers und Armeeoffiziers Colonel Thomas Davies.

Latham ließ anklingen, Davies' Darstellung sei anhand eines anderen Exponates als dem des British Museum entstanden, und notierte einige geringe Unterschiede zu seiner früheren Beschreibung des Vogels. Er kam zu dem Schluss: »Die Farben des Gefieders sind beinahe dieselben [...] Das Bild ist somit eine gute Wiedergabe.«

Das war es tatsächlich, denn Lathams Bildtafel ist ein bemerkenswertes Faksimile des ursprünglichen Aquarells von Davies, beinahe ein Spiegelbild, da der Vogel bei ihm in die andere Richtung schaut. Durch seine militärische Laufbahn hatte Davies einiges von Nordamerika und der Karibik gesehen, und Latham schlussfolgerte, er habe den Harlekinkolibri auf seinen Reisen mit eigenen Augen erblickt. Davies' eigene Vogelsammlung wurde kurz nach seinem Tod vernichtet, was es uns unmöglich macht, jemals mit Sicherheit sagen zu können, ob Latham mit seiner Annahme bezüglich eines zweiten Exponates richtiglag oder nicht.

Sicher ist jedenfalls, dass Davies das British Museum zwischen 1785 und 1786 mindestens einmal besuchte, da er auf einem seiner Bilder eine entsprechende handschriftliche Notiz hinzufügte. Es besteht also eine gewisse Wahrscheinlichkeit, dass Davies' Darstellung des Harlekinkolibris auf dem von Latham 1782 beschriebenen Exponat basierte. Die kleinen Unterschiede in ihrer Beschreibung lassen sich auf die irisierende Natur der Kolibrifedern zurückführen, denn je nach Blickwinkel und Lichteinfall können sie sich in Farbe und Tönung gewaltig unterscheiden.

Gmelins Nennung des Vogels in *Systema Naturae* von 1788 basierte auf Lathams Beschreibung und seiner bildlichen Wiedergabe fünf Jahre später. Jahrelang bezweifelte niemand die

Provenienz des Harlekinkolibris, und auch in darauffolgenden Veröffentlichungen wurde er genannt.

Im *Vivarium Naturae or The Naturalist's Miscellany* beschrieben ihn George Shaw und Frederick Nodder als »eine der seltensten Spezies seiner Art«, doch weitere Informationen zu dem Vogel suchte man vergeblich; sie nahmen an, er stamme aus Südamerika, und da so ziemlich alle den damaligen Naturforschern bekannten Kolibriarten aus Südamerika stammten, kann dies wohl kaum ein radikal neuer Hinweis genannt werden. Auch Nodder fertigte eine Zeichnung des Vogels an, die wohl auf dem Exponat im British Museum basierte – Anfang desselben Jahres hatte er dort als Assistenzaufseher der naturkundlichen Abteilung gearbeitet.

1801 wurde der Harlekinkolibri in das imposante zweibändige Foliowerk *Oiseaux dorés ou à reflets métalliques* aufgenommen, das der Naturforscher und Künstler Jean-Baptiste Audebert begonnen hatte und das nach seinem Tod von seinem Freund Louis Pierre Vieillot beendet wurde. Das Buch ist aufgrund seiner exzellenten Abbildungen ein erstaunliches Werk – im Vorwort schrieb Audebert, der die Bildtafeln selbst entwarf, sie seien von den »fähigsten Künstlern von Paris« in Öl gemalt und anschließend mit fein gedruckten Silber- und Goldlinien versehen worden, um dem Gefieder der Kolibris ihren eigentümlichen Glanz zu verleihen. Die Tafel des Harlekinkolibris ließ Audebert allerdings nicht von einem der »fähigsten Künstler von Paris« anfertigen, sondern von einem naturkundlichen Illustrator aus Monmouthshire namens Sydenham Edwards. Auch sie weist starke Ähnlichkeit mit einer vorherigen Illustration auf, nämlich der von Nodder, was den Schluss nahelegt, dass Edwards mit dem Inhalt des *Vivarium Naturae* bestens vertraut war, wenn nicht gar mit den Exponaten des British Museum.

20 Jahre später machten sich unter führenden Naturforschern Zweifel breit, sogar bei denjenigen, die den Harlekinkolibri ursprünglich als neue Spezies gepriesen hatten. Vielleicht

verunsicherte es die früheren Verfechter, dass aus Amerika keine weiteren Exemplare geschickt wurden, und das zu einer Zeit, da man diese Region unaufhörlich bejagte. Im Jahr 1822 bemerkte John Latham: »Es wurde an mich herangetragen, der Vogel sei lediglich der Fantasie eines Narren entsprungen, der ihn aus den Federn anderer Arten zusammengesetzt hat, doch bei aller Genauigkeit kann ich dies nicht feststellen.«

Der französische Naturforscher René Lesson drückte sich 1829 weniger diplomatisch aus: »Der Vogel, der als Typus für Lathams Beschreibung und das Bildnis Vieillots herhielt, war das Produkt einer Fälschung [...] dies zeigte sich, als das Exponat des British Museum auseinandergenommen wurde.«

Als John Gould, der sich mit Kolibriübertreibungen auskannte, zwischen 1849 und 1861 sein *Monograph of the Trochilidae, or Family of Humming-Birds* schrieb, war der Harlekinkolibri nicht mehr als eine peinliche Randnotiz. Gould bemerkte scharf, Gmelin sei bei seiner Beschreibung des Harlekinkolibris als neue Spezies von einer Abbildung ausgegangen, »die der Fantasie entnommen wurde, nicht der Wirklichkeit«.

Wir wissen jedoch, dass dies nicht der Fall war. Latham und Davies arbeiteten anscheinend beide mit demselben Exponat aus der Sammlung des British Museum, und die Existenz dieses Exponates wurde nirgendwo anders vermerkt als in dem wohl erhabensten Archiv der Welt, nämlich dem des britischen Parlaments. Zwischen 1835 und 1836 wurde eine umfassende parlamentarische Untersuchung des unzureichenden »Zustandes, Managements und der Angelegenheiten« des British Museum durchgeführt. Im April 1836 befragte der konservative Abgeordnete Sir Robert Inglis den Zoologen John Edward Gray, einer der Kuratoren der zoologischen Abteilung, bezüglich der technischen Abläufe hinter den Kulissen des Museums.

Eine dieser Fragen beschäftigte sich mit einer perfiden Prozedur, die auch Grays französische Kollegen anwendeten, um das

Erscheinungsbild ihrer ausgestellten Vogelexemplare zu verbessern. Sie bestand darin, in die Jahre gekommene Körperteile – einen alten Schweif oder Flügel zum Beispiel – durch neuere Körperteile eines anderen Vogels zu ersetzen. Inglis wollte wissen: »Für Sie als Mann der Wissenschaft, ist diese Praxis anzuraten oder zu verurteilen?«

Gray gab zurück: »Aufs Schärfste zu verurteilen. Wir hatten früher in der Sammlung des Museums ein zusammengesetztes Exemplar, den sogenannten Harlekinkolibri, der meines Wissens von Dr. Leach entsorgt wurde. Das war vor meiner Zeit.«

Der zuständige Kurator der zoologischen Abteilung zwischen 1814 und 1822 war Dr. William Elford Leach. Gray hatte Leach ab 1816 inoffiziell assistiert, bis er 1824 am Museum angestellt wurde, und er wusste ganz offensichtlich um die fragwürdige Historie rund um den Harlekinkolibri. Vermutlich handelte es sich bei der Gelegenheit, auf die sich René Lesson 1829 bezog, als er beschrieb, man habe das Exponat »auseinandergenommen«, um ein und dieselbe Situation. Der Kolibri war während Leachs Zeit als Kurator in Misskredit geraten, er oder seine Angestellten hatten ihn näher untersucht und entdeckt, dass er aus mehreren Teilen unterschiedlicher Kolibriarten bestand. Doch wer kam auf die Idee, eine solche Fälschung anzufertigen? Mit dem Exponat wurde kein Sammler in Verbindung gebracht, sodass es wohl nicht um Berühmtheit ging. Auch ein einfacher Scherz ist wenig wahrscheinlich. Vermutlich handelte es sich bei der Herstellung des Harlekinkolibris um den Versuch, an Geld zu kommen – Sammler, darunter auch Museen, ließen sich neue Ausstellungsstücke zur damaligen Zeit einiges kosten. Irgendjemand, dessen Identität im Nebel der Vergangenheit verloren gegangen ist, hatte den Harlekinkolibri mithilfe der angeblich aus Frankreich stammenden Fälschermethode zusammengesetzt.

Doch derlei Betrügereien beschränkten sich bei Weitem nicht auf Frankreich – zumal die Anschuldigung vielleicht mehr mit dem napoleonischen Konflikt zu tun hatte als mit tatsächlichen Fakten. Vögel wurden weltweit gefälscht, sowohl in Übersee als auch in Europa. Eine der ersten Geschichten von H. G. Wells, »The Triumphs of a Taxidermist« von 1894, gewährt uns einen Einblick in die Praktiken früherer Jahrzehnte. Genau wie bei den ausgedachten Vogelspezies handelt es sich um ein Werk der Fiktion, doch Wells enthüllt einen Teil der Psychologie des Fälschers, dem es nicht nur um Profit geht, sondern auch um die Macht über diejenigen, die seine Werke kaufen – und die gesellschaftlich für gewöhnlich über einem ärmlichen Präparator stehen. Es muss eine Genugtuung gewesen sein, die Elite hinters Licht zu führen und dafür auch noch bezahlt zu werden. In der Geschichte gibt der Präparator jedenfalls mit seinen falschen Kreationen an, darunter auch ausgestorbene ikonische Vögel wie der Dodo und der Riesenalk.

»Mein lieber Freund«, sagt er vertraulich, »die Hälfte aller Riesenalke weltweit sind in etwa so echt wie das Schweißtuch der heiligen Veronika oder der Heilige Rock von Trier. Wir fertigen sie aus den Federn von Lappentauchern und Ähnlichem …«

Er legt offen, wie gut er damit verdient, und verrät:

> Wir imitieren ganz einfach die Natur. Mehr habe ich nicht getan. Ich habe sie […] geschlagen. Ich habe Vögel *hergestellt*. *Neue* Vögel. Wie kein anderer Vogel zuvor je war. Einige dieser Vögel waren neue Kolibriarten, und schön noch obendrein, andere wiederum waren einfach nur komisch.

Während des 19. Jahrhunderts wurde ein infamer Handel mit falschen Vögeln betrieben, ganz besonders mit Kolibris, auf den arglose Sammler oder wissenschaftliche Institutionen reinfielen. Der Harlekinkolibri war nicht das einzige Beispiel, das es in die Sammlungen des British Museum schaffte. 1819, als der Ziergärtner und Kolibrisammler George Loddiges einige der auktionierten Kolibris aus William Bullocks berühmter Sammlung der Naturwunder erstand, kaufte Dr. Leach, der hauseigene zoologische Kurator des British Museum, auf Kosten der Einrichtung zu einem immensen Preis einen außergewöhnlichen Seevogel, einen Sturmvogel mit übermäßig großen, entenähnlichen Füßen.

Es dauerte nicht lange, da stellten die Museumsangestellten verärgert fest, dass es sich bei den Beinen und Füßen des Sturmvogels tatsächlich um die einer gewöhnlichen Ente handelte. Die Angelegenheit muss für Leach eine ziemliche Blamage gewesen sein. Vielleicht kam es aufgrund dieses Vorfalles zu einer weiteren internen Untersuchung anderer Ausstellungsstücke der Vogelsammlung des British Museum. Vielleicht trug er auch zu Leachs psychischem Zusammenbruch im September 1820 und seiner Frühpensionierung aufgrund seines schlechten Gesundheitszustandes zwei Jahre später bei. Man kann sich lebhaft vorstellen, dass die Zeit nach seinem Entenfauxpas äußerst unschön gewesen sein muss, da er vor allen Kollegen sowie seinen Vorgesetzten als quakende Lachnummer galt.

Doch der arme Dr. Leach war nicht der Einzige, der Kolibrifälschern auf den Leim ging. 60 Jahre später hatte sich wenig geändert. Als Frank Chapman im Juli 1889 im *Bulletin of the American Museum of Natural History* die neue Kolibriart *Amazilia æneobrunnea* beschrieb, die er einem Mr. C. S. Galbraith abgekauft hatte und die angeblich aus Bogotá stammen sollte, konnte er seine Aufregung kaum verbergen: »Diese neue Spezies ist so bemerkenswert, dass andere Vertreter der Gattung im Vergleich mit ihr verblassen.«

Drei Monate später, im Oktober 1889, schrieb ein desillusionierter Chapman im selben Journal, er sei einer Kolibrifälschung zum Opfer gefallen.

> Seit der Beschreibung von *Amazilia æneobrunnea* hatte ich mit einem Exemplar von *Chrysolampis mosquitus* aus Bogotá zu tun, und die Beschaffenheit der Haut führte mir sogleich die zuvor unerkannte Ähnlichkeit in der Farbe des Körpers beider Vögel vor Augen. Die erneute Untersuchung des Typus *æneobrunnea* ergab, dass der Körper tatsächlich zur selben Spezies gehörte, Kopf und Nacken dagegen stammten von *Chlorostilbon haberlini.* [*Chrysolampis mosquitus* und *Chlorostilbon haberlini* galten zu jener Zeit als weitläufig anerkannte Kolibriarten.]
> Kurzum, bei *Amazilia æneobrunnea* handelt es sich um eine jener präparierten Täuschungen, die nicht selten für Verwirrung sorgen und, wie in diesem Fall, einen nichtsahnenden Ornithologen völlig hinters Licht führen.

Ganz der Wissenschaftler, versucht der arme Chapman, seine taxonomischen Erwägungen zu rechtfertigen, die dazu führten, die Fälschung der Gattung *Amazilia* zuzuordnen, und kommt zu dem Schluss: »Im Grund sind weitere Anmerkungen unnötig; es sei nur gesagt, dass die Erfahrung offenbar zeigt, die Anatomie und Konstruktion von Exemplaren aus ›Bogotá‹ bedürften derselben Kontrolle wie ihre äußerlichen Merkmale.«

Was ging im 19. Jahrhundert in Bogotá vor sich? In seinem Fazit lässt Chapman anklingen, dass Kolibriexemplare aus dieser Region mit Vorsicht zu genießen waren. Anscheinend war der Verkauf gefälschter Kolibris an leutselige Überseesammler eine Art lukrativer Nebenverdienst in Kolumbiens Hauptstadt.

Die geschäftigen mesoamerikanischen Handelswege, über deren weite Wege Kolibrifedern und andere neotropische Vogelarten die aztekische Nachfrage nach Material für ihre Amanteca-Federhandwerker stillten, hatten auch anderswo im präkolumbischen Amerika ihre Gegenstücke. Im Norden operierte in der Mississippikultur ein etabliertes Netzwerk dort, wo sich heute die südöstlichen Bundesstaaten der USA befinden. In Südamerika verlief die bekannteste Handelsstraße der Inka durch das heutige Peru.

Bogotá war im 19. Jahrhundert ein Sammelbecken für Vogelhändler, die den Hunger ausländischer Sammler und Institutionen nach neuen Vogelarten stillten. Händler aus Großbritannien, Frankreich und Belgien bauten ihre Geschäfte in der Stadt auf und exportierten jedes Jahr Tausende tote Vögel nach Europa, hauptsächlich für die Modeindustrie. Zunächst wurden die Vögel aus der Mitte des Landes verkauft, doch mit fortschreitender Zeit kamen sie auch von weiter her. Kolumbien werden aufgrund dieses Bogotá-Handels einige Vogelarten zugeschrieben, die sich typischerweise in Ecuador oder Peru finden und die bis heute nicht wieder in Kolumbien gesichtet worden sind. Als die Nachfrage nach neuen Spezies weltweit zunahm und immer mehr Arten entdeckt wurden, an deren Teilen man sich bedienen konnte, war die Versuchung für manche Vogelfälscher aus Kolumbien wohl zu groß, aus der Sache Gewinn zu schlagen. Und nicht nur dort.

Nach und nach wurden die Fälschungen aufgedeckt, und zuvor anerkannte Spezies verschwanden. Eines dieser Kolibriexemplare, das 1909 auf einem Markt in Bogotá erstanden wurde, bleibt bis heute verschollen – ein verwirrender Vogel, der nicht durch Menschenhand entstand, sondern durch eine Laune der Natur.

1947 schickte der Ordensbruder Nicéforo María einen ungewöhnlich stahlblauen Kolibri mit gegabeltem Schwanz, der völlig anders aussah als alles, was er zuvor an Kolibris gesehen hatte, an den Ornithologen Rodolphe Meyer de Schauensee an der Akademie der Naturwissenschaften in Philadelphia, damit dieser den Vogel identifizierte. Bruder Nicéforo María war ein in Frankreich geborener kolumbianischer Missionar und Naturforscher und sammelte in Kolumbien im Laufe seines Lebens jede Menge biologisches Material. Arten, die er selbst nicht bestimmen konnte, schickte er mit der Bitte um Hilfe an andere Wissenschaftler in der ganzen Welt. Er selbst beschrieb zwei neue Spezies, eine Korallenotter und eine weitere Schlange, doch seine gesammelten Proben führten zur Beschreibung 130 neuer Arten an Pflanzen, Spinnen, Reptilien, Fischen, Amphibien und Vögeln durch andere Biologen. Was war nun mit dem geheimnisvollen blauen Kolibri aus Bogotá?

Meyer de Schauensee kannte den Vogel nicht und zeigte ihn einigen ebenso verwunderten und interessierten Wissenschaftlern, darunter die Prominenz der damaligen amerikanischen Ornithologie. In dem sich ergebenden Briefwechsel vermutete James L. Peters, der damalige Präsident der American Ornithologists' Union (AOU), es könne sich um eine Kreuzung handeln, was bei Kolibris nicht selten vorkommt, wobei er sich keinen Reim auf die blaue Farbe machen konnte. Der Körperbau ließ ihn vermuten, dass es sich bei einem Elternteil um eine Sylphe gehandelt haben könnte (eine Kolibriart mit langen Schwanzfedern) und beim anderen um einen Sonnenengel (eine weitere Gattung). Dennoch schloss Peters damit, dass es sich um einen äußerst merkwürdigen Vogel handelte, dessen Identität er nicht enträtseln könne.

John T. Zimmer, der Vogelkurator des Naturhistorischen Museums in New York, vermutete ebenfalls eine Kreuzung aus Sylphe und Sonnenengel als Ursprung des Exemplars. Alexander Wetmore, ein angesehener Ornithologe und Sekretär des Smithsonian Institute, war sich jedoch sicher, dass es sich um eine neue Spezies handelte, vielleicht sogar um eine neue Kolibrigattung. Abschließend stellte er fest, dass er noch nie einen derartigen Vogel zu Gesicht bekommen hatte.

Bruder Nicéforo Mariá hatte Meyer de Schauensee den Vogel geschickt, das letzte Wort wurde ihm überlassen, zumindest für eine Zeit. Er kam zu dem Schluss, dass es sich vermutlich schlicht und ergreifend um ein Exemplar der extrem unbekannten Kolibrispezies *Neolesbia nehrkorni* handelte, einer Unterart der Himmelssylphe, die bis dato nur aus zwei Museen bekannt war.

Doch damit endete das Rätselraten nicht. In den folgenden Jahren wurde der mysteriöse Vogel doch nicht als eigene Spezies, sondern als Kreuzung eingeordnet, wobei ein Elternteil eine Himmelssylphe gewesen sein sollte. Vielleicht war der Kolibri aus Bogotá tatsächlich eine Kreuzung, wie Peters und Zimmer bereits nahegelegt hatten. Wir sollten dankbar dafür sein, dass der Vogel es überhaupt unbeschadet bis zu Meyer de Schauensee schaffte – eine Ladung konservierter Fischexemplare, die ihm in Fässern aus Thailand geschickt worden war, ging im New Yorker Hafen verloren, da die Schauermänner die alkoholische Konservierungsflüssigkeit tranken, nachdem sie die Fische im Meer entsorgt hatten.

1993 schrieb der Ornithologe Gary Graves einen Artikel für *The Auk*, das Wissenschaftsjounal der AOU: »Relikt einer vergessenen Welt: Eine neue Spezies der Sonnenengel in Bogotá«. Darin argumentierte er maßvoll und umfassend, bei dem Bogotá-Kolibri handle es sich doch nicht um eine Kreuzung, sondern um eine eigene Spezies, nur dass bisher keine weiteren lebenden Exemplare von einem Menschen beobachtet werden konnten, seit das Exemplar vor 80 Jahren auf einem Markt in Bogotá verkauft wurde. Systematisch untersuchte er die Kreuzungsthese und kam zu dem Ergebnis, dass diese nicht schlüssig sei. Graves gab dem Bogotá-Sonnenengel einen neuen wissenschaftlichen Namen, *Heliangelus zusii,* nach seinem Freund und Kollegen Richard L. Zusi, dessen Beiträge zur Systematik von Kolibris auf diese Weise gewürdigt werden sollten.

Mit Graves' Schlussfolgerungen waren nicht alle Ornithologen einverstanden, was jedoch im heiß umkämpften Feld der Vogelbestimmung allzu häufig vorkommt. 2009 schließlich schienen Graves wissenschaftliche Fakten recht zu geben. Im Labor des

New York State Museum hatten Forscher dem Bogotá-Sonnenengel DNA entnommen, indem sie Zellen aus den Füßen geschabt hatten. Die anschließend in einem Artikel veröffentlichten Ergebnisse waren eindeutig: Die DNA des Bogotá-Sonnenengels zeigte, dass es sich tatsächlich um eine eigene Spezies handelte, auch wenn der Name nun missverständlich war. Mit Sonnenengeln war er nur entfernt verwandt, näher hingegen mit den Sylphen.

Zwar schien der Bogotá-Sonnenengel nun eine eigene Art zu sein, deren einziges Exemplar lag jedoch noch immer in der Schublade eines Museums und konnte uns nichts darüber mitteilen, wo seine noch lebenden Artgenossen in der Wildnis ansässig waren – falls es sie gab. Graves spekulierte, man könne sie eventuell in einem abgelegenen Gebiet der östlichen Cordillera in den kolumbianischen Anden finden, wenige hundert Kilometer von Bogotá entfernt. Oder vielleicht in der zentralen Cordillera. Das war wissenschaftlich informiertes Rätselraten, und Graves fügte obendrein hinzu, der Vogel könne ebenso gut bereits ausgestorben sein. In Südamerika leben unzählige Vogelarten ausschließlich in abgelegenen und kaum zugänglichen Gebieten. Vielleicht war die Heimat des Bogotá-Sonnenengels in der Zwischenzeit zerstört worden. Eines war jedenfalls sicher: Beim Bogotá-Sonnenengel handelte es sich um eine verschollene Art.

Oder vielleicht doch nicht?

2011 tauchte ein außergewöhnlicher Vogel an den Futterspendern in den Bergwäldern der Reserva Rogitama in der östlichen Cordillera der kolumbianischen Anden auf. Rein äußerlich passte der Vogel perfekt – sein Gefieder glänzte dunkelblau, und sein Schwanz war lang und gegabelt. Damals schrieb Roberto Chavarro von der Reserva Rogitama in einer Pressemitteilung: »Ich habe ein paar Fotos und Videos gemacht und an Freunde der Reserva Rogitama gesendet, um bei der Identifizierung zu helfen. Die erste Reaktion kam von Diego Calderón [einem kolumbianischen Birder], der beinahe hundertprozentig davon überzeugt war, es handle sich um einen der angeblich ausgestorbenen Bogotá-Sonnenengel.«

Chavarro war der Ansicht, es lebten drei Exemplare in dem Gebiet. Er fügte hinzu:

> Eigentlich wollten wir diese großen Neuigkeiten geheim halten, bis die Identität des Vogels genauer geklärt ist; doch durch die Veröffentlichung von Fotos im Internet ohne unsere Zustimmung sind wir gezwungen, diese aufregende Entdeckung schon jetzt mit der Welt zu teilen.
> Für die Reserva Rogitama ist es eine große Ehre und ein immenser Verdienst, eine Belohnung für unsere kontinuierliche Arbeit, die 1982 begonnen hat, indem wir das Gebiet wieder aufgeforstet haben. Im Grunde haben wir in den letzten 29 Jahren verlassene Viehweiden zu einem Rückzugsort für Wildtiere gemacht. 1982 gab es hier nur wenige Vögel, mittlerweile existieren Aufzeichnungen über 121 Arten.

Das alles klang hervorragend, und da mein Interesse an Kolibris zum damaligen Zeitpunkt seinen Zenit erreicht hatte, freute ich mich umso mehr, dass ein solch sagenumwobener Vogel von den Toten auferstanden war. Ich machte schon Pläne, um der Reserva Rogitama so schnell wie möglich einen Besuch abstatten zu können, doch in den folgenden Monaten lösten sie sich in Luft auf. Offenbar kam nur ein einziges Exemplar zur Reserva Rogitama, nicht drei Vertreter der Art. Der Vogel wurde vorübergehend eingefangen und untersucht, und nachdem man ihn wieder freigelassen hatte, stand nicht mehr im Raum, dass es sich um einen Bogotá-Sonnenengel handeln könnte – anhand der Federn hatten die Experten entschieden, es müsse sich um eine Kreuzung handeln, wobei die Eltern vermutlich Himmelssylphe und Smaragdkehl-Glanzschwänzchen waren.

2018 nahm die Geschichte eine neue Wendung, als in einer weiteren Studie der Bogotá-Sonnenengel von 1909 und die Rogitama-Kreuzung von 2011 erneut im Labor unter die Lupe genommen wurden. Am Ende schien es sich bei beiden um Kreuzungen zu handeln.

2019 versetzte BirdLife International, eine der wichtigsten Organisationen, die der International Union for Conservation of Nature (IUCN) verlässliche Daten für die Rote Liste bedrohter Arten liefert, dem Mythos um den Bogotá-Sonnenengel mit folgendem Statement den Todesstoß:

> Mal ist der Bogotá-Sonnenengel eine eigene Spezies, dann wird er plötzlich von der Liste gestrichen. Nach eingehender Untersuchung sind sich die Wissenschaftler nun einig, dass es sich um eine Kreuzung aus zwei anderen Spezies handelt. Man mag an eine Identitätskrise denken und Mitleid haben, weil der Vogel nun aus der Artenliste verschwindet, doch eigentlich ist dieses Ergebnis ein Grund zur Freude. Handelte es sich tatsächlich um eine eigene Spezies, wäre sie mittlerweile vermutlich ausgestorben, da ähnliche Vögel seither nicht mehr gesichtet wurden. Die Neuigkeiten bedeuten also nur, dass wir eine Spezies weniger verloren haben – und das hört sich für uns ziemlich gut an.

Den im Grunde guten Neuigkeiten waren tatsächlich gute Neuigkeiten aus Kolumbien vorangegangen: 2015 wurde eine verschollen geglaubte Kolibriart wiedergefunden, nämlich in einer verlassenen Bergregion (auch Hochlandsteppe), Páramo genannt, dem Hinterland der Sierra Nevada de Santa Marta oberhalb der Baumgrenze, aber unterhalb der Schneegrenze im Norden des Landes. Der Blaubart-Helmkolibri aus dieser Region wurde zum ersten Mal 1880 beschrieben – es handelt sich um einen atemberaubenden Vogel mit gelb- und hellbraunem Körper, dessen

Name sämtliche Attribute seines Kopfes unter einen Hut zu bekommen versucht. Seine Augen umgibt eine dunkelbraune Partie, auf die ein schneeweißer Rahmen folgt, seine Stirnpartie ziert ein schwarz-weißer spitzer Kamm. Unter dem Schnabel glitzert ein Mittelstreifen aus saphirblauen Federn, der wieder weiß eingerahmt ist – der Blaubart.

Zwischen 1880 und 1946 wurden einige wenige Exemplare gesammelt, und bis heute befinden sich in Museen rund um den Globus etwa 60 Ausstellungsstücke. Nach 1946 verschwand der Vogel jedoch plötzlich und ward nie mehr gesehen. Zwischen 1999 und 2003 suchte man explizit nach Helmkolibris – vergebens. Wieder sah es nach einem potenziell verschollenen Kolibri aus, bis Carlos Julio Rojas und Christian Vasquez am 4. März 2015 das erste Exemplar seit 69 Jahren fanden. Rojas erinnerte sich: »Ich sah neben mir einen kreischenden Vogel aufblitzen, der nun in einem nahe gelegenen Busch hockte. Mir gelang ein Schnappschuss, bevor er weiterflog. Dann sah ich mir das Foto auf dem Display an und erkannte sofort, dass es sich bei dem auffällig gefiederten Vogel um einen der lange verschollen geglaubten Blaubart-Helmkolibris handelte – ich war außer mir vor Freude!«

Als sich die Nachricht verbreitete, ließ sie viele Vogelfans – darunter auch mich – ins Schwärmen geraten. In den Folgejahren machten sich die fest entschlossensten Vogelfreunde Kolumbiens und entfernterer Länder auf, um den langen Treck in die Heimat der Blaubart-Helmkolibris in der Sierra Nevada de Santa Marta zu wagen. Keine Straße führt in die Region, sie mussten hineinwandern oder hineinreiten, wobei sie die gesamte Ausrüstung plus Proviant auf den Schultern trugen. Die Wettersituation oben im Páramo kann binnen Sekunden umschlagen, und häufig wird es ungemütlich. Zudem leben dort die Kogi, ein indigenes Volk, auf deren Land die Blaubart-Helmkolibris heimisch und, mit viel Glück, zu beobachten sind, doch die Kogi haben heilige Orte, die niemand betreten darf.

Die Kogi leben äußerst abgeschottet und sind bekannt für eine tiefe Religiosität und extreme Naturverbundenheit. Verständlicherweise sind die Kogi Fremden gegenüber misstrauisch – was unsere Sorge um Mutter Natur angeht, haben sich die meisten von uns in der jüngsten Vergangenheit nicht mit Ruhm bekleckert. Sich selbst bezeichnen sie als »ältere Brüder« der Menschheit, die Hüter allen Lebens auf der Erde. In den späten 1980er-Jahren gewährten sie dem Historiker und Dokumentarfilmer Alan Ereira Zugang zu ihrer zurückgezogenen Gesellschaft, da sie zu dem Schluss gekommen waren, er könne ihre Botschaft in die Welt tragen. Sie war dazu gedacht, uns alle zu warnen – wenn wir eine ökologische Katastrophe abwenden wollten, müssten wir unser Leben radikal ändern und damit aufhören, die Natur auszubeuten.

Aus heutiger Sicht eine bemerkenswert vorausschauende Beobachtung. Bereits in den 1980er-Jahren fielen den Kogi Veränderungen in ihrem Heimatgebirge auf, die ihnen Sorge bereiteten. Ereira erklärte, die Kogi sähen die Welt als ein einziges Lebewesen, dessen Pflege ihnen aufgetragen war. Ihr gesamtes Leben war darauf ausgerichtet, Flora und Fauna zu schützen. Auch wenn sie sich wohl selbst nicht so bezeichnet hätten, waren sie eine im wahrsten Sinne des Wortes ökologische Gemeinschaft.

Es hat einen traurigen, ironischen Beigeschmack, dass Rojas und Vasquez den Blaubart-Helmkolibri wiederentdeckten, während sie eigentlich Schäden begutachten sollten, die dadurch entstanden, dass die Kogi Feuer legten, um zartes, kurzlebiges Weidegras für die Rinder zu erhalten, von denen ihre Nahrungsversorgung und ihr Handel abhingen. Man kann sich leicht vorstellen, wie sich diese Praxis auf die fragile Flora des Páramo auswirkt: Durch die wahllos gelegten Brände werden heimische Pflanzen und Flechten ausgelöscht und damit, was für die Kolibris besonders verheerend ist, die riesigen *frailejones*, Halbsträucher mit dicken Stämmen und grünlichen Blattkronen, von deren goldgelben, gänseblümchenartigen Blüten sich die Vögel ernähren.

Wenn ich an die Blaubart-Helmkolibris dachte, erfasste mich eine Weltuntergangsstimmung. Der Páramo besitzt eine einzigartige Biodiversität, der Santa-Marta-Gebirgszug ist etwa 100 Millionen Jahre älter als der Rest der südamerikanischen Anden. Die höchsten Gebiete der Sierra Nevada de Santa Marta wurden dementsprechend 1964 zum Nationalpark erklärt, aus dem 1979 ein UNESCO-Biosphärenreservat wurde.

Man möchte meinen, derlei Titel könnten dem Schutz der Gegend irgendwie dienlich sein, doch wenn man bedenkt, um was für eine abgelegene Region es sich handelt, ist es so gut wie unmöglich, die Brandaktivitäten der Kogi zu verhindern. Und aufgrund ihres Misstrauens gegenüber Fremden könnte eine Einmischung ebenso gut dazu führen, dass sich die Fronten verhärten, statt dass sich etwas ändert. Mir schwante, dass die Tage der Blaubart-Helmkolibris gezählt waren, denn ihr ohnehin schon winziger Lebensraum hoch oben im Gebirge würde mit der Zeit weiter schrumpfen und härter umkämpft werden. Sie zu Gesicht zu bekommen, wäre eine bittersüße, einschneidende Erfahrung, die ich mir von ganzem Herzen wünschte. Der Vogelfanatiker in mir sehnte sich danach, das Seltene vom Seltenen zu sehen, und der Romantiker in mir sehnte sich ganz einfach danach, einen Kolibri zu sehen, der verschollen gewesen und nun wiederaufgetaucht war.

Zu der Zeit meiner Reise war es für Besucher wie mich nicht machbar, die abgeschiedene Heimat der Blaubart-Helmkolibris auf der westlichen Seite des Santa-Marta-Gebirges zu erreichen. Stattdessen fuhren wir von Barranquilla aus in östlicher Richtung über die Mündung des Magdalena-Flusses, in dem seit 1993 die Flusspferdpopulation gedieh, der es nach dem Tod des berühmt-berüchtigten Drogenbarons des Medellín-Kartells Pablo Escobar gelungen war, aus dem Privatzoo seiner Hacienda

Nápoles zu entkommen, nachdem man sie tagelang nicht gefüttert hatte.

Unser Ziel war die El Dorado Reserva Natural, ein etwa 1000 Hektar großes Naturschutzgebiet, das von der größten kolumbianischen Vogelschutzorganisation geleitet wird, der Fundación ProAves.

Der Name El Dorado ist passend gewählt, denn es handelt sich tatsächlich um eine Schatzkammer der Biodiversität, die Berghänge zwischen 950 und 2600 Höhenmetern umfasst. Eine derartige Höhenlage bot zahlreichen Vögeln ein Zuhause, denn Südamerika war ein Kontinent, in dem es so viele Berge gibt, dass einige Kolibriarten je nach Jahreszeit von den Bergspitzen ins Tal umsiedeln. Die Voraussetzungen hier im Santa-Marta-Gebirge waren jedoch selbst für Kolumbien einzigartig, ja für den ganzen Kontinent. Wie die Sky Islands, die ich in der Sonora-Wüste in Arizona besucht hatte, waren die uralten Santa-Marta-Berge vom Rest der Anden abgeschnitten, die sozusagen das Rückgrat des Kontinents bildeten. Unter diesen Voraussetzungen waren der Evolution hier keine Grenzen gesetzt. Was noch außergewöhnlicher war: Ihre Ausläufer reichten beinahe bis zu den Stränden der Karibik, denn es handelt sich um das höchste Küstengebirge der Welt, mit einem einzigartigen Bergklima.

Während meines Aufenthalts durfte ich mich auf eine Reihe von Arten freuen, die in Kolumbien verbreitet waren, sowie auf zahlreiche einheimische Vögel, die nicht nur ausschließlich in dem Land vorkamen, sondern sogar nur in den Santa-Marta-Bergen und der sie umgebenden Küstenregion. Dann gab es noch einige Spezies, die nur in dieser Ecke von Kolumbien und im angrenzenden Venezuela lebten.

Natürlich waren darunter auch Kolibris. In und um El Dorado war mit so exquisiten Schmuckstücken wie dem Blassstirnkolibri, dem Weißschwanz-Andenkolibri, dem Schwarzrückenkolibri oder der besonders kleinen, aber feinen Santa-Marta-Elfe zu rechnen. Jeder von ihnen lebte in einer etwas anderen Höhenlage: der Blassstirnkolibri etwas tiefer als die anderen, Weißschwanz und Schwarzrücken in etwa auf Höhe der auf 1700 Metern gelegenen El-Dorado-Lodge, in der ich wohnte, und die Elfe, die ich mit etwas Glück sehen würde, noch etwas höher.

Einen Blassstirnkolibri aufzuspüren, stellte sich als besonders frustrierende Angelegenheit heraus. Die Straße hoch nach El Dorado ist genauso schlecht wie ihr Ruf, eine unmarkierte Buckelpiste, die obendrein während der Regenzeit zu einem Fluss wird. Selbst Allradantrieb reichte nicht aus, um über die großen Felsbrocken zu holpern. Um Reisende hoch nach El Dorado zu bringen oder noch höher bis zu dem auf 2700 Metern gelegenen Ende der Straße, gab es nur eine Handvoll ortskundiger Fahrer, die den Weg, der irgendwann jede Ähnlichkeit mit einer Straße verlor und nur noch als ausgetrocknetes Flussbett bezeichnet werden konnte, mit Heavy-Duty-Allradwagen bewältigten.

Mit weichen Knien stieg ich aus einem dieser Fahrzeuge und hatte noch keinen Schimmer von der quälenden Wackeltour, die vor mir lag. Wir hatten an einem kleinen abgelegenen Weiher neben der »Straße« haltgemacht. Gegenüber standen einige Bäume und eingeschossige Häuser mit Blechdächern, daneben ein kleiner Streifen kultiviertes Land, das von blühenden Sträuchern gesäumt wurde. Hier würden wir auf den Blassstirnkolibri warten.

Schnell war eine Stunde vergangen, in der mir meine erste Santa-Marta-Elfe begegnete – es war ein Weibchen, das sich durch das tiefe Brummen seiner Flügelschläge ankündigte. Santa-Marta-Elfen gehören zu den kleinsten Kolibris, ihr Körper ist kantig und kompakt, ihr Schwanz kurz und gezackt, und ihre Flügel sehen zu klein aus, als dass sie den Vogel tragen könnten. Doch ebendiese Flügel schlagen unfassbar schnell, etwa 75-mal pro Sekunde, was ein Summen entstehen lässt, das eher an Insekten erinnert als an einen in der Luft schwebenden Kolibri. Das kleine Wunder wird angetrieben von einem Herz, das 20-mal pro

Sekunde schlägt, das sind 1200 Schläge pro Minute. Zum Vergleich: Der durchschnittliche Ruhepuls eines Menschen beträgt etwa 80 Schläge pro Minute.

Sie labte sich am Nektar der langen, trompetenförmigen, orangefarbenen Blüten, und ihre Schönheit stand diesen beeindruckenden Vitalfunktionen in nichts nach – ihr Rücken war von metallischem Preußischblau, ihre Brust weiß mit zimtbraunem Bauch. Ihren Rumpf zierte ein schickes weißes Halsband, und ein weißer Streifen verlief von ihrem Auge hoch in ihren Nacken. Im Gegensatz zu vielen Kolibris, die so schnell wie möglich so viel Nektar wie möglich aufsaugen und wieder verschwinden, nahm sie sich bei jeder Blüte genügend Zeit, um sie zu erkunden, steckte ihren kurzen Schnabel und ihren Kopf tief hinein und arbeitete systematisch den Busch ab. Ich hätte ihr stundenlang zusehen können. Sie ließ mein Herz höherschlagen, wenn auch nicht auf Kolibritempo. Leider ging mir der Blassstirnkolibri nicht aus dem Kopf.

In regelmäßigen Abständen riss ich meinen Blick von ihr los und suchte mit dem Fernglas die umliegenden Büsche und Bäume ab, um entgegen aller Wahrscheinlichkeit doch noch die glänzenden Federn eines Blassstirnkolibris zu erblicken. Vor meinem Aufbruch nach Kolumbien hatte ich mich in Fotografien von Männchen dieser Art verloren, und vor meinem geistigen Auge konnte ich ihn bereits sehen, seinen bronzenen Mantel und die kupferfarbene Stirn, ein Kolibri wie ein spartanischer Krieger.

Doch das Bild, das ich mir von ihm gemacht hatte, war keine Hilfe. Als einer meiner Begleiter am anderen Ende der Büsche rief, er habe einen Blassstirnkolibri gesehen, ließ ich alles stehen und liegen und rannte los. Als ich ankam, blieb mir gerade noch genug Zeit, um die Silhouette des Vogels in den Baumkronen über uns verschwinden zu sehen. Ich war zu spät, und obwohl ich noch eine Weile wartete, kam er nicht zurück.

Auch wenn diese Begebenheit eine Lektion in Demut war, betäubten die nächsten Tage in El Dorado meinen Schmerz. Die Aussicht von der Veranda der Lodge war nahezu unerträglich schön – perlmuttfarbene Wolkenbänder umgaben waldbedeckte Bergketten, die parallel zum nur etwa 48 Kilometer unter uns befindlichen türkisfarbenen Wasser der Karibikküste am Horizont verliefen. Auf der Veranda selbst ging es lebhafter zu, dort tobten sich von früh bis spät Dutzende Kolibris an den Nektarspendern aus.

Ein Großteil der Vögel waren jadegrüne und azurblaue Berg-Veilchenohrkolibris, die um mich herum aufblitzten und einander von Zeit zu Zeit in der Luft taxierten. Schnabel an Schnabel hingen sie voreinander in der Luft und stellten bedrohlich ihre runden blauen Ohrendecken auf. Dunkler und größer waren die Rotschwanz-Degenflügel, deren Körper hauptsächlich in tiefem, intensivem Indigo gefärbt waren, mit grünen Flecken wie Ölschlieren. Weniger selbstbewusst als die Veilchenohren trauten sie sich nur zu sporadischen Kamikazeflügen an ihre Nahrungsquelle, ein dunkler Strich am Rande des Sehfeldes, der sich wieder zurückzog, ehe man einmal blinzeln konnte.

Auch Männchen und Weibchen der Santa-Marta-Elfen ließen sich ab und an blicken, doch es waren zwei andere heimische Arten, die allen die Show stahlen. Andenkolibris sind immer etwas Besonderes – sie erscheinen nie zahlreich, ganz gleich, welcher Spezies sie angehören, es sind elegante Vögel mit langen, feinen, geraden Schnäbeln, von sympathischer Schüchternheit, doch nicht so zurückhaltend, als dass sie zu beobachten eine frustrierende Angelegenheit für ihre Bewunderer wäre.

Einer von ihnen hockte im Unterholz neben den Nektarspendern, die von der El-Dorado-Verandadecke baumelten. Sein Körper schien dunkel zu sein, doch Bauch und Schwanz waren schneeweiß und verrieten ihn im satten Grün der Blätter, die ihn umgaben. Erst als ich ein Loch im Geäst gefunden hatte, konnte ich den ganzen Vogel sehen, als ihn dort im Herzen der Vegetation ein Lichtstrahl traf und ihn aufleuchten ließ: Sein Bauch glitzerte smaragdgrün, Kehle und Vorderstirn dagegen saphirblau. Für einen flüchtigen zufälligen Moment sah er aus wie aus Edelsteinen gemacht.

Ein anderer einheimischer Vogel, mit dessen Sichtung ich auf dieser Höhe nicht gerechnet hatte, war mutiger – ein Schwarzrückenkolibrimännchen. Natürlich hatte ich gehofft, ihn zu sehen, allerdings in den höchsten Höhen, doch da war er nun, an der Lodge, und saß jeden Tag oben in einem der Bäume, von denen die Veranda gesäumt wurde, und wagte sich in regelmäßigen Abständen an die Nektarspender. Seine Besuche dauerten jedes Mal eine Weile, er hockte in den Büschen neben den Spendern und beobachtete die anderen Kolibris mit einem Ausdruck, der durchaus von Verachtung zeugen mochte. Zu territorialem Hickhack und Kämpfen würde er sich nicht herablassen. Er schien schwarz vom Kopf bis zur Schwanzspitze, erst wenn er seinen Kopf in einem bestimmten Winkel drehte, blitzte ganz plötzlich seine große, blattförmige Kehle auf, ein fluoreszierendes, metallisches Schild, dessen Färbung von zitronengelb bis limettengrün reichte.

Obwohl das Santa-Marta-Gebirge mir den Anblick so vieler Arten geschenkt hatte, dürstete es mich nach jener Chimäre, die sich weit westlich von hier versteckt hielt. Ich hätte alles dafür gegeben, einen der lange verschollen geglaubten Blaubart-Helmkolibris zu sehen.

Als ich meine Rückkehr nach Kolumbien plante, kontaktierte ich Diego Calderón, dem der berühmte Blaubart-Helmkolibri-Schnappschuss gelungen war. Mit ihm hatte ich bereits vor meiner Anreise nach Santa Marta in der Gegend um Bogotá einige Tage auf der Suche nach Kolibris verbracht und mochte ihn sehr. Er war ein umgänglicher, freundlicher Mann mit silbrigen Strähnen in den dunklen Haaren, ein wunderbarer Begleiter in puncto Vogelbeobachtung und Gründer von Kolumbiens erstem Anbieter begleiteter Vogeltouren. Was für einen derart heiklen Trip in das abgelegene Gebiet der Kogi ebenfalls wichtig war: Diego besaß beste Verbindungen zu den richtigen Leuten in Kolumbien.

Als er im April 2004 noch Student an der Universität von Antioquia war und eine Feldstudie im Urwaldgebiet um Perijá durchführte, wurde er von den Fuerzas Armadas Revolucionarias de Colombia (FARC) entführt, jener von Fidel Castro unterstützten Miliz, die in einem langen, erbitterten Bürgerkrieg gegen die kolumbianische Armee kämpfte. Somit war Diego die zweite Person, die ich traf, die sich frühere FARC-Geisel nennen konnte: Auch der britische Orchideenjäger Tom Hart Dyke war im Jahr 2000 über neun Monate von FARC-Kämpfern festgehalten worden.

Als Diego gefangen genommen wurde, hatte er daran gearbeitet, biologische Wissenslücken über die Berggegend um Perijá zu füllen, die sich an die Grenze zu Venezuela schmiegt, wobei er es besonders auf einen Kolibri abgesehen hatte, das Rotschwanz-Glanzschwänzchen, das dort seit Jahrzehnten nicht mehr gesichtet worden war. Diego war für die Herausforderung, einen verschollenen Kolibri zu finden, genau der Richtige. Er erinnerte sich: »Die FARC hielt uns entweder für Militär oder paramilitärische Spione. Wir hatten eine GPS-Ausrüstung, Kameras, Ferngläser, Landkarten und Notizbücher mit Koordinaten und lateinischen Namen.«

In den drei Monaten, die man ihn festhielt, nutzte Diego seine Zeit dafür, jedes Stückchen Papier, das ihm in die Hände kam, mit den Namen der Vögel vollzukritzeln, die an ihm vorbeiflogen. Im November 2016 unterschrieben FARC und kolumbianische Regierung einen Friedensvertrag; der Bürgerkrieg, der über 40 Jahre getobt hatte, war vorbei. Im August 2018 begleitete Diego zehn frühere FARC-Kämpfer und 50 Wissenschaftler auf eine von den Vereinten Nationen unterstützte Friedensexpedition in den kolumbianischen Urwald nahe Anorí. Die früheren

FARC-Rebellen fungierten als wissenschaftliche Mitarbeiter und ortskundige Führer, da sie durch ihr früheres Leben als Outlaws die Gegend bestens kannten.

Die Expedition entpuppte sich als voller Erfolg, denn sie zeigte nicht nur dem eigenen Land und dem Rest der Welt, dass Kolumbien nach vorne schaute und zu einem sichereren, harmonischeren Ort wurde, auch auf wissenschaftlicher Ebene wurden Fortschritte gemacht. Das Team fand 14 bisher unbekannte Spezies: zehn Pflanzenarten, zwei Käfer, eine Eidechse und eine Baumwühlmaus. Obwohl sich unter ihnen kein Kolibri befand, war ich trotzdem beeindruckt. Diego war ein abenteuerlustiger, warmherziger Vogelkundler, und wenn es irgendwem gelingen würde, mir einen Blaubart-Helmkolibri zu zeigen, dann war er es.

Wir planten alles genau durch – alles war geregelt, Diego hatte Pferde und Campingausstattung organisiert, dazu ortskundige Männer, die uns auf unsere neuntägige Expedition tief in die Berge begleiten konnten. Monatelang dachte ich kaum an etwas anderes, und während der Tag meiner Abreise stetig näher rückte, wuchs meine Aufregung dementsprechend. Doch dann, drei Tage vor meiner Abreise, das Desaster: Ich hatte seit etwa zwei Wochen nichts mehr von Diego gehört, als sich meine Sorgen schließlich als berechtigt herausstellten. Ich wusste, dass er kürzlich in Uganda gewesen war, und sagte mir, dass er sich vielleicht auf der Heimreise befand. Eine Nachricht von ihm erklärte schließlich die Funkstille:

> Nach einigen harten Tagen bin ich gestern endlich aus dem Krankenhaus entlassen worden. Den vierundzwanzigsten und fünfundzwanzigsten Dezember habe ich auf der Intensivstation verbracht, weil mich diese verdammte afrikanische Malaria wirklich, wirklich abmurksen wollte. Kumpel, ich hab das Licht am Ende des Tunnels gesehen, glaub mir.

Die Sache ist, dass ich einfach nicht mit dir zum Páramo der Sierra Nevada fahren kann. Wenn es ein normaler Trip wäre, sagen wir 2000 Meter über Meeresspiegel, in einem Auto, dann ginge das, aber eine anstrengende Reise, nachdem ich einen erneuten schlimmen Malaria-Anfall hatte: Der Arzt sagt, das wäre Wahnsinn, und er hat recht. Ich kann nicht mitkommen.

Natürlich war ich froh, dass Diego diese plötzliche und gefährliche Erkrankung überstanden hatte, doch so kurz vor meiner Reise nach Kolumbien war seine Absage für mich eine Katastrophe. Nun waren mir bereits zwei verschollene Arten durch die Lappen gegangen, der Bogotá-Sonnenengel, der von der Wissenschaft entlarvt worden war, und der Blaubart-Helmkolibri, kurz vor dem Sichtungsversuch, einfach aus Pech. Hoffentlich würde ein anderer Kolibri meine Laune bald heben.

Mit seinen über 1900 bestätigten Vogelarten ist Kolumbien auf diesem Gebiet das artenreichste Land der Welt. Unter all diesen Vögeln befand sich auch ein weiterer verschollen geglaubter Kolibri, den ich in meinem Eifer, mich zu dem Dutzend Menschen zu zählen, die in den letzten vier Jahren einen Blaubart-Helmkolibri gesichtet hatten, übersehen hatte. Der Antioquiakolibri oder Grünmusketier ist ein Kolibri mit einem Gefieder, das wie eine gespaltene Persönlichkeit wirkt, genau wie sein Verhalten. Auf der einen Seite hat er einen dunklen Mantel und verkriecht sich gerne im Schatten elfenhafter Regenwälder. Wenn er sich jedoch erst einmal ins Freie traut, leuchten seine Federn auf wie das Grün einer polierten *kozane*-Rüstung eines Samurais. Auch er war seit einem halben Jahrhundert nicht mehr gesehen worden.

Melbourne Armstrong Carriker Jr. war ein Mann, der seit seiner ersten Reise nach Costa Rica 1901 als Sammler bis zu seinem Tod in Kolumbien 1965 für die Naturkunde das war, was Indiana

Jones für die Filmwelt darstellte. Aus heutiger Sicht ist er am besten bekannt für seinen riesigen Beitrag zu unserem Wissen über *Mallophaga* oder Kieferläuse – zu Lebzeiten beschrieb er zwei neue Familien, vier neue Unterfamilien, 53 neue Gattungen und Untergattungen, eine unfassbare Anzahl von etwa 900 neuen Spezies und Subspezies von Kieferläusen –, doch Carriker war von furchtlosem Charakter, seine Erkundungen von Nordkanada bis Bolivien waren abwechslungsreich und umfassend, sowohl hinsichtlich ihrer Länge als auch der gefundenen Arten. Wenn er nicht gerade Kieferläuse, Vögel oder Säugetiere für so altehrwürdige Institutionen wie das Carnegie Museum of Natural History oder das New Yorker Naturhistorische Museum sammelte, verbrachte er seine Zeit unter anderem als Elektriker, Obstbauer oder Zimmermann. Bis zu seinem Tod mit 86 Jahren sammelte er neues Material und veröffentlichte wissenschaftliche Artikel.

Am 17. Dezember 1951 sammelte Carriker Vögel in der Westkordillere der Anden, hoch über der Stadt Urrao, an den östlichen Hängen des Páramo de Frontino. An jenem Tag nahm er einen Kolibri mit, der sich für die Wissenschaft als Neuheit herausstellte, ein junges Antioquiakolibrimännchen. Zwei Jahre später beschrieb Alexander Wetmore ihn als neue Spezies, derselbe Alexander Wetmore, der 1947 Bruder Nicéforo Marías mysteriösen blauen Kolibri als neue Art beschrieben hatte, obwohl seine damaligen Kollegen der Ansicht waren, es handle sich um eine Kreuzung. Danach wurde kein Antioquiakolibri mehr gesichtet. Die folgenden Jahrzehnte waren in Kolumbien von besonders heftigen Auseinandersetzungen und Blutvergießen geprägt, die jeden vernünftigen Menschen davon abhielten, sich allein in die Wildnis durchzuschlagen, um einen seltenen Kolibri zu sehen.

Eine weitere Enttäuschung folgte, als Robert Bleiweiss, ein amerikanischer Ornithologe, Carrikers Vogel untersuchte. Zunächst stellte er fest, dass Wetmore ihn fälschlich für ein aus-

Die kubanische Bienenelfe gilt als der kleinste Vogel dieser Erde.

Der Antioquiakolibri oder Grünmusketier versteckt sich gerne im Dickicht von Regenwäldern, doch wenn er sich heraustraut, leuchten seine Federn auf wie eine glänzende Rüstung.

Die dunklen, moosbewachsenen Guangobäume auf der Ostseite der ecuadorianischen Anden beherbergen die Himmelssylphen, deren schlanke Schwanzfedern im Dunkel aufleuchten.

Die Santa-Marta-Elfe. Ihre Flügel schlagen unfassbar schnell, etwa 75-mal pro Sekunde.

Der Schneekappenkolibri. Auf den ersten Blick ist das Gefieder des Männchens von einem tiefen Bordeauxrot, doch bei genauerem Hinsehen ist es von Gold- und Bronzetönen durchzogen.

Das Gefieder des Brustband-Andenkolibris wirkt schwarz, bis es sich im Sonnenlicht als samtenes Tintengrün herausstellt.

Der Große Veilchenohrkolibri ist ein vorwitziger Vogel, dessen metallisch grasgrüne und himmelblaue Federn glänzen wie die Schuppen eines Fisches.

Der Schwertschnabelkolibri besitzt von allen Kolibris den längsten Schnabel.

Der Rotbrust-Brillantkolibri heißt im Englischen *Gould's Jewelfront*, benannt nach einem der wohl besessensten Kolibrifanatiker des viktorianischen London: John Gould.

Der Hyazinthkolibri ist schlichtweg ein Meisterwerk der Ästhetik und wird zurecht als einer der schönsten Vertreter der Kolibrifamilie gepriesen.

Die Violettscheitel-Flaggensylphe, die heute ausschließlich etwa 700 Kilometer nördlich von Lima im Tal des Río Utcubamba vorkommt, war seit ihrer Entdeckung unter Sammlern heiß begehrt.

Das Gefieder der Blauen Sonnennymphe ist von einem majestätischen Nachtblau, nicht ohne Grund wird sie auch Königsnymphe genannt.

Bronzeschwanz-Saphirkolibri

Zierelfe, auch Rotschopfelfe genannt

Etwa 400 Kilometer südlich von Lima finden sich auf dem Wüstenboden der Nazca-Hochebene Hunderte Geoglyphen – darunter auch ein Kolibri.

Die Schmetterlingselfe ist eine kleine Kolibriart, die in einem nicht sehr großen Gebiet an der Südostküste Brasiliens zuhause ist.

Senhor Jonas D'Abronzo bei der Pflege eines verletzten Weißkinn-Saphirkolibris.

Der Amethyststernkolibri in Zagas Garten war der zahmste Vogel, der mir in Brasilien begegnet war, er saß arglos auf seinem Ast und ließ sich von keinem Wässerchen trüben.

Der Breitschwingenkolibri fühlt sich sogar im Großstadtdschungel wohl.

Der Sägeschnabel-Schattenkolibri macht seinem Namen alle Ehre: Sein Schnabel trägt einen Widerhaken an der Spitze und winzige scharfe Kerben am Oberkiefer.

Der Alltag der herrischen Schwarzkolibris ist eine einzige Seifenoper aus heftigen Kämpfen untereinander und einer Nulltoleranzstrategie gegenüber allen anderen Kolibris.

Weißnackenkolibri, auch Jakobinerkolibri genannt

Juan-Fernandez-Kolibri (Männchen)

Juan-Fernandez-Kolibri (Weibchen)

Das Nest der Juan-Fernandez-Kolibris, die ausschließlich auf der Insel Robinson Crusoe vorkommen.

Der in Feuerland beheimatete Chilekolibri taucht auch in der Folklore der hiesigen Yámana auf, und zwar in Form von *Omora*, einem mutigen Kolibri, an den sich die Menschen in schweren Zeiten wenden.

gewachsenes Tier gehalten hatte. Tatsächlich wies der Schnabel jedoch Furchen auf, die nur Jungvögel auszeichneten. Offensichtlich hatte Bleiweiss ein gutes Auge für Details. Auch fielen ihm Bronzetöne an den oberen Schwanzfedern und dem Bauch auf – die in Wetmores Beschreibung nicht erwähnt worden waren, jedoch auf Jungtiere einer anderen Kolibrispezies hindeuteten, den Goldbauchmusketier.

Aufgrund seiner Beobachtungen und ohne Untersuchungsmöglichkeit eines ausgewachsenen Tieres gelangte Bleiweiss zu dem Schluss, den Antioquiakolibri als Unterart des Goldbauchmusketiers zu betrachten.

Wetmore vertrat also verständlicherweise einen gemäßigten, von Vernunft geprägten Ansatz, der dennoch den unwiderstehlichen Hoffnungsschimmer barg, es könnte jemandem gelingen, an der ursprünglichen Stelle, an der Carriker 1951 das Jungtier gefunden hatte, ein erwachsenes Tier aufzuspüren.

2004 brach eine Expedition auf, um genau das zu tun. Unter den Forschern waren Ornithologen von ProAves und der Universität von Kopenhagen. Am 9. August gelang es ihnen, ein ausgewachsenes Weibchen zu »sichern« – ein akademischer Euphemismus dafür, das Tier einzufangen und einzuschläfern. Auch beobachteten sie sechs weitere Exemplare in derselben Gegend. Zwei Wochen später sammelte eine eigenständige Expedition der kolumbianischen Universität von Antioquia zwei weitere Vögel, ein Männchen und ein Weibchen, in den Farallones del Citará, einem etwa 70 Kilometer südlich gelegenen Gebirge. Gemeinsam kamen die Forscher zu dem Ergebnis, dass es sich bei dem Antioquiakolibri tatsächlich um eine eigene Spezies handelte, da sie ihn nun mit ausgewachsenen Goldbauchmusketieren vergleichen konnten. Wetmore hatte zwar das Alter seines Vogels nicht richtig eingeschätzt, doch am Ende behielt er recht – der Antioquiakolibri war für die Wissenschaft eine neue Art, auch wenn sie 50 Jahre nach ihrer Entdeckung verschollen war.

Einziger Wermutstropfen dieser guten Nachricht, die 2005 in einem Artikel veröffentlicht wurde, war der Fakt, dass Antioquiakolibris nur an zwei Orten entdeckt worden waren, und der Páramo Frontino war reich an hochwertigem Gold, Zink und Kupfer. Dort glänzten also nicht nur die Kolibris, und es bestand bereits Interesse von Bergbauunternehmen. Die Autoren schrieben, dass die Region bisher durch die politisch instabilen Verhältnisse von ernsthaftem Abbau verschont worden war.

Eine Aussage, die auf Südamerika immer wieder zutrifft. Zwar haben Drogenhandel und politische Instabilität verheerende Auswirkungen auf das Leben der Bevölkerung betroffener Regionen, gleichzeitig verhindern sie die wirtschaftliche Entwicklung und Ausbeutung natürlicher Ressourcen. Wenn die Raffgier der Menschen freien Lauf hat, wird die Biodiversität weit häufiger angegriffen.

Inzwischen waren Antioquiakolibris noch an drei weiteren Orten in Kolumbien entdeckt worden, wurden jedoch auf der Roten Liste der IUCN als vom Aussterben bedroht angesehen, was bedeutete, dass es noch weniger als 250 Exemplare gab. 2005 unterstützte die American Bird Conservancy ProAves dabei, ein 730 Hektar großes Naturschutzgebiet im ursprünglichen Sichtungsgebiet auf dem Páramo Frontino aufzubauen. Die Reserva Natural de las Aves Colibrí del Sol feiert den spanischen Namen des Antioquiakolibris: *colibrí del sol*, Sonnenkolibri – ein Name, dessen Sinn sich mir wohl erst erschließen würde, wenn (besser: falls) ich ihn tatsächlich zu Gesicht bekommen könnte.

Zunächst plante ich jedoch etwa 250 Kilometer südlich der ProAves-Reserva in der Montezuma-Öko-Lodge, die etwas näher an Bogotá lag, haltzumachen. Angeblich sollte es dort Antioquiakolibris geben, doch wie Rob Williams, ein britischer Birder, der meine Leidenschaft für Kolibris teilte, mit schiefem Lächeln sagte: »Meiner Erfahrung nach laufen die Dinge in Kolumbien nicht so, wie man will.«

Diese weisen Worte gingen mir an meinem ersten Morgen in Kolumbien durch den Kopf, als ich nach Montezuma reiste. Ich war noch vor Sonnenaufgang aufgestanden und hatte mich um fünf Uhr früh in Begleitung eines anderen Gastes und unserer ortskundigen Führer in einen silberfarbenen Shogun-Geländewagen gequetscht – nicht *heavy duty* wie die Fahrzeuge in Santa Marta, aber dennoch ein beeindruckendes Metallmonster. Der Weg zur Spitze des Montezuma dauerte seine Zeit; wieder wäre die Bezeichnung »Straße« für die nicht asphaltierte, verkommene Piste zu freundlich ausgefallen. Hier und dort umfuhren wir frische, rötliche Erdrutsche. Yesennia, Bens Guide, erklärte uns, diese Erdrutsche seien im Primärwald der Anden ganz normal, sie helfen dabei, neues Wachstum und neue Lebensräume zu erhalten. Ben war ein amerikanischer Bioakustikingenieur, der auf eine Aufnahme davon hoffte, wie der Regenwald in der Dämmerung zum Leben erwachte.

»Gut, dass es dort oben eine Militärbasis gibt«, sagte Yesennia. »Die machen für uns die Straße frei.«

Nachdem wir Yesennia und Ben etwas weiter unten abgesetzt hatten, erreichte ich mit meinem Guide Fernando und unserem Fahrer Duverney besagte Militärbasis, als über den Anden das schillernde Dämmerlicht hereinbrach. Etwa 50 Meter über uns lehnte ein kolumbianischer Soldat im dunklen Schatten an einem verstärkten Bunker und starrte uns an. Auf mich wirkte die Szene bedrohlich, doch meine Begleiter schien es nicht zu stören. Ich lenkte meine Aufmerksamkeit auf eine Handvoll Nektarspender, die auf einer kleinen Lichtung am Rand der Bergspitze hingen. Vor uns erstreckte sich eine Kette stark bewaldeter Berghügel bis zum Horizont – ein exzellentes Habitat für Kolibris. Tatsächlich wurden die Spender bereits von hungrigen Grünband-Sonnennymphen und Brustband-Andenkolibris umschwirrt – die Sonnennymphen grün mit rubellitpinker Kehle, die Andenkolibris dagegen schienen schwarz und weiß im kühlen Morgenlicht.

Eine optische Täuschung, denn als die Sonne aufging und ihr Licht auf sie fiel, stellte sich das schwarze Gefieder als samtenes Tintengrün heraus. Vier oder fünf Exemplare beider Spezies stritten sich um die Spender, verscheuchten einander und kabbelten sich, die Andenkolibris hingen hoch über unseren Köpfen in der Luft, Schnabel an Schnabel, fächerten ihre Schwänze auf und kreischten herausfordernd.

»Da! Sieh mal, Jon! Am Spender!«

Fernando war ganz aufgeregt und deutete auf einen der Spender. War es etwa ein Antioquiakolibri, jetzt schon? So leicht konnte es doch nicht sein!

»Eine Kreuzung! Schnell, mach ein Foto!«

Ich war zu langsam, die Kamera für dieses plötzliche Drama noch nicht bereit. Der Kolibri trank schnell und flog über die Hügelspitze fort, verschwand in der Vielzahl von Bäumen aus unserem Blickfeld.

»Hast du gesehen? Er hatte den Schwanz von einem Fahlschwanzkolibri, aber den Kopf vom Rotstern-Brillantkolibri. Das ist eine Seltenheit!«

Zwar hatte ich den Vogel gesehen, doch ein Foto war mir nicht gelungen. Die Begegnung war zu flüchtig gewesen – fühlte sich jedoch trotzdem wie ein gutes Omen an. Ich fragte Fernando, wie häufig die Antioquiakolibris an die Spender kamen. Er druckste ein wenig herum.

»Zum letzten Mal waren sie im November hier, nur zweimal. Vermutlich sind sie hier in der Gegend, aber man müsste schon großes Glück haben, um einen von ihnen hier zu sehen. Dafür müsstest du schon nach Urrao …«

Ich gab mir Mühe, Fernando kein noch schlechteres Gewissen zu machen, als ich es ohnehin schon getan hatte, doch innerlich verlor ich den Mut. Wieder bescherten mir Kolumbiens verschollene Kolibris eine emotionale Achterbahnfahrt. Es verging noch ein wenig Zeit, in der Fernando verzweifelt versuchte, einen Antioquiakolibri anzulocken, indem er seinen Ruf abspielte. Doch das Geräusch hatte all den Regenwaldgeräuschen im Grün um uns herum nichts entgegenzusetzen. Es half alles nichts. Und noch immer warf uns der Soldat am Tor seinen grimmigen Blick zu.

»Jon … ich habe eine Idee. Ich habe einen *parcero*, einen Freund, der uns vielleicht einen Gefallen tut. Er ist auch ein Vogelguide. Ich könnte ihn anrufen und fragen, ob er dir in Urrao weiterhelfen kann.«

Er musste mich nicht zweimal fragen; ich klammerte mich an diese neue Chance. Es folgte eine Reihe von Anrufen, und schließlich bestätigte Arnulfo, dass er helfen könne und dass die ProAves-Lodge im Colibrí-del-Sol-Naturschutzgebiet sowohl Unterkunft als auch Pferde für den steilen Anstieg zum Páramo zur Verfügung stellen könnte. Es gab bloß ein kleines logistisches Problem: noch heute dorthin zu gelangen. Duverney sah auf seinem Handy auf Google Maps nach. Ein leichter oder schneller Weg existierte nicht.

»Es gibt Busse«, sinnierte er, »doch die sind sehr, sehr langsam. Mit dem Auto fährt man vielleicht acht, neun Stunden, mit dem Bus dauert es noch länger.«

Mir in dieser abgelegenen Gegend ein Auto zu mieten, kam nicht infrage. Arnulfo hatte nur am folgenden Tag Zeit – danach hatte er andere Tourverpflichtungen. Es klang so, als gäbe es keine Möglichkeit, bis zum Abend nach Urrao zu kommen. Duverney und Fernando saßen neben dem Shogun auf der Wiese und sprachen leise miteinander. Dann ging Duverney das kurze Stück bergauf in Richtung Armeebasis und tätigte einen weiteren Anruf. Reglos lehnte der Soldat an der Brüstung und beobachtete uns, und als praktischerweise zwei Schwalbenweihe über uns hinwegzogen, nutzte ich die Gunst der Stunde, um mein Fernglas so zu heben, als folgte ich ihnen, doch tatsächlich warf ich einen kurzen Blick auf ihn. Ich kam mir vor wie ein Idiot, als ich erkannte, dass es sich um eine kunstvoll drapierte Armeejacke auf einem Holzrahmen handelte, die Mütze tief über die Überwachungskamera gezogen, die seinen Kopf bildete. Duverney hatte seinen Anruf beendet und stieg zu uns herab.

»Wenn du willst, kann ich dich hinbringen. Arnulfo holen wir auf dem Weg ab.«

Das war ein unglaublich großzügiges Angebot. Mir war klar, dass Duverney vermutlich die Arbeit des nächsten Tages für mich sausen ließ, ganz abgesehen von dem Kraftakt, den es bedeutete, die Strecke von 300 Kilometern zu überwinden, die über schlechte, kurvige Pisten an den vielen Bergen und Hügeln vorbeiführte, die vor uns lagen. Doch dies war nicht der Augenblick für reumütige Zurückhaltung. Ich sagte auf der Stelle zu, und wir bestiegen den Shogun, um eine halsbrecherische Talfahrt zur Lodge anzutreten, ehe wir nach Urrao aufbrachen.

Duverney stellte sich als hervorragender Fahrer heraus, wenn auch nicht für schwache Nerven – auf den nicht befestigten Straßen driftete er mit dem schweren Shogun um Kurven und schlidderte über loses Geröll und Schlamm, sogar wenn es bergab ging. Er fuhr durchgehend mit derselben Geschwindigkeit und malträtierte seine Bremsen. Wir sammelten Arnulfo vom Straßenrand ein, einen fröhlichen und extrem sympathischen Mann Anfang 30, bevor wir immer weiter gen Norden fuhren und nur anhielten, um ein kurzes Mittagessen am Straßenrand einzunehmen, mit Blick auf den einsamen Wipfel des Cerro Batero, einen mit Felsen überzogenen Finger, der aus der von Bäumen überwachsenen hügeligen Landschaft herausragte. Auf seiner Spitze erhob sich ein großes eisernes Gipfelkreuz. Ich fragte mich, wie man es dorthin gebracht hatte, und meine Begleiter erzählten, wenn man fest entschlossen war, gab es Metallleitern und Sprossen im Gestein, mithilfe derer man zu dem 1800 Meter hohen Gipfel kraxeln und das Eisenkreuz berühren konnte.

Nein, danke.

Selbst während des Essens hielt Arnulfo ständig Ausschau nach Vögeln und machte zu Fernandos großer Freude eine Art aus, die Fernando noch nie gesehen hatte: eine Goldkopf-Buschammer. Mir fiel es unterdessen schwer, den Blick von den kleinen blauen Schmetterlingswolken abzuwenden, die zu unseren Füßen von der Wiese aufstiegen. Natürlich musste ich an Vladimir Nabokov denken. Während Melbourne Armstrong Carriker Jr. Mitte des 20. Jahrhunderts in Südamerika auf der Pirsch nach unbekannten Kieferläusen war und dabei den Antioquiakolibri entdeckte, verbrachte der Autor von *Lolita* Tage damit, nach neuen südamerikanischen Arten von Bläulingen (*Lycaenidae*) zu suchen.

Nabokov war nicht wissenschaftlich ausgebildet und musste zu Lebzeiten die Missgunst der Forschergemeinschaft über sich ergehen lassen, die seine Arbeiten zu Schmetterlingen als weniger wertig befand als ihre eigene. Seine Studie von 1945, »Notes on Neotropical Plebejinae«, war ein großer Durchbruch bezüglich der Taxonomie blauer Schmetterlinge, wurde jedoch vom wissenschaftlichen Establishment größtenteils ignoriert. Erst in den 1990er-Jahren reiste ein Forscherteam nach Südamerika, um die von Nabokov erwähnten blauen Schmetterlinge zu studieren, und stellte fest, dass dessen taxonomischer Ansatz weitaus genauer gewesen war als alles, was selbst nach seinem Tod offiziell anerkannt wurde. Mittlerweile gibt es in Peru und Chile blaue Schmetterlingsarten, die zu Ehren Nabokovs die Namen Lolita, Kinbote und Pnin tragen. Nabokov hatte mir trotzdem immer leidgetan, da er zu Lebzeiten zwar ein gefeierter Schriftsteller war, ihm jedoch die Anerkennung für seine Arbeiten über Schmetterlinge verwehrt blieb. Er sagte von sich selbst, er liebe die Vermischung von Dichtung und Wissenschaft und könne das ästhetische Vergnügen, einen gewissen Schmetterling zu sehen, nicht von dem wissenschaftlichen Vergnügen unterscheiden, ihn genau zu bestimmen.

Ich wusste genau, was er meinte.

Nachdem die Nacht hereingebrochen war und wir uns auf dem letzten gewundenen Stück Bergstraße nach Urrao befanden, pendelte sich das Höhenmeter um 2200 Meter ein, und ich fragte mich, ob es Nabokov auf seinen Schmetterlingsreisen auch einmal passiert war, dass ihm das Herz in die Hose rutschte, denn so ging es wohl sämtlichen Insassen des Shogun, als dessen geschundene Bremsen vollends den Geist aufgaben. Die letzten 30 Kilometer krochen wir im Schneckentempo bis nach Urrao, Duverney bediente sich geduldig der Motorbremse, um unsere Geschwindigkeit den Kurven und Abhängen anzupassen.

Trotzdem näherten wir uns schneller, als uns lieb war, einem von einem Erdrutsch betroffenen Hang. Eine Weile fuhren wir eng an die aufgeschüttete Erde gedrückt, während sich auf der anderen Wagenseite, wo ich saß, nur ein gähnendes schwarzes Nichts auftat – der Erdrutsch hatte die halbe Straße mit sich gerissen. Weit, weit unter uns glitzerten vereinzelt die Lichter der Häuser wie ein Sternenhimmel im Tal. Keiner von uns sagte ein Wort.

Am nächsten Morgen brachte mich ein Taxi in Begleitung von Arnulfo zu einem etwas außerhalb von Urrao gelegenen Fanggehege für Rinder. Von dort aus wollten wir die Wanderung hoch zur ProAves-Lodge antreten, von der aus wir schließlich den restlichen Aufstieg zum Páramo mit Pferden zurücklegen würden. Als wir im Mondlicht über die Rinderweiden gingen und später, als der Tag anbrach, entlang eines rauschenden Flusses mit riesigen Felsen einen dicht bewachsenen Wald durchquerten, machte mir nicht nur meine 15 Kilo schwere Fotoausrüstung zu schaffen, die ich auf dem Rücken schleppte, sondern auch die Höhe, in der ich mich befand. Die Lodge lag 2850 Meter hoch – das war ich von den Shetlands, meiner Heimat auf Meeresspiegelniveau, nicht gewohnt. Ich war, wie man so schön sagte, aus der Puste.

Einige Stunden später überquerten wir den Fluss, indem wir von einem ausgewaschenen Felsen zum nächsten sprangen, und erreichten die kompakte, senfgelbe Lodge, die sich etwas oberhalb des Flusses an die Berghänge schmiegte. Schon bei unserer Ankunft wurden wir von Kolibris begrüßt – fünf Nektarspender hingen in einer Reihe unter der mit grauen Flechten überzogenen hölzernen Dachgaube, deren Rand nach oben gebogen war wie bei japanischen Tempeln. Etwa 20 Kolibris hielten gleichzeitig an den Spendern ihre Messe ab. Ich sah Grünband-Sonnennymphen und Fahlschwanzkolibris, doch auch ein paar neue Gesichter: surrende Weißbauchelfen, Samtbauchkolibris mit elegant gebogenen Schnäbeln, Berg-Veilchenohrkolibris und Große Veilchenohrkolibris, die sich durchgehend zankten, und die Bösewichte aus der Bogotá-Sonnenengel-Geschichte, die Himmelssylphen, deren unglaublich lange Schwanzfedern wie grüne Neonblitze schimmerten, wenn sie sich ihren Weg durch die schwebenden, schnatternden Vögel bahnten.

Wir entschlossen uns, eine Pause einzulegen, und hofften darauf, dass sich der erste Antioquiakolibri gleich hier zeigen würde. Ich nickte wieder ein. Arnulfo sah ein Männchen und rief nach mir, doch ein Spender versperrte mir zunächst den Blick. Als ich endlich auf den Beinen war, war der Vogel verschwunden. Frustriert machte ich mich bereit, in höhere Höhen aufzubrechen. Um zu Kräften zu kommen, nahmen wir ein einfaches Frühstück aus Reis, einem kleinen Stück Schinken und einem dünnen, angebräunten *Arepa* – Maisküchlein – zu uns, dann wurde es Zeit, die Pferde aufzusatteln und zum Rand des Páramo hinaufzuklettern.

Da ich vor über 25 Jahren zum letzten Mal auf einem Pferd gesessen hatte, war mir bei dem Gedanken zunächst etwas mulmig, doch da ich nun nicht mehr die schwere Ausrüstung schleppen musste, schob ich meine Bedenken beiseite. Mit den Pferden würden wir auf dem letzten Stück der Strecke noch einmal 750 Höhenmeter überwinden, und ich war Riesenpferd für jeden einzelnen Schritt dankbar. Ich traute mich nicht, Jair, den wortkargen Pferdepfleger, Koch und Verwalter der Lodge, zu fragen, ob mein Pferd einen Namen hatte, doch irgendwie musste ich es ja nennen, wenn das hier funktionieren sollte. Es war riesig und ein Pferd, damit stand der Name fest.

Während unseres Aufstiegs sah ich nur einen einzigen Kolibri, ein kurzes Aufblitzen einer Grünband-Sonnennymphe, und erst als wir endlich unser Ziel erreicht hatten – zwei Nektarspender, die an einem steilen Hang auf einer kleinen Lichtung unter ein paar hohen Bäumen hingen –, weitere Vögel. Natürlich gab es auch hier Grünband-Sonnennymphen und Brustband-Andenkolibris, die mir bereits am Vortag oben an der Montezuma-Straße begegnet waren. Unter normalen Umständen wäre ich begeistert gewesen, doch sie waren nicht der Grund für meinen Besuch. Nachdem er eine Weile geduldig mit mir gewartet hatte, schulterte Arnulfo einen Jutesack mit frischem Zuckerwasser und bedeutete mir, dass er noch höher gelegene Spender auffüllen würde.

Nun war ich an jenem Ort alleine, an dem Melbourne Armstrong Carriker Jr. vor 70 Jahren zum ersten Mal einen Antioquiaakolibri gesehen hatte. Ich versuchte mir vorzustellen, wie er sich gefühlt haben mochte, als ihn die Erkenntnis traf, dass er gerade etwas ihm Unbekanntes vor Augen hatte. Jemand, der wie er Kolumbien so ausführlich bereist hatte, muss augenblicklich gewusst haben, dass dieser Moment etwas ganz Besonderes war.

Ich musste meine Fantasie nicht lange bemühen, da flog gleich vor mir auch schon etwas Dunkles über die Lichtung. Allein am Geräusch erkannte ich, dass es sich hier um einen völlig anderen Kolibri handelte, einen, den ich zuvor nicht gesehen hatte. Fast schien er zu klappern, so als würden die schwirrenden Flügel regelmäßig gegeneinanderprallen. Wären Kolibris Motoren, so wäre dies der kraftvolle, verheißungsvolle Klang eines V8-Motors. Der Vogel verschwand tief im Unterholz neben der Lichtung und zog sofort die Aufmerksamkeit der bereits anwesenden Grünband-Sonnennymphen auf sich. Diese kräftigen kleinen Vögel hatten bereits die letzten 20 Minuten damit verbracht, einander in ihren Futterpausen zu bekriegen. Hier schien es um mehr zu gehen als die Verteidigung einer Futterquelle – ihr bloßer Anblick schien ihnen untereinander verhasst zu sein. Der neue Störenfried, der sich tief in die Vegetation zurückgezogen hatte, wo ich ihn nicht sehen konnte, entging ihnen nicht. Einer von ihnen stürzte sich ins Unterholz auf den Eindringling. Ich hörte hektisches Treiben aus den Büschen, bevor die Sonnennymphe, der offensichtlich eine Lektion erteilt worden war, wieder ins Freie stürzte und auf der anderen Seite der Lichtung landete.

Instinktiv wusste ich, was ich zwischen den Blättern sehen würde, wenn ich nur freie Sicht bekäme, ohne den Vogel zu stören. Ganz sicher saß dort mein Antioquiakolibri. So langsam es nur ging, schlich ich über die Lichtung, um einen anderen Blickwinkel zu finden, bis ich endlich knapp über dem Boden einen dunklen Vogel erkannte. Ich hob das Fernglas an die Augen, und da war er. Pechschwarz, mit einem langen, geraden, dünnen Schnabel und glänzenden Achataugen, mit denen er mich aufmerksam ansah. Er neigte ein wenig den Kopf, und seine Kehle leuchtete kobaltblau auf, während seine Stirn goldgrün funkelte. Eine winzige Bewegung genügte, und der ganze Vogel fing an zu glänzen – an seiner Brust- und Bauchpartie erstrahlten irisierende Federschuppen in Dutzenden limettengrünen Farbnuancen. Er sah außerirdisch aus, als wäre ein glänzender Kolibrigott auf die Erde gefallen. Ich traute mich kaum zu atmen.

Ich verlor mein Zeitgefühl. Wahrscheinlich saß er nicht länger als eine oder zwei Minuten dort, doch die Minuten dehnten sich zu einem unendlichen Moment. Als er losflog und mich aus seinem Bann entließ, landete ich wieder im Hier und Jetzt. Dieser Vogel verkörperte eine solche Romantik, eine Sehnsucht und Historie, dass sein Anblick anders als der aller anderen vorherigen Kolibris gewesen war.

Ich stand am Rand der Lichtung, und all die Strapazen, die verworfenen Pläne, der Aufwand an Zeit und Geld, um hierherzukommen, zu einem abgelegenen Hang der Anden im Nordwesten von Kolumbien, all das schien mir plötzlich bedeutungslos und kleinkariert, es aufzurechnen. Als Arnulfo wiederkam und mich dort sitzen sah, muss er gespürt haben, dass etwas anders war. Vermutlich merkte er es an meinem breiten Grinsen.

»Hast du ihn gesehen, den Antioquiakolibri?«, fragte er. Ich bejahte, doch die Sichtung zu bestätigen, wurde dem Erlebnis nicht annähernd gerecht. Ich erzählte ihm, dass ich den Vogel gehört hatte, bevor ich ihn sehen konnte. Arnulfo nickte enthusiastisch.

»Sí, muy fuerte!«, pflichtete er mir bei. »Sehr stark!« Sehr stark traf den Nagel auf den Kopf. Das hier war eine sehr starke Erfahrung gewesen, wie eine starke Droge – ich hatte Puddingbeine, und das lag nicht nur an der Höhe, auf der wir uns befanden.

Wir blieben noch einige Stunden dort am Berg und sahen das Männchen noch einige Male, einmal schnappte es sich sogar aus der Luft eine Fliege. Nur einmal leistete ihm ein weniger farbenfrohes Weibchen an derselben Stelle im Unterholz Gesellschaft, um sich das flinke Männchen anzusehen. Nichts kam an die magische Euphorie heran, die mir ihr Anblick bescherte, noch nicht einmal ein Schwertschnabelkolibri, der einmal kurz über mir in der Luft hing. Sein nahezu anmaßend langer Schnabel war herrlich, aber kein Vergleich zum Glamour des Antioquiakolibripärchens.

Auf dem Rückweg bahnten wir uns mit den Pferden den beschwerlich steilen Weg zurück zur Lodge. Ihre Hufe rutschten auf den losen Steinen, während sie sich vorsichtig vorwärtstasteten. Ich lehnte mich im Sattel zurück und konzentrierte mich einigermaßen darauf, hängende Äste aus meinem Gesicht zu halten, doch ich war noch immer tief in Gedanken versunken. Erst als wir die Lodge erreicht hatten und ich abgestiegen war, kam ich wieder vollends in der Realität an, denn als ich zu den Nektarspendern gehen wollte, fand ich auf dem Pfad zu meinen Füßen einen Kolibri, ein Grünband-Sonnennymphen-Männchen. Es lag reglos da, also hob ich den Vogel auf. Eines seiner kleinen Augenlider schien kaum merklich zu flattern. Aus der Nähe betrachtet, entweder auf Fotos oder wie ich es nun in natura tun konnte, haben die Augenlider der Kolibris winzige, aber gut sichtbare Kerben, die so aussehen, als hätten sie einige Schichten Mascara aufgetragen. Ich konnte sie bei dem Vogel in meiner Hand deutlich erkennen. Es war das erste Mal, dass ich einen Kolibri berührte, doch noch war ich nicht sicher, ob er noch lebte oder tot war. Ich nahm ihn zu einem der Spender mit und tunkte seinen Schnabel in einen der Zugänge, über denen die Kolibris üblicherweise schwebten. Seine Kehle pulsierte, und er öffnete eines seiner Augen, nur für einen Moment, bevor er es wieder schloss. Er war noch am Leben, gerade eben so.

Kolibris müssen tagsüber regelmäßig Nahrung zu sich nehmen. Hinzu kam, wie ich gesehen hatte, dass einige von ihnen miteinander rangeln und sich bekriegen, allen voran die Grünband-Sonnennymphen. Ich vermutete, dass er mit einem anderen Vogel zusammengeprallt war und nun, da seine Energiereserven verbraucht waren, nicht mehr in die Luft kam. Wieder ließ ich ihn trinken, und diesmal drückte einer seiner Flügel gegen meinen Daumen. Ich öffnete die Hand und hoffte, er möge wegfliegen, doch nur einer seiner Flügel flatterte, und so musste ich die Hand schnell wieder schließen, damit er mir nicht auf den Boden fiel.

Ich befürchtete, er könnte sich bei dem Sturz oder Missgeschick, das sich zuvor zugetragen hatte, den Flügel gebrochen haben. Doch die nähere Untersuchung ergab, dass dem nicht so war. Der fragliche Flügel lag wie gewöhnlich an seinem Körper, wurde jedoch vom Fuß des Vogels am Schlagen gehindert, denn dieser hatte sich fest um die langen Handschwingen gekrallt. Kolibrifüße erfordern Fingerspitzengefühl, und so brauchten wir eine Weile, um die kleinen Krallen zu lösen und den Flügel zu befreien. Nun wechselten wir uns mit der Fütterung ab und betteten den Vogel zwischendurch in einem Behelfsnest aus Taschentüchern, das wir auf einem Tisch gleich hinter der Tür zur Lodge gebaut hatten. Im einen Moment war er noch da, dann war er plötzlich fort und konnte sich wieder zu seinen luftigen Artgenossen gesellen.

Als die Dämmerung hereinbrach, saß ich einfach da und beobachtete die Nektarspender. Gerade ging es hoch her, denn sämtliche Kolibris der umliegenden Gegend kamen, um ihre Energiereserven für die kalte Nacht noch einmal aufzufüllen. Besonders die Sonnennymphen sah ich mir genau an und fragte mich, welche von ihnen wohl »mein« Vogel war. Ich fühlte mich mit ihm verbunden. Die verschollen geglaubten *colibrís del sol* hatten mir an diesem Tag eine beinahe transzendente Erfahrung beschert, und irgendwie kam es mir passend vor, dass auch ich einem ihrer Brüder hatte helfen können.

Erst als wir nach Urrao zurückkehrten, wurde ich ziemlich harsch wieder auf den Boden der Tatsachen zurückgeholt. Einer der Guides, Alfonso Rodriguez, war am Tag vor unserer Ankunft kurz vor der Stadtgrenze ermordet worden, nur wenige Meilen von uns entfernt. Unbekannte hatten ihn bei der Rückkehr vom Páramo vor den Augen seiner Gäste erschossen. Angeblich handelte es sich bereits um den sechsten Mord innerhalb von Antioquia seit Beginn des Jahres. Wir schrieben den zwölften Januar.

Der Vorfall war eine grausame Erinnerung an die Tatsache, dass Kolumbien sich zwar verändert und seine dunkle Vergangenheit hinter sich gelassen hatte, doch manchmal überschattete jene Vergangenheit noch immer die Gegenwart. Ich liebte dieses Land bedingungslos, nicht nur wegen der Kolibris, sondern auch wegen seiner warmherzigen Bewohner und, ja, auch für seine Gegensätze. Auf der langen, ereignisreichen Fahrt von Montezuma nach Urrao waren wir an vielen Häusern vorbeigefahren, die mit Stacheldraht umzäunt waren und bewiesen, dass Sicherheit hier nicht von ungefähr kam. Doch gleichzeitig hatten sich die Bewohner die Zeit genommen, den Stacheldraht sorgfältig in derselben fröhlichen Farbe ihres Zuhauses anzustreichen, das sie zudem mit strahlenden Blühpflanzen in Hängekörben geschmückt hatten. Als ich mich bei Fernando und Duverney für ihre Hilfe bei der Suche nach den Antioquiakolibris bedankte, fragte ich sie, warum sie meinetwegen so große Mühen auf sich genommen hätten. Meine Frage war ihnen sichtlich unangenehm und ließ sie ratlos wirken.

»So ist das in Kolumbien. Wir helfen gerne, und wir wollen, dass Gäste sehen, dass dies ein gutes Land ist. Wir wussten, wie wichtig es dir war, die Vögel zu sehen, also haben wir alles getan, um dir zu helfen.«

Der Flughafen von Bogotá heißt El Dorado, und als ich dorthin zurückfuhr, ließ mich die unerwartete Freundlichkeit und Großzügigkeit meiner kolumbianischen Freunde an den Mythos der legendären Stadt aus Gold denken, die ebenfalls den Namen El Dorado trug. Jahrhundertelang übte diese Legende eine unwiderstehliche Anziehungskraft auf die Europäer aus, was wohl einiges über ihren Durst nach Reichtum und Macht aussagt und über ihre Sicht von Südamerika als Schatzkammer, die es so gut wie eben möglich auszuräubern galt.

Der spanische Konquistador Jiménez de Quesada unternahm zwei Expeditionen nach Kolumbien, um die unschätzbaren Reichtümer von El Dorado aufzuspüren. Von den 900 Mann, die 1537 zur ersten Expedition aufbrachen, kamen nur 166 zurück. Doch Quesada ließ sich nicht abschrecken und kehrte 1569 zurück, diesmal mit noch mehr Männern, 2000 an der Zahl. Von ihnen überlebten nur 37. Es wird vermutet, Quesada habe vielleicht Miguel de Cervantes als Vorlage für seinen Don Quichotte gedient. Fest steht jedenfalls, dass Quesada auf seinen donquichottischen Entdeckungsreisen die fein gearbeiteten Goldwaren aus dem kolumbianischen Königreich der Muisca bewundern konnte.

Über die Muisca gab es ausreichend Berichte aus erster Hand, um die Gier europäischer Entdecker jahrhundertelang zu befeuern. Die Krönungszeremonie des Muisca-Königs beinhaltete angeblich, dass der neue König nackt, aber von Kopf bis Fuß goldstaubgepudert auf einem Floß auf einen heiligen See hinausfuhr und dem Wasser zahlreiche Goldgegenstände als Opfer darbot. 1537 stieß Quesada auf den Guatavita-See, auf dem dieses Ritual abgehalten wurde. Jahrhundertelang wurden Versuche unternommen, diesen See trockenzulegen, um die Reichtümer zu bergen, die sich auf seinem Grund befanden. Zwar waren sie nur mäßig erfolgreich, trotzdem wurden beträchtliche Mengen an Gold gefunden.

Alexander von Humboldt, der eher für seine Beiträge zur Wissenschaft bekannt ist als für seine Raffgier, errechnete 1801, der See könne Gold im Wert von 300 Millionen Dollar enthalten. Für die Europäer zählte einzig der Geldwert, der unter der undurchsichtigen Wasseroberfläche verborgen lag oder in einer unauffindbaren Stadt aus Gold – sie waren blind für das, was wirklich zählte.

Für die Muisca war nicht der materielle Wert des Goldes wichtig, sondern seine spirituelle Kraft und die Verbindung zu den Göttern. Deshalb war es ein begehrter Rohstoff, der von Muisca-Goldschmieden kunstfertig bearbeitet wurde. Und so jagte den Schätzen ein nicht abreißen wollender Strom von Europäern hinterher – aus niederen Beweggründen.

Vielleicht bestanden zwischen diesem kulturellen Missverständnis und meiner Erfahrung Parallelen. Ich wollte lieber nicht zu lange darüber nachdenken, dass auch ich mit einem unstillbaren Verlangen nach Kolumbien gekommen war, wenn auch nicht nach Gold, sondern nach Kolibris. Ich konnte mich damit trösten, dass ich nichts anderes mitnahm als meine Erfahrungen und ein paar Fotos und nur meine Fußspuren hinterließ. Andererseits wusste ich genau, dass kein britischer Vogelnarr oder kolumbianischer Fahrer beinahe elf Stunden Buckelpiste auf sich genommen hätte, nur um einem Touristen zu helfen, den er kurz zuvor kennengelernt hatte. Derartige Großzügigkeit schien mir Seltenheitswert zu haben, doch für diese freundlichen jungen Kolumbianer hatte es sich um eine Selbstverständlichkeit gehandelt. Ich hatte in Kolumbien mehr als nur meine verschollen geglaubten Kolibris gefunden – ich nahm auch eine neue Wertschätzung für dieses wunderbare, komplexe Land und seine Einwohner mit nach Hause.

6

Der Federnhandel

Diverse Orte, Ecuador, am Äquator

Kolumbien war der perfekte Einstieg in die Artenvielfalt der südamerikanischen Kolibris gewesen. Ich hatte mit eigenen Augen gesehen, wie sich manche Spezies darauf eingestellt hatten, ausschließlich in der glorreichen Einsamkeit winziger Gebiete zu leben, und hatte einen ersten Vorgeschmack auf das gewaltige Füllhorn all der Spezies bekommen, die sich hier auf relativ kleiner Fläche finden ließen.

Um weitere Entdeckungen zu machen, wollte ich die Anden in südlicher Richtung hinunterreisen, von Kolumbien aus nach Ecuador. Dort würde ich auf eine Gruppe anderer leidenschaftlicher Kolibriliebhaber treffen und mit ihnen auf eine von Paul Greenfield, dem Autor des ultimativen Vogelführers *Birds of Ecuador*, geführte Tour gehen. Acht Tage lang würden wir im Norden Ecuadors sowohl Ost- als auch Westhänge der Anden erkunden. Die Entscheidung dazu fiel mir leicht. Zwar gibt es durchaus Birder, die über organisierte Touren ein wenig die Nase rümpfen, doch in einem Land wie Ecuador, das so reich an Kolibris ist, konnte ich mir keinen besseren Weg vorstellen, mich völlig in diesen Reichtum zu versenken. Auch war ich neugierig darauf, andere Menschen kennenzulernen, die den Kolibris ebenso hoffnungslos verfallen waren wie ich.

Auf zwei Arten war ich besonders gespannt. Bei einer von ihnen, dem Hyazinthkolibri, handelte es sich schlichtweg um ein Meisterwerk der Ästhetik. Regelmäßig wurde er als einer der schönsten Vertreter der gesamten Kolibrifamilie gepriesen und zählte insofern, wenn man mich fragte, zu den schönsten Vögeln der Welt. Der Rotbrust-Brillantkolibri hingegen, auch Juwelenkrönchen genannt, heißt im Englischen *Gould's Jewelfront*, benannt nach einem der wohl besessensten Kolibrifanatiker des viktorianischen London: John Gould. Seinen ersten lebendigen Kolibri bekam er erst 1857 mit 52 Jahren in Philadelphia zu Gesicht, doch zu diesem Zeitpunkt war Gould den Kolibris bereits seit vielen Jahren so sehr verfallen, dass sie ihn ganz und gar in Beschlag nahmen – und das ist eine recht drastische Aussage über jemanden, der bereits zu Lebzeiten in der ganzen Welt als »der Vogelmann« bekannt war.

Gould hatte sein Arbeitsleben eigentlich als Gärtner begonnen, machte sich jedoch im Alter von 20 Jahren als Tierpräparator selbstständig – eine Entscheidung, die durch das zunehmende Interesse der gehobenen Mittelschicht an ausgestopften Vögeln und Säugetieren als Dekoration ihrer Eigenheime ein stetes Einkommen bedeutete. Gould war offenbar begabt in seinem neuen Handwerk, denn kaum drei Jahre später wurde er der erste Kurator und Präparator des Museums der Zoological Society of London, die den Londoner Zoo gründete. Diese neue Position bedeutete, dass Gould plötzlich einen steten Strom an Sammlungen von Vogelexemplaren aus der ganzen Welt auf den Schreibtisch bekam. Viele davon waren im Vergleich zu den eher unauffälligen europäischen Spezies wahnsinnig schön: Paradiesvögel aus Neuguinea, Papageien aus Australien und Kolibris aus Südamerika. Mit demselben Unternehmergeist, der ihn vom Gärtner zum Tierpräparator gemacht hatte, erkannte Gould neue geschäftliche Möglichkeiten.

Über einen Zeitraum von 20 Monaten zwischen 1831 und 1832 verfasste Gould das Buch *A Century of Birds from the Himalaya Mountains*, das auch 80 von seiner Frau Elizabeth, einer talentierten naturkundlichen Künstlerin, angefertigte Farbdrucke enthielt. Die Eheleute scheinen über die Taxidermie zueinander gefunden zu haben, und auch Elizabeths jüngerer Bruder Charles arbeitete in London als Tierpräparator. Angeblich soll Elizabeth zunächst von der Durchführbarkeit des Projektes nicht überzeugt gewesen sein, als Gould ihr seine Pläne mitteilte. Als sie ihn fragte, wer denn bitte die wichtige Aufgabe übernehmen solle, die vielen Illustrationen vorzubereiten, soll Gould in dem brüsken Ton geantwortet haben, für den er später einmal berühmt werden sollte: »Na, du natürlich.«

In den kommenden Jahren folgten noch weitere Werke. Insgesamt verfasste Gould 15 naturkundliche Bücher in 49 Einzelbänden, 41 davon zu Vögeln, die mit der Zeit neben Elizabeth von einem zusätzlichen Künstlerteam illustriert wurden. Unter den Künstlern war auch Edward Lear, den Gould angeblich nahe dem Zoologischen Garten im Regent's Park entdeckt hatte, als er gerade damit beschäftigt gewesen war, Papageien zu zeichnen. Lear war das 20. Kind eines gescheiterten Geschäftsmannes, litt an Asthma, Epilepsie und erdrückender Schüchternheit, sodass es vielleicht wenig überraschte, dass sein Plan, eine monatliche Papageienmonografie herauszubringen, nicht vom gewünschten Erfolg gekrönt war. Derlei Dinge überließ man lieber scharfsinnigen, zuversichtlichen Geschäftsleuten wie John Gould.

Gould heuerte Lear ausgiebig als Künstler für *The Birds of Europe* und *The Family of Toucans* an, doch 1836 kündigte Lear seinem Auftraggeber und begründete die Entscheidung mit seinem schwindenden Augenlicht: »[Meinen Augen geht es] leider sehr viel schlechter, bald werde ich außer dem Strauß keinen Vogel mehr erkennen.«

Lear malte auch weiterhin Vögel und Landschaften, sodass seine Sehkraft wohl nur ein Vorwand für seinen Rückzug von Gould gewesen sein kann. Dieser besaß unter seinen Zeitgenossen einen zweifelhaften Ruf – zwar war er ein geschätzter Taxidermist und Ornithologe, jedoch auch für seinen Mangel an Taktgefühl berühmt. Wer ihn, wie Lear, geschäftlich kennenlernte, begegnete ihm mit gemischten Gefühlen. In seinen späten Jahren beschrieb Lear Gould als egoistisch, besessen von gut gemeinten Taten und schlechten Manieren. Ein Paradebeispiel dafür liefert *The Family of Toucans*: In der zweiten Ausgabe entfernte Gould die Signaturen Lears von sämtlichen Abbildungen, die er geliefert hatte.

1841 verstarb Elizabeth und ließ Gould mit ihren sechs kleinen Kindern zurück, doch diese unerwartete Herkulesaufgabe schien ihn in seiner Arbeitswut nicht zu bremsen, im Gegenteil: Gould schwang sich durch diese neue Verantwortung zu neuen Höhen auf. Als er wenige Wochen nach Elizabeths Tod an seinen Freund William Jardine schrieb, schien er gemäß seiner Art eher um die mit ihrem Ableben verbundenen praktischen Probleme bemüht als um die emotionale Belastung, die ihr Tod für die Familie bedeuten musste.

> Der Verlust meiner wirklich sehr effizienten Gehilfin wird mich mit Blick auf die Zeichnungen in große Schwierigkeiten stürzen, und auch wenn ich glücklicherweise sagen kann, dass ich über Nachwuchskünstler verfüge, die für alle Arbeiten geeignet sind, so benötigen sie dennoch sehr viel genauere Zeichnungen und meine ständige Überwachung der in Arbeit befindlichen Illustrationen.

Gould veröffentlichte in den folgenden Jahren weiterhin in beachtlichem Tempo, während sich ein neues Hobby ausbildete, das wieder einmal sein Interesse an Vögeln im Allgemeinen mit seinem Gespür für den schnellen Schilling vereinte. Gould hatte angefangen, Kolibris zu sammeln, und zwar mit manischem Eifer.

Dabei handelte es sich nicht um lebende Kolibris, sondern um tote Exponate, deren winzige Körper über einem Ofen getrocknet und anschließend zusammen mit Kampfer verpackt nach Übersee verschickt wurden, damit sie konserviert blieben. Als das Ehepaar Gould eine Zeit lang in Australien lebte, um Nachforschungen für *The Birds of Australia* anzustellen, schrieb Elizabeth Briefe nach Hause, in denen bereits durchklang, dass sie bei ihrem Ehemann etwas von dessen engstirniger, unsentimentaler Sammlernatur bemerkt hatte. Sie sorgte sich über die schiere Menge an Vogelexponaten in seinem Besitz und schrieb: »Schon jetzt erweist er sich als großer Feind des gefiederten Volkes.«

Zunächst diente Goulds Kolibrisammlung wohl ausschließlich seinem persönlichen Genuss und brachte ihm eine gewisse Befriedigung, wie es bei vielen wohlhabenden Sammlern jener Zeit der Fall war. Als der Ziergärtner und Kolibrisammler George Loddiges 1846 starb, gab es für Gould kein Halten mehr. In seiner Einleitung zu *A Monograph of the Trochilidae, or Family of Humming-Birds* gibt Gould selbst zu: »Erst nach Mr. Loddiges' Ableben fasste ich den Entschluss, die Sammlung anzulegen, die noch heute in meinem Besitz ist und mittlerweile jede andere bei Weitem übertrifft, sowohl in der Anzahl unterschiedlicher Arten wie auch an Exemplaren.«

Elizabeth sollte mit ihrer Bemerkung recht behalten, denn Gould legte eine Kolibrisammlung an, die ihn durch ihren schieren Umfang zu einem unübertroffenen Feind dieser Vögel machte. Als er 1861 starb, umfasste Goulds Sammlung die unfassbare Anzahl von 1500 montierten und 3800 unmontierten Kolibriexemplaren. Seine Tochter Lizzie blickte auf ihre Kindheit zurück mit den Worten: »In meiner frühen Erinnerung war der Salon eigentlich ein sehr schöner Raum, doch als die Kolibrisammlung meines Vaters wuchs [...] konnte man sich kaum noch darin bewegen. Das Zimmermädchen durfte ihn nur zu seltenen Anlässen mit Staubwedel und Besen betreten, sodass er nach einiger Zeit nicht mehr präsentabel war.«

Der bloße Besitz einer derart riesigen Sammlung war Gould natürlich nicht genug. Er wusste nur zu gut, dass sich aus einer derart farbenfrohen Vogelfamilie finanzielle Vorteile schlagen ließen – schon allein dadurch, dass er andere Sammler kannte, die ganz verrückt nach Kolibris waren. Seine Monografie *Family of Humming-Birds* erschien periodisch zwischen 1849 und 1861 und wurde nach altbewährter gouldscher Methode an Abonnenten verkauft. 1851 erkannte er das Werbepotenzial der Londoner Weltausstellung. Die Great Exhibition, deren Schirmherr Prinz Albert war, war die erste einer ganzen Reihe von Weltausstellungen: Publikumsmagneten des 19. Jahrhunderts, die schwerpunktmäßig technischen Neuheiten und, in geringerem Umfang, Kultur und Künsten gewidmet waren. Im Crystal Palace des Hyde Park stellte Gould einige Seiten aus *Family of Humming-Birds* aus und gab sich als Erfinder aus, der zum ersten Mal Blattgold für die Farbdrucke verwendet hatte, um den Glanz des Gefieders darzustellen. Dieselbe Technik hatte der französische Naturforscher und Autor Jean Baptiste Audebert allerdings bereits ein halbes Jahrhundert zuvor verwendet – eine Tatsache, die Gould in seinem Verlangen, an der Weltausstellung teilzunehmen, geflissentlich unter den Tisch fallen ließ. Weiterentwickelt hatte die Technik ein junger Kolibrienthusiast aus den USA, William Baily, indem er Blattgold, Gelatine und Pigmente in Honig zusammenmischte, um die opulenten Farben und den Glanz des Gefieders auf Papier nachzuahmen. Gould korrespondierte mit Baily ausführlich über dessen künstlerische Innovationen, kam jedoch nicht auf die Idee, den jungen Mann in seinem Buch lobend zu erwähnen.

Gould nutzte die Popularität und den Andrang der Weltausstellung und ließ im Zoologischen Garten im Regent's Park vorübergehend ein Gebäude errichten, in dem er seine inzwischen recht ansehnliche Kolibrisammlung ausstellte. 24 Drehvitrinen ließ er hierfür anfertigen, in denen die Vögel in lebensechten

Posen gezeigt und mit speziellen Lichtstrahlern beleuchtet wurden, um den Glanz des Gefieders zu betonen. Die Besucher des Zoologischen Gartens mussten noch einmal einen »Sixpence drauflegen«, um Eintritt zu »MR GOULD'S Humming Birds« zu erhalten. Über 75.000 Besucher kamen in seinen Pavillon im Regent's Park, darunter auch Charles Dickens und Königin Victoria. Gould hatte mit seiner Ausstellung schwarze Zahlen geschrieben und sicher einige neue Abonnenten von *Family of Humming-Birds* dazugewonnen.

Gould widmete die Veröffentlichung der Queen, auch wenn er 1850 in einem Brief herumprahlte: »Humboldt hat versprochen, die Königin von Preußen als Abonnentin der Humming-Birds zu gewinnen. Die Königin von Sachsen, die Prinzessin zu Wied und einige andere adlige Damen, für die das Werk ganz besonders geeignet ist, kann ich bereits zum Kreis der Interessierten zählen.«

Von Goulds kaltherzigem Geschäftspragmatismus ahnte die britische Königin glücklicherweise nichts, und nachdem sie die Kolibriausstellung im Regent's Park besichtigt und die juwelenartigen Vögel bewundert hatte, schrieb sie in ihr Tagebuch: »Man kann sich nichts Lieblicheres als diese kleinen Kolibris vorstellen, ihre Vielfalt und den unglaublichen Glanz ihrer Farbenpracht.«

Charles Dickens unterdes nannte Goulds Kolibris »Schweife des Morgensterns«. Nachdem er Gould persönlich getroffen hatte, beschrieb er ihn und den Kolibrisammler an sich in einem Artikel. Dickens erzählt, begonnen habe Goulds Sammlung mit »einem kleinen Schaukasten der schönsten und ungewöhnlichsten Exemplare, ausgewählt aus der einen oder anderen Glasglocke in unseren Kuriositätenläden«. Und später:

> [Er] kaufte manch ein Exemplar für ein paar Pence, ein anderes wiederum für einige Guineas. Sie kommen aus Südamerika und von den Antillen; mal in Paketen, mal in Briefen, die nur einen einzigen Vogel enthalten.

> Der glückliche Besitzer seltener Arten macht sich bei Naturforschern aus aller Welt einen Namen. Und derjenige, der ein Exemplar sein Eigen nennt, das als einzigartig gilt, wird mit demselben bewundernden Neid betrachtet wie der Besitzer eines echten Correggio.

Auch der berühmte viktorianische Kritiker und Gelehrte John Ruskin besuchte die Ausstellung und bedauerte hinterher, sich nicht der Ornithologie, sondern der Mineralogie gewidmet zu haben. »Hätte ich mich den Vögeln verschrieben«, so Ruskin, »ich hätte wohl etwas von Wert hervorgebracht. Hätte ich nur einen Kolibri fliegen sehen, so wäre für mich ein neues Leben angebrochen.«

Goulds Bücherverkauf haben derlei lobende Worte sicher nicht geschadet, was ihm wiederum erlaubte, seine Sammlung zu vergrößern. Dickens bewunderte zwar nicht nur die Vögel, sondern auch Gould, betonte jedoch immer wieder, die Kolibris seien eine Schöpfung Gottes. »Wundersames Werk des Schöpfers!«, gemahnte er. »Studiert die nützlichen und schmückenden Erfindungen der zivilisierten Welt, doch studiert in diesen winzigen Vögeln auch das göttliche Zutun.«

Dieses Statement findet sich so ähnlich auch in *Der Raritätenladen*, als der Notar Mr. Witherden »die Gipfel der Alpen auf der einen und den Kolibri auf der anderen Seite« zu den »nobelsten Schöpfungen Gottes« rechnet. In einer ironischen Wendung würden Vögel einige Jahre später eine Hauptrolle spielen, als Charles Darwin *On the Origin of Species* (*Die Entstehung der Arten*) veröffentlichte und darin die Prinzipien der Evolution darlegte, wie er sie verstand, und damit die gottesfürchtigen Gelehrten seiner Zeit gehörig konsternierte, für die der göttliche Ursprung der Schöpfung bis dato eine unantastbare Tatsache gewesen war. Gould war es, der 1837, als er für die Zoological Society of London arbeitete, gebeten wurde, die Vogelarten zu identifizieren, die Darwin von den Galapagosinseln mitgebracht hatte. Zu Darwins großer Überraschung waren die Vögel, die er für Schwarzdrosseln und Finken gehalten hatte, tatsächlich »eine Reihe Grundfinken, so andersartig, dass sie eine eigene neue Gruppe aus zwölf Spezies bilden«.

Die Bestimmung dieser Finkenspezies wurde zu einem zentralen Aushängeschild der darwinschen Evolutionstheorie. Leider hatte Darwin es mit der Beschriftung nicht so genau genommen, als er die Vögel auf Galapagos gesammelt hatte, und nun konnte er die einzelnen Finken nicht mehr exakt den einzelnen Inseln zuordnen. Nachdem Gould ihn auf die Wichtigkeit der Finken aufmerksam gemacht hatte, musste sich Darwin für die Fallstudie in seinem Schlüsselwerk von Kapitän Fitzroy und der Crew der HMS Beagle weitere Exemplare schicken lassen, diesmal mit genauen Daten über ihre Herkunft. Im Gegensatz zu Gould, der die Beteiligung seiner Künstler zu seinen eigenen Veröffentlichungen unerwähnt ließ, würdigte Darwin in seinem Werk ausdrücklich Goulds Beitrag zu *Die Entstehung der Arten*.

Darwin hatte die Finken, die ihn später weltberühmt machen sollten, also zunächst unterschätzt. Einer seiner erbittertsten akademischen Gegner jedoch, der Duke of Argyll, kam in seinem Buch *Reign of Law*, das zum Teil dazu gedacht war, Darwins Evolutionstheorie zu widerlegen, zu einer besonders himmelschreienden Fehlannahme, was Kolibris betraf. Der Duke bestritt die Existenz der Evolution keineswegs, nur war Gott in seinen Augen ihr Architekt, es gebe unanfechtbare, von Gott gegebene Gesetze, und eines davon laute: »Ein Vogel kann niemals rückwärtsfliegen.« Er gab zu, Kolibris erweckten den *Anschein*, rückwärtszufliegen, dies tatsächlich anzunehmen, sei jedoch ein Logikfehler des Beobachters: »Ein Vogel mag sich rückwärtsfallen lassen, indem er seine Flügelschläge verlangsamt und sie sein Gewicht somit nicht mehr tragen. Kurz gesagt […] fällt der Kolibri nach unten, er fliegt nicht rückwärts.«

2017 gab die Huntingdon Library, Art Museum, and Botanical Gardens in Kalifornien für eine Ausstellung namens *Visual Voyages: Images of Latin American Nature from Columbus to Darwin* zwei Repliken von Schaukästen aus Goulds Kolibrisammlung in Auftrag. Die Präparatorin Allis Markham beauftragte einen Tischler, der für jede Vitrine ein entsprechendes Holzunterstück herstellen sollte, und lernte selbst schweißen, um eigenhändig die Gestelle der Vitrinen anfertigen zu können. Die Ausstellungsstücke wurden vom Moore Laboratory of Zoology bereitgestellt, das über umfassende Sammlungen des amerikanischen Ornithologen, Dichters, Geschäftsmannes und Philanthropen Robert Moore verfügte. Selbst heutzutage vermag eine statische Ausstellung toter Kolibris Besucher in ihren Bann zu ziehen und mit Bewunderung zu erfüllen, genau wie vor 150 Jahren.

Seinen ersten lebenden Kolibri erblickte Gould schließlich, nachdem er mit seinem Sohn in die USA gereist war, am 21. Mai 1857 in Bartram's Garden in Philadelphia: einen Rubinkehlkolibri. In den folgenden Tagen sah er in Washington, D. C., noch viele mehr. Er erinnerte sich:

> Eine Zeitlang war mir einer der Kolibris auf der anstrengenden Reise auf Straße und Schiene ein ständiger Begleiter; am Ende gelang es mir, ein Pärchen lebendig auf die britischen Inseln zu bringen, und einer der Vögel überlebte bis London, wo er mir noch zwei Tage Gesellschaft leistete, bevor er in Ermangelung des notwendigen Klimas oder der passenden Nahrung verstarb.

Gould hielt jenen ersten Begleiter in einem kleinen Leinenbeutel, ein dünner Walknochen sorgte für ein wenig Platz für den gefangenen Vogel. Den Beutel trug Gould an ein Knopfloch seines Mantels gebunden, er schmückte seinen Träger wie eine lebende Taschenuhr. Erwähnt werden sollte, dass Gould, nachdem er seinen ersten lebenden Kolibri gesehen hatte, die Vögel wie

Maschinen beschrieb, »die von einer kräftigen Feder angetrieben wurden«.

Gerne würde ich glauben, dass Gould, nachdem er so viele Jahre tote Kolibris gesammelt hatte, beim Anblick ihrer lebendigen Gegenstücke endlich verstand, dass seine Ausstellungsstücke zwar schön, jedoch nur ein blasses Abbild dieser Vögel in freier Natur waren. Da er auch weiterhin seine weit reichenden Kontakte in den Amerikas nutzte, um seiner Sammlung in den folgenden Jahrzehnten mehr und mehr Exemplare hinzuzufügen, nehme ich an, dass sein Verlangen, lebendige Kolibris nach England zu befördern, seinen Grund darin hatte, dass dies eine lukrative Einnahmequelle darstellte. Diese Art, einen lebendigen Kolibri öffentlich mit sich herumzutragen, während er etwa 2415 Kilometer quer durch die USA zurücklegte, zeugt von einem erwerbssüchtigen Mann, der die Natur als eine Ressource betrachtete, die es auszustellen und auszunutzen galt. In dieser Hinsicht änderte sich Gould zeitlebens nicht.

Gould war im Übrigen nicht der erste Engländer, der versuchte, lebende Kolibris nach Großbritannien zu bringen. Der erste, 1801 von John Latham dokumentierte Versuch war zwar ebenfalls kurzlebig, aber etwas erfolgreicher als der von Gould ein halbes Jahrhundert später. Latham schrieb:

> Ein junger Gentleman hatte das Glück, wenige Tage bevor er auf Jamaika die Segel gen England setzte, ein Kolibriweibchen zu finden, als er einen Ast abschnitt, und brachte alles mit sich an Bord.
>
> Das Weibchen wurde recht zahm, wollte beständig mit Honig gefüttert werden und brütete auf der Überfahrt zwei Jungvögel aus. Die Mutter indes überlebte nicht lang, doch ihre Brut wurde nach England gebracht und überlebte einige Zeit im Eigentum der Lady Hamond. Sir H. Englefield, Baronet, und Colonel Sloane wurden beide Zeugen des Spektakels. Sie er-

zählten mir, dass diese winzigen Kreaturen bereitwillig mit ihren Schnäbeln Honig von den Lippen der Lady Hamond tranken. Einer von beiden überlebte nicht lang, doch der andere überdauerte mindestens die ersten zwei Monate nach seiner Ankunft.

Von georgianischen Damen, die gern einmal einen Vogel von ihren Lippen trinken lassen wollten, bis hin zu edwardianischen Playboys, die ihren Reichtum zur Schau stellen wollten, das Verlangen, lebendige Kolibris zu sehen, riss in Großbritannien nicht ab. Im frühen 20. Jahrhundert gab der edwardianische Textilerbe Sir George Bullough ein kleines Vermögen dafür aus, die Hebrideninsel Rùm in den ultimativen aristokratischen Rückzugsort zu verwandeln, mit einem eigens errichteten Schloss aus rotem Sandstein, in dem eine riesige, eigentlich von Königin Victoria in Auftrag gegebene Dampforgel stand, mit der sich ein 40-stimmiges Orchester nachahmen ließ. Ebenfalls auf dem Grundstück befand sich ein beheiztes Vogelhaus, das dafür angelegt war, Paradiesvögel aus Neuguinea und Kolibris aus den Amerikas zu beheimaten.

Aufzeichnungen darüber, ob dieses Unterfangen bei einer der beiden Vogelfamilien von Erfolg gekrönt war, existieren nicht, doch Mitte des 20. Jahrhunderts waren einige britische Aussteller scharf darauf, ihren Gästen lebendige Kolibris zu präsentieren. Guyana, das vor seiner Unabhängigkeit 1966 Britisch-Guayana hieß, war ein beliebtes Jagdrevier von Zoos, die darauf hofften, der zahlenden Öffentlichkeit etwas von der südamerikanischen Fauna darbieten zu können.

Gerald Durrell sammelte 1950 dort und brachte verschiedenste Arten von Vögeln und anderen Tieren nach Großbritannien, um sie den dortigen Zoos zum Kauf anzubieten. In dem für ihn typischen vereinnahmenden, nachdenklichen Stil schrieb er von seinen Bemühungen in Südamerika, sich um die eingefangenen Kolibris zu kümmern. Alle zwei Wochen brachte ihm ein Jäger einen Käfig mit fünf bis sechs Vögeln, denen Durrell geduldig beibrachte, aus kleinen Gläsern zu trinken, die ein Gemisch aus Honig, Wasser und ein wenig Babynahrung enthielten. Da auf diese Art Hefen in den Mix gelangten, war es wenig verwunderlich, dass das Gebräu in der Hitze der Tropen schnell sauer wurde. Er notierte, dass die Vögel nach jeder neuen Lieferung binnen zwei Tagen so zahm wurden, dass sie sogar auf seinem Finger saßen, wenn er die Gläser im Käfig frisch befüllte.

Durrell sollte später das Zooformat völlig revolutionieren. Er gründete einen Zoo auf der Insel Jersey, der auf den Artenerhalt ausgelegt war, mit Brutprogrammen für vom Aussterben bedrohte Tiere, die wieder ausgewildert werden sollten, er bot Schulungen zum Artenerhalt in der Wildnis an und brachte Menschen Tierhaltung und Umweltschutz bei, während Besuchern gleichzeitig eine wichtige Message zum Artenerhalt vermittelt wurde. Zwar waren auch die Besucher wichtig, doch sie waren dem erklärten Ziel des Zoos untergeordnet, und dieses lautete: Artenerhalt. Nach Durrells Tod 1995 beschrieb David Attenborough ihn als einen »Abtrünnigen, der recht hatte. Er war wirklich seiner Zeit voraus«.

Auch Attenborough sammelte Kolibris, was mich einigermaßen überraschte, da ich in den 1970er-Jahren das Licht der Welt erblickt und den berühmten Mann hauptsächlich als Fernsehmoderator und Dokumentarfilmer zu Wildtieren und Naturschutz erlebt hatte. Zu Beginn seiner Karriere bei der BBC arbeitete Attenborough gemeinsam mit dem London Zoo an einem neuen Fernsehformat – *Zoo Quest* dokumentierte Tierfangexpeditionen in unterschiedlichen Ländern auf der ganzen Welt, wobei Attenborough hautnah mit dabei war und vor der Kamera stand. Die erste Expedition führte ihn nach Sierra Leone, die zweite nach Britisch-Guyana.

Eines Abends näherte sich Attenborough dort ein schüchterner Junge mit Blasrohr über der Schulter und reichte ihm einen kleinen Stoffbeutel. Darin befanden sich einige Kolibris, die noch im Flug von der Wachsspitze eines Pfeils des Jungen betäubt worden waren. Unter ihnen war ein Schmuckelfenmännchen – eine auffällige Art mit lang abstehender orangefarbener Federkrone, die an David Bowies Haare zu Ziggy-Stardust-Zeiten erinnerte. Auf eine Sichtung dieses Vogels hatte Attenborough auf dieser Reise am meisten gehofft, und ihn überkam eine Mischung aus Freude und Bestürzung – Letzteres, da er nicht das nötige Equipment mit sich führte, um die Vögel in Gefangenschaft zu füttern. Er improvisierte und bastelte einige Nektarspender aus Bambus, die jedoch mehr schlecht als recht funktionierten und aus denen das Zuckerwasser fröhlich herauslief. Schweren Herzens entließ er die Vögel am nächsten Morgen in die Freiheit – sie flogen gut bei Kräften in den Wald hinein und ließen ihn, so Attenborough, erleichtert zurück.

Gould, der 100 Jahre vor Attenborough Kolibris sammelte, schrieb ebenfalls lobend über den Gebrauch von Pfeilen und Blasrohren, um Vögel einzufangen, ohne dabei ihrem Gefieder großen Schaden zuzufügen:

> Es wurden allerlei Absurditäten darüber in die Welt gesetzt, wie diese Vögel in unsere Vitrinen gelangen. Häufig wird behauptet, sie würden mit Wasser oder Sandkörnern geschossen. Soweit mir bekannt, wird von derlei Mitteln niemals Gebrauch gemacht, sondern von Schrot. 10er- oder 11er-Schrot eignet sich am besten zu diesem Zweck. Kleinere Kaliber zerschneiden und verletzen das Gefieder häufig so stark, dass das Exemplar so gut wie gar nicht mehr von Wert ist.
>
> Weit häufiger jedoch kommen kleine Tonkugeln aus dem Blasrohr zum Einsatz, eine Waffe, welche die Indianer und manch ein Europäer mit absoluter Treffsicherheit beherrschen.

Bei diesen Worten Goulds wird wieder einmal deutlich, dass es ihm darum ging, seiner Sammlung das perfekte Exemplar hinzuzufügen. Ähnlicher Schrot kam bei Schmetterlingssammlern in den Tropen zum Einsatz – das erste Exemplar der größten Schmetterlingsart der Welt, des Königin-Alexandra-Vogelfalters, wurde in Neuguinea von Albert Meek aus den Baumwipfeln über seinem Kopf abgeschossen. 1906 dem Zoologen Walter Rothschild präsentiert, existiert es noch heute im Londoner Naturhistorischen Museum, inklusive der Schrotlöcher in seinen 20 Zentimeter breiten Flügeln, die den Falter damals, hilflos wie Ikarus, zur Erde fallen ließen. Natürlich ging die Nachfrage für weniger beschädigte Exemplare dieser seltenen Art durch die Decke. Der Autor John Fowles, der in Frankreich und Griechenland wilde Orchideen sammelte, bemerkte einmal beißend: »Alle Sammler naturkundlicher Art sammeln schließlich dasselbe: den Tod des Lebendigen.«

Wenn man bedenkt, wie viele Kolibris den Schrotflinten europäischer Sammler zum Opfer gefallen sein müssen, da sie das Blasrohr nicht beherrschten, entbehrt es nicht einer gewissen Ironie, dass eine der begehrtesten Schrotflinten aller Zeiten den Namen Hummingbird Gun trägt. Sie wurde in den 1990er-Jahren für den Flintenhersteller Westley Richards über mehrere Jahre von dem Graveur Rashid El Hadi hergestellt, das fertige Produkt von schmerzhafter Schönheit, selbst für einen Naturforscher, der strikt gegen die Tötung von Tieren als Zeitvertreib ist. Die Waffe ist geschmückt mit Gravuren von Kolibris in Gelb-, Weiß- und Roségold, die detailverliebt gearbeitete Blüten umschwirren und von überaus detaillierten Federn eingerahmt werden.

Jahre nach Vollendung der Hummingbird Gun erfuhr diese Geschichte eine merkwürdige Wendung, durch die plötzlich die Kunst das Leben imitierte. Ähnlich wie der Fall des Harlekinkolibris – des gefälschten Vogels, der das Ornithologenestablishment jahrelang an der Nase herumführte – tauchte im September

2014 bei dem Auktionshaus Rock Island in Illinois ein Paar Westley-Richards-Schrotflinten auf. Zwar waren sie deutlich weniger detailreich gestaltet, ähnelten dem Original jedoch auffällig – sie waren ebenfalls mit fliegenden Kolibris über Blüten verziert, eingerahmt von Federn. 2019 wurden sie bei einem anderen Auktionshaus erneut angeboten, wobei ihre Herkunft nun deutlich geschönt war: Morphy Auctions in Pennsylvania beschrieb sie als extrem seltenes Westley-Richards-Paar, bekannt als »die Hummingbird Guns«, deren goldenes Inlay und Gravur von den Werken von Martin Johnson Heade inspiriert sein sollten.

Heade war ein amerikanischer Künstler und Kolibrifanatiker des 19. Jahrhunderts, dessen Bilder von Orchideen und Kolibris in der zweiten Hälfte des 20. Jahrhunderts eine Renaissance erlebten und sich großer Beliebtheit erfreuten. Zu Lebzeiten war Heade insofern außergewöhnlich, als dass er bei der Rückkehr von seinen Südamerikareisen ausschließlich die dort erstandenen Kunstwerke im Gepäck hatte, anstatt wie die meisten europäischen und amerikanischen Touristen so viele Vögel wie möglich in Koffern zu stapeln und mit nach Hause zu nehmen. Die »Hummingbird Guns« wurden schließlich für 135 000 Dollar versteigert – das Halbrelief der Kolibridekoration erhöhte den Wert deutlich, da es sich nicht mehr nur um eine Antiquität, sondern um ein Kunstwerk handelte, auf das es ein anderer Sammlerkreis abgesehen hatte.

Ähnlich wie der Harlekinkolibri war jedoch auch die Flinte nicht das, was sie vorgab. Simon Clode, der Firmenchef von Westley Richards, hatte den Ursprung der Waffen nach ihrer ersten Versteigerung enthüllt. Kurz nach dem Verkauf beschrieb er sie als kühne Kopien der ursprünglichen Hummingbird Gun.

Der zusammengesetzte Harlekinkolibri war für das British Museum zu einer Peinlichkeit geworden, die der Sammlung verwiesen wurde, und ich fragte mich, ob sich der momentane Besitzer der »Hummingbird Guns« über deren zweifelhafte Herkunft im Klaren war. Vielleicht war es ihm gleichgültig – allein die hochwertige Kolibriverzierung machte die Waffen wohl ausreichend attraktiv, um in einer Sammlung zu glänzen.

In den letzten Jahren des 19. und den ersten des 20. Jahrhunderts hatte die Kolibrisammelwut ihren Zenit erreicht. Zu diesem Zeitpunkt wurden sie nicht mehr nur gejagt, um Vitrinen in Arbeitszimmern und Salons der viktorianischen und edwardianischen Haushalte zu schmücken, sondern aufgrund der unstillbaren Nachfrage der damaligen Modeindustrie hauptsächlich, um immer elaborierter ausgearbeitete Hüte zu schmücken.

In den Achtzigerjahren des 19. Jahrhunderts war die Federindustrie ein brummender Geschäftszweig. Ein weltweites Netzwerk aus Sammlern, etwa Goulds blasrohrbewehrte indigene Jäger, versorgte Mittelsmänner vor Ort mit Waren, die wiederum riesige Schiffsladungen von Federn in die globalen Handelszentren schickten, nach London, Paris und New York. Dort wurden die Federn meistbietend an Händler verkauft, die sie zur Weiterverarbeitung in der »mörderischen Hutmacherei« vorbereiten ließen. Die *plumassiers* des Faubourg Saint-Martin in Paris und die Federfabriken der Lower East Side in New York hatten Gegenstücke in London: ausbeuterische Sweatshops, in denen schlecht bezahlte Frauen und Kinder die Federn in einem toxischen Nebel aus Federstaub und Quecksilbersalzen säuberten, rupften und zum Verkauf fertig machten.

Die Nachfrage nach Federn ließ sich nicht stillen und reichte von High-Society-Ladys bis zu ebenjenen Frauen, die in den Federfabriken in Londons East End unter diesen schrecklichen Bedingungen für einen Hungerlohn arbeiteten. Für die Frauen aus der Arbeiterklasse waren die gefiederten Hüte eine Möglichkeit, angesichts ihrer erniedrigenden und brutalen Arbeitssituation ein wenig Würde und Stolz zu empfinden. Manche von ihnen taten sich zu Sparvereinen zusammen, um regelmäßig ihre Schillinge beiseitezulegen und sich am Ende ein paar besonders schöne Hutfedern leisten zu können. Zwar waren neue Federn von außergewöhnlicher Form oder Färbung immer gefragt, doch 1887, im Jahr von Königin Victorias goldenem Regierungsjubiläum, empfahl das *Harper's Magazine* auch die Weiterverwendung alter ausgestopfter Vögel, die in neuer Position und mit »ansprechendem Gesichtsausdruck« Hüte wieder aufpeppen konnten. Kolibris waren aufgrund ihrer wie Edelsteine funkelnden Kehle und ihrer metallischen, regenbogenfarbenen Federn ganz besonders begehrt und galten als relativ kostengünstige Lösung für einen alten Hut. Sie wurden auf Londoner Märkten auf Tabletts dargeboten und kosteten kaum zwei Pence, »so wenig, dass selbst das verarmte Mädchen aus dem Nachbarslum ihren zerrupften Hut mit ein paar strahlenden Tropenvögeln schmücken kann wie die feinen Damen«, wie ein Kommentator der *Times* schrieb. Eine amerikanische Monatszeitschrift namens *Our Dumb Animals* schrieb 1875, dass »Lady Burdett-Coutts von einem Pariser Milliner aus erster Hand erfahren hat, er verwende in jeder Saison 40 000 Kolibris«.

Auch in New York griff die mörderische Hutmacherei um sich. George Bird Grinell, ein amerikanischer Anthropologe und Begründer der Audubon Society, dem amerikanischen Äquivalent der Royal Society for the Protection of Birds (RSPB), schrieb 1886 erzürnt: »Der Kopfschmuck der Damen besteht heute mehr denn je aus den diversen Körperteilen kleiner Vögel. Tausende und Millionen von Vögeln werden in jeder vorstellbaren Form auf ihren Hüten und Hauben ausgestellt.«

Genau wie heute änderte sich der Modegeschmack mit jeder Saison. Was im Frühling *chic* war, war im Herbst bereits *de trop* und im folgenden Herbst endgültig *passé*. *Harper's Bazaar*, nur eines der vielen Magazine, in denen man lesen konnte, was in war und was out, schrieb beispielsweise im Winter 1881, Fasane und Lappentaucher seien ein Muss, entweder sollten Kopf und Brust als Schmuck für Hüte und Hauben dienen oder kleine Hauben mit ihren feinsten Federn verziert werden. Im Frühling waren graue Vögel auf Schuten angesagt, hauptsächlich Tauben. Der Sommer brachte eine ausgelassen farbenfrohe Zeit, Straußenfedern oder Lappentaucherfedern sollten als Pompons oder Aigretten getragen werden, und als es wieder Herbst wurde, sollten viele kleine Vögel auf Turbanen, großen runden Hüten oder an der Seite von Hauben getragen werden: Eisvögel, Sittiche und Kolibris.

Kolibris kamen aufgrund ihres abwechslungsreichen und einzigartigen Gefieders niemals aus der Mode. Die Franzosen erfanden neue Verwendungsarten, indem entweder ganze Vögel oder Körperteile – hier waren Köpfe beliebt – auf Hutnadeln, Broschen oder Ohrringen angebracht wurden, die in einem zeitgenössischen Branchenblatt namens *The Millinery Trade Review* als »Pariser Federfreuden-Novitäten« bezeichnet wurden. Kolibrifedern wurden ebenfalls verwendet, um künstliche Insekten für den Hutschmuck herzustellen – fantasievolle Hutmacher fanden immer wieder neue Verwendung für die Federn, die von allen Arten am stärksten und auffälligsten glänzten.

Aufzeichnungen der Auktionshäuser und der damaligen Beobachter machen deutlich, wie weitreichend der Handel mit Vogelfedern betrieben wurde und was er für die Kolibris bedeutete. Sie waren Teil einer riesigen Industrie, in der Federn von den kleinsten bis zu den größten Vögeln verarbeitet wurden, vom Kolibri bis zum Strauß. Ein Korrespondent von *The Auk*, der Zeitschrift der amerikanischen Ornithologenvereinigung, berichtete von seinem Besuch einer Federauktion am 21. März 1888 in den London Commercial Sales Rooms in der Mincing Lane. Neben Zehntausenden anderen zum Verkauf stehenden Vögeln wurden an jenem Tag auch 12 000 Kolibris angeboten. Der anonyme Korrespondent schildert daraufhin die Umstände einer weiteren Londoner Auktion im Vorjahr, bei der »6000 Paradiesvögel, 5000 Himalaya-Glanzfasane [und] 400 000 Kolibris verkauft wurden«. Das Ausmaß des Mordens ist kaum vorstellbar und ging jahrzehntelang ungebremst weiter. »Wird dieser Handel länger aufrechterhalten, wird er für einen Schwund der Vogelwelt in den Lieferländern sorgen«, empörte sich der Reporter. »Was für ein blutbefleckter Moloch die Modewelt doch ist!«

Anfang des 20. Jahrhunderts florierte der Handel noch immer – allein in London wurden auf Auktionen zwischen 1904 und 1911 ganze 152 000 Kolibris verkauft –, und die Auswirkungen dieser Plünderung machten sich bemerkbar. 1908 hielt Lord Strathmore, der frühere Gouverneur einiger Überseeterritorien wie Fidschi, Ceylon (Sri Lanka) und Trinidad, vor einem Komitee des Oberhauses eine Rede, in der er von den Verlusten berichtete: »Die Aktivitäten der Vogeljäger haben die Anzahl der Kolibriarten in Trinidad von neunzehn auf fünf schrumpfen lassen.«

Der amerikanische Ornithologe Robert Ridgway sah die Situation pragmatischer. Ganz wie Gould war auch er ein Kolibrifanatiker, der zwar ihren Verkauf »zu rein dekorativen Zwecken« bedauerte, den Federnhandel allerdings auch als Chance sah, neue Arten zu sehen zu bekommen: »Auch wenn die Nachfrage vieles zum Artensterben beigetragen hat, war sie für viele Naturforscher die glückliche Möglichkeit, sich besser mit den Arten vertraut zu machen, da die immense Anzahl der für Hutmacher und Präparatoren bestimmten Exemplare häufig Spezies enthält, die der Wissenschaft sonst nicht bekannt geworden wären.«

In Großbritannien und den Vereinigten Staaten jedoch schlug die Stimmung gegenüber der mörderischen Hutmacherei allmählich um. George Grinnell gründete 1886 in den USA die nach dem Vater der amerikanischen Ornithologie benannte Audubon Society, um gegen die industrialisierte Tötung von Vögeln anzugehen. Zunächst konnte die Vereinigung keine großen Erfolge erzielen, wie mit einiger Genugtuung im *Millinery Trade Review* aus dem Herbst 1889 vermerkt wurde:

> Die humanen Bemühungen der Audubon Society scheinen der Vogeljagd für die Hutmacherei nichts anhaben zu können, denn Vogelschmuck erfreut sich auch in dieser Saison großer Beliebtheit.
> Ein hübscher Hingucker beim Haubenschmuck sind Dreiteiler aus Kanarienvögeln und Weißkopfnonne sowie Bouquets von südamerikanischen Kolibris. Auch Paradiesvögel leisten der Hutmacherei dieser Saison weiterhin mehr als gute Dienste.

Trotzdem verschaffte sich die Audubon Society irgendwann Gehör, was die Bostoner Gesellschaftsdamen Harriet Hemenway und Minna Hall 1895 zur Gründung der Massachusetts Audubon Society veranlasste, die andere Damen der Gesellschaft dazu aufrief, sie in ihrer »Gesellschaft zum Schutze der Vögel« zu unterstützen. Dies war eine direkte Reaktion auf den florierenden Federnhandel. In Großbritannien taten Etta Lemon und Emily Williamson das Gleiche.

Angewidert von der Verwendung von Tieren in der Modewelt rief Lemon schon 1889 die Fur, Fin and Feather Folk Society ins Leben, die bereits im ersten Jahr fast 5000 Mitglieder zählte. Im selben Jahr begründete Williamson die Society for the Protection of Birds (SPB); unter letzterem Namen schlossen sich 1891 beide Gesellschaften zusammen. Angetrieben von Lemons und Williamsons fester Entschlossenheit ebenso wie der Unterstützung ihrer Mitstreiterinnen, wuchsen Einfluss und Beliebtheit der SPB stetig – trotz heftigen Gegenwindes sowohl von Männern wie von Frauen –, sodass sie 1904 eine Royal Charta erhielt und zu der noch heute existierenden RSPB wurde.

Lemon arbeitete unermüdlich für den Vogelschutz, ganz besonders daran, den Handel mit Federn zu unterbinden. Sie war einer der Köpfe hinter der Plumage Bill, die dem Parlament 1908 vorgelegt wurde und dazu gedacht war, den Import von Federn nach Großbritannien zu beschränken. Der Gesetzesvorschlag wurde 1908 aus Zeitmangel im Unterhaus vertagt und zum nächsten Mal erst 1913 verlesen; jedoch wurde abermals eine Entscheidung vertagt, vermutlich aus »handelstechnischen Gründen«. Während des Ersten Weltkriegs ging der Handel mit Federn zurück, da sie zu den Luxusgütern zählten, deren Import für die Dauer des Krieges verboten wurde. Lemon und viele Mitstreiter wie H. G. Wells und Thomas Hardy baten den Präsidenten der Handelskammer, Sir Auckland Geddes, inständig, das Verbot auch nach Kriegsende bestehen zu lassen, bis die Plumage Bill zum Gesetz werden konnte. Als das Anliegen weiter aufgeschoben und verwässert wurde, verfasste Virginia Woolf 1920 einen scharfzüngigen kurzen Essay, »The Plumage Bill«, den sie mit den Worten schloss: »Die Plumage Bill ist nun gestorben – aber was interessiert's die Männer?«

Als schließlich nach jahrzehntelanger harter Arbeit von Lemon, Williamson und ihren vielen Unterstützern der Importation of Plumage (Prohibition) Act 1921 zum britischen Gesetz wurde, konnten sich die europäischen Reiher, die Paradiesvögel von Neuguinea und die südamerikanischen Kolibris ein wenig erholen. Zumindest teilweise – 1932 wurden im brasilianischen Bundesstaat Pará 25.000 Kolibris getötet und nach Italien exportiert, wo sie Pralinenschachteln zierten.

Bis heute besteht in Brasilien die Tradition, kleine Sperlingsvögel zu essen – darunter auch Kolibris. Um die brasilianische Stadt Caxias do Sul herum werden *passarinhos com polenta* angeboten – kleine Vögel mit Maisbrei, ein Erbe der italienischen Immigranten, die im 19. Jahrhundert dorthin auswanderten.

Noch bis in die 1980er-Jahre ließen sich Kolibris, zumeist aus Südamerika importiert, in manchen britischen Zoos und Vogelhäusern finden. Ich sprach mit britischen Vogelkundlern, die schöne Erinnerungen an das Tropenhaus im Reservat des Wildfowl and Wetlands Trust in Slimbridge hatten – das feuchtwarme Gebäude war in den frühen Achtzigern eine willkommene Zuflucht für Besucher des Reservats, die den ganzen Tag bei Eiseskälte die sich dort versammelnden wilden Zwergschwäne, hungrige Besucher aus Sibirien, beobachtet hatten. Im Tropenhaus gab es gefangene Wildvögel aus wärmeren Breitengraden zu bewundern – Hottentottenenten und afrikanische Zwergenten – und, um die Exotik zu schüren, einige Luzon-Dolchstichtauben und Kolibris.

An das Tropenhaus hatte ich nur eine entfernte Erinnerung. Mein Vater hatte mich als kleiner Junge einmal dorthin mitgenommen, nur waren mir nicht die Kolibris in der neblig warmen Umarmung des alten Gebäudes im Kopf geblieben, sondern mein Vater, der anderen Gästen gegenüber so tat, als könnte er die Entenarten in den uns umgebenden Salzmarschen bestimmen, während ich vor Scham im Boden versank. Ich konnte sehen, dass die übrigen Erwachsenen Blicke austauschten, und wurde mir zum ersten Mal der Fehlbarkeit meines Vaters bewusst. Selbst als junger Vogelnarr wusste ich, dass es unter meinesgleichen wichtig war, die Arten zu kennen. Ihre Namen *bedeuteten* etwas.

Hundert Jahre vor meiner Erkenntnis war John Gould ebenfalls klar, dass die Namen von Vögeln, von Kolibris ganz besonders, eine wichtige Rolle spielten. Um sein Buch *Family of Humming-Birds* zu vermarkten, begrüßte er einige bereits bestehende Artennamen begeistert und versah viele neue Arten, die er seinen Abonnenten vorstellte, mit derart exotischen und schillernden Namen, dass andere Vogelfamilien dagegen verblassten. An sie heran reichten nur einige Paradiesvögel, mit deren Namen königliche Patrone geehrt wurden. In seiner Monografie stellte Gould seinen Lesern Kolibris vor, deren Namen sich aus einer berauschenden Vielfalt von Einflüssen zusammensetzten.

Die Mineralogie lieferte zahlreiche glitzernde Edelsteine: Beryll, Smaragde, Rubine, Saphire, Topase und Turmaline, aus der Metallurgie kamen Bronze, Kupfer und Gold hinzu. Vom Himmelszelt pflückte er Kometen, Regenbogen, Sonnenstrahlen und

Sterne und machte sie zu Sonnenengeln und Luzifer höchstselbst. Die Mythologie steuerte Nymphen und Sylphen bei, andere Benennungen sprachen von Kampfkunst: Lanzettschnabel, Degenflügel und, mein persönlicher Favorit, der Schwertschnabel. Auch Blumen kamen vor – im Kolibrigarten gab es Hyazinthen und Veilchen. Häufig werden sie mit Adjektiven beschrieben: Sie glitzern, glühen, scheinen und funkeln.

Mit John Gould und seinen Kolibrinamen im Hinterkopf traf ich eines frühen Morgens in der Lobby des Hotel Quito auf die anderen Kolibrijäger der Gruppenreise. Dem Gebäude haftete ein Sechzigerjahrecharme an, der von vergangenem Ruhm zeugte. Jeden Moment, so kam es mir vor, könnte ein Mitglied des *Rat Pack* durch die Tür schlendern, ganz besonders, da im Hintergrund gerade Frank Sinatra zu hören war und sich überall um uns herum das etwas surreale Schauspiel bot, dass übermäßig zurechtgemachte junge Damen vor Fotografen posierten. Im Hotel fand die heiß umkämpfte Miss-World-Wahl statt, von der ich ehrlich gesagt angenommen hatte, sie sei Mitte des 20. Jahrhunderts in Vergessenheit geraten. Umzingelt von Kandidatinnen fielen wir, ein halbes Dutzend amerikanischer Vogelfreunde nebst einem Briten, in unserer Freizeitkleidung unterschiedlichster olivgrüner und khakifarbener Couleur ziemlich auf. Die Titelanwärterinnen machten jedenfalls einen großen Bogen um uns.

Paul Greenfield, unser Tourguide für die nächsten Tage, war ein redseliger, sympathischer Amerikaner, der bereits seit 30 Jahren in Ecuador lebte, um die dortige Vogelwelt zu studieren und zu malen. Wir hielten die Vorstellungsrunde kurz, um die Stadt möglichst schnell hinter uns zu lassen und in die Anden aufzubrechen. Wir durchfuhren die Vororte von Quito und passierten Häuser hinter hohen Mauern, auf denen riesige Glasscherben und Elektrozäune Einbrecher aufhalten sollten, ebenso wie Schilder, die vor *peligro de muerte* – Todesgefahr – warnten. Viele

Wände waren mit Graffiti verschönert worden; Quitos nächtlichen Künstlern schienen es besonders Gesichter angetan zu haben, die sie mit viel Eleganz und Verve ausführten. Am äußersten Stadtrand passierten wir eine blaue Mauer, die ein großer stilisierter Kolibri zierte – wie im echten Leben blitzte er einmal auf und war plötzlich wieder verschwunden. Etwas weiter war auf Augenhöhe eine Schrift lesbar, daneben ein Herz, aus dem ein Pfeil wurde, der in die offene grüne Landschaft am Ende der Straße zeigte: *sigue tu corazón & disfruta el viaje* – folge deinem Herzen und genieße die Reise.

Ein passender Ratschlag, denn schon bald erblickten wir an diversen Stopps am Wegesrand unsere ersten ecuadorianischen Kolibris: rasch hintereinander einige Große Veilchenohrkolibris, eine summende Weißbauchelfe, eine wendige Schwarzschwanzsylphe und, kurz vor Pifo, auf einer Höhe von etwa 2500 Metern über dem Meeresspiegel einen Riesenkolibri, dessen Gefieder zwar weit weniger spektakulär war, was jedoch von seiner Größe mehr als wettgemacht wurde. Gerade im Vergleich mit der Weißbauchelfe machte er seinem Namen alle Ehre – zwar erkannte man ihn noch als Kolibri, doch sein Flug schien angestrengter als der seiner kleineren Artgenossen. Sein Gefieder war in diversen Olivgrüntönen gehalten, ein weiches, erdiges Grau und ein schmutzig weißer Rumpf. Er sah uns und unserer Garderobe an diesem Morgen nicht unähnlich, da er gedeckte Camouflage den bunten Farbtönen vorzog, um seine Anwesenheit zu verschleiern. Es handelt sich um den größten Kolibri der Welt, ein Riese ist er jedoch nur im Vergleich: Der Vogel war nicht größer als die allgegenwärtigen Stare auf meiner Heimatinsel der Shetlands. In Bolivien hat man ihm nicht ohne Grund den prosaischen Namen *burro q'enti* gegeben – beim *burro* handelt es sich um ein wenig elegantes, eher bodenständiges Lasttier: den Esel.

Die dunklen, moosbewachsenen Guangobäume auf der Ostseite der Anden beherbergten eine Gruppe Grünband-Sonnennymphen, kampflustige Rotbauchkolibris, Smaragdkehl-Glanzschwänzchen, die wie Schwertklingen aufblitzten, und neonfarben glänzende Himmelssylphen, deren schlanke Schwanzfedern im Dunkel aufleuchteten wie die Rücklichter rasender Autos in Mangas. Die Luft um uns herum schien durch ihre kollektive Anwesenheit wie elektrisiert.

Am dicht bewaldeten Sumaco lebte allerlei Vogelvolk in den Bäumen. Tangaren schwärmten von Krone zu Krone, und ihre flüchtigen Auftritte sorgten bei uns am Boden für Aufruhr, als wir versuchten, sie alle zu benennen, farbenfrohe Formen, die über unseren Köpfen aus dem Nichts zu kommen schienen, abwarteten, tranken und ebenso rasch und geheimnisvoll verschwanden, wie sie aufgetaucht waren. Paradies-, Elster- und Azurkopf-, Goldohr-, Sommer-, Scharlach- und Schwalbentangare und zahlreiche andere hübsche Vögel dieser Art. Eine meiner Nachbarinnen sagte gedankenversunken: »Tangare … müsste man sich auch mal mit beschäftigen …«

Ich wusste genau, was sie meinte – die Vögel trauten sich was –, doch für mich wichtiger waren die Kolibris. An den Nektarspendern, die am Rande unserer Holzterrasse an der Lodge baumelten, tobten sich einige Haubenfadenelfen aus, deren Männchen ich schnell aufgrund ihrer grün und bronzefarben schimmernden Mäntel und ihrer Irokesenfrisur liebgewann, bestehend aus zwei hauchdünnen Federn, die wie Antennen im rechten Winkel zu ihrem Schopf abstanden. Als wäre all das noch nicht genug, trugen sie wie eine Rennwagendekoration auch noch eine weiße Binde um den Bauch und besaßen lange, spitze, stahlblaue Schwanzfedern, mit einem Hauch von Weiß am Schaft.

Doch erst an einer Futterstation, die man nach einem kurzen Fußweg im Wald erreichte, beobachtete ich eine wahre Flut mir neuer Arten. Flaggensylphen mit dicken Pluderfedern an den Beinen zischten wie Libellen über die kleine Lichtung, auf der die Spender angebracht waren, und ihre Schwanzfedern verbreiterten sich am Ende zu petrolblauen Flaggen, die im sich brechenden Licht aufblitzten, das in golden schimmernden Strahlen durch die Baumdecke fiel. Schwarzkehl- und Violettstirn-Brillantkolibris waren größere Neuzugänge an den Spendern, während ein dunkler, zurückhaltender Vogel tief im Unterholz am Ende der Lichtung lauerte und nur sporadische Vorstöße wagte – mein erster Napo-Degenflügel, ein großer, kräftiger Kolibri mit dunklem, nadelbaumgrünem Gefieder, das im schwindenden Licht changierte und leuchtete, mit auffälliger nachtblauer Kehle, die mir aus dem dunklen Dickicht ab und an saphirblau entgegenblitzte.

Während ich den Degenflügel beobachtete, tauchte ein kleinerer Kolibri am Waldrand auf, der von einem einzelnen Ast aus eine Weile das Treiben an den Spendern beobachtete, bevor er sich selbst herantraute. Auf den ersten Blick fiel mir sein sattes smaragdgrünes Gefieder auf, der aprikotfarbene Fleck auf seiner Brust streckte sich zu einem Band aus. Bei näherem Hinsehen erkannte ich ein wenig Türkis in seiner pulsierenden Kehle und einen amethystblauen Fleck auf seiner Stirn. Die Illustrationen von Rotbrust-Brillantkolibris in Vogelführern wurden ihm nicht annähernd gerecht – sein Anblick in der freien Natur war atemberaubend.

Der nächste Tag begann mit einem Spaziergang, der an einer präinkaischen Bewässerungsleitung am nordöstlichen Hang des Pichincha-Vulkans im Yanacocha-Naturschutzgebiet entlangführte. Das 1000 Hektar große Gebiet liegt kurz außerhalb von Quito und umfasst sowohl Hochwald der Anden als auch Páramo-Habitate. Ziel unseres Ausflugs – auch wenn Paul uns vorwarnte, dass wir dafür schon ziemliches Glück haben müssten – war die Sichtung eines *zamarrito pechinegro* oder Schwarzbauch-Höschenkolibris. Als der Vogel 2005 offiziell zum Vogel der Stadt Quito erklärt wurde, sagte der frühere Lokalpolitiker

Juan Manuel Carrión, ein Gründungsmitglied von Aves y Conservación: »[Wir müssen] die Spezies sichtbar machen und für symbolische Aufmerksamkeit sorgen, damit die Stadt ein natürliches Sinnbild bekommt, das von einem Vogel verkörpert wird, und um vor Ort Bemühungen anzuregen, ihn zu schützen und zu bewahren.«

Es handelte sich um einen Kolibri, der nur einen kleinen Lebensraum in den ecuadorianischen Anden hat und selbst dort Gefahr läuft auszusterben. Offenbar wurde er durch die Zerstörung seines Lebensraums aus anderen Gebieten verdrängt und kommt nun nur noch an zwei Orten vor. Bäume sind der Holzindustrie zum Opfer gefallen, flachere Hügelkämme in dieser bergigen Region für die Landwirtschaft urbar gemacht worden. Der Lebensraum des Schwarzbauch-Höschenkolibris war zwar nie groß, doch die verbleibenden etwa 250 Exemplare müssen sich mittlerweile unter immer schlechteren Bedingungen durchschlagen. Noch immer bedroht die Lebensweise der Menschen sein Habitat – beinahe die Hälfte der nahe gelegenen ländlichen Haushalte verwenden Holz und Kohle zum Kochen und Heizen, und der Klimawandel kann sich auf die wenigen verbleibenden Rückzugsräume der Art negativ auswirken. Die steigenden Temperaturen könnten die Ökologie der Bergrücken verändern, sodass Blühpflanzen in die Höhe gedrängt werden, bis am Ende die Fahnenstange für Flora und Fauna erreicht ist.

Kolibris reagieren sensibel auf Veränderungen. Während manche Arten riesige Lebensräume haben, die sich über viele Länder und Tausende Meilen erstrecken, haben sich viele Arten dahin entwickelt, in sehr viel kleineren lokalen Gebieten heimisch zu werden. Wie empfindlich sie tatsächlich reagieren, stellte sich auf tragische Weise in den frühen 1990er-Jahren beim Biosphere-2-Experiment in der Wüste Arizonas heraus. Hier wurde unter Glaskuppeln und -pyramiden eine 1,6 Hektar große versiegelte Welt in der Welt erschaffen. Sie sollte unterschiedliche Lebensräume enthalten: Wälder und Wüste, einen Mangrovensumpf und ein Korallenriff. Viele Tausend Pflanzen- und Tierarten wurden dort hineinverpflanzt, darunter auch einige Amazilien aus Ecuador und Peru zur generellen Bestäubung, und acht sogenannte Biosphärer, sorgfältig ausgewählte Männer und Frauen, die zwei Jahre lang von Biosphäre 1, der Außenwelt, abgeschottet leben sollten; an einem Ort ohne Umweltverschmutzung, mit selbst angebauter Nahrung, ein Leben im Einklang mit der Welt um sie herum. Der Versuchsaufbau klang nach paradiesischer Utopie.

Die Kolibris zählten zu den Arten, die als erste eingingen, zusammen mit den Honigbienen. Die ohnehin magere Ernte der Biosphärer wurde von Fadenwürmern und Milben angegriffen, während sich Ameisen und Kakerlaken extrem vermehrten. Die Luft enthielt immer mehr Kohlenstoff und immer weniger Sauerstoff. Den Biosphärern ging die Luft aus, ebenso die Nahrung und das Trinkwasser, während die ökologische Balance um sie herum furchtbar aus den Fugen geriet. Betrachtet man Biosphere 2 als eine Parabel von der Unfähigkeit des Menschen, seine Umwelt kontrolliert zu beeinflussen, war die Moral dieser Geschichte nur allzu offensichtlich. Als ich hörte, wie viele Kolibriarten in der Wildnis vom Aussterben bedroht waren, dachte ich unwillkürlich an die armen Amazilien, die ersten Opfer des Biosphere-2-Projektes.

Wenn man von der Anzahl in Museen ausgestellter Schwarzbauch-Höschenkolibris ausgeht, scheint diese Art früher einmal zahlreicher gewesen zu sein als heute und besonders sensibel auf Störungen in ihrem Lebensraum zu reagieren – kein praktischer Charakterzug für Kolibris in einer sich stetig wandelnden Welt. Mittlerweile gibt es ein Schutzprojekt in Ecuador, um dem Aussterben der Art etwas entgegenzusetzen. Mithilfe von Bewegungskameras haben Wissenschaftler untersucht, welche Interaktionen es von Höschenkolibris und anderen Kolibriarten mit bestimmten Pflanzen gibt, um herauszufinden, welche Pflanzenspezies sie als Nahrungsquelle bevorzugen. Tatiana Santander von Aves y Conservación sagt: »Die Kameras wurden verwendet, um die Aktivität an den Blüten aufzuzeichnen. Dann wurden die Informationen mithilfe einer Software analysiert, um ein Kolibri-Pflanze-Netzwerk zu erstellen.«

All das hat zu einem praxisorientierten Ansatz geführt – sechs Frauen aus der örtlichen Alambi-Gemeinschaft kümmern sich um eine Anlage, in der 32 endemische Pflanzenarten wachsen, die als besonders kolibrifreundlich eingestuft worden sind. Bisher wachsen dort, im Jahr 2020, 4500 Pflanzen – um die verarmten Waldlebensräume an den Hängen des Pichincha wieder zu bereichern. Für die Höschenkolibris besteht also moderater Grund zur Hoffnung.

Gemessen an anderen Kolibris handelt es sich bei den Schwarzbauch-Höschenkolibris um eine weniger auffällige Art, die nichts von der Extravaganz verwandter Höschenkolibris an sich hat. Sie alle haben die namensgebende weiße Pluderhose um die Beine herum gemeinsam – ihr restliches Gefieder ist allerdings ungewöhnlich gedeckt. Gerade die Männchen sind besonders dunkel, was zu dieser Art gut passt, die besonders häufig im Dunkel ausharrt und sich nur selten zeigt, ein schuppiger, tief flaschengrüner Vogel mit schwarzblauer Brust und dunkelvioletter Kehle. Zwischen 1950 und 1993 gab es nur eine bewiesene Sichtung von drei Exemplaren 1980. Mittlerweile sind sie leichter aufzufinden, allerdings nur insofern, als dass Vogelbeobachter wissen, dass sie auf den Hängen des Pichincha den Hauch einer Chance haben, auf einen dieser Vögel zu stoßen. Sie waren noch immer extrem selten, und Paul tat gut daran, unsere Erwartungen zu drosseln.

Der Wanderweg um den Pichincha ließ sich gut meistern, da er recht eben verlief, das allerdings auf einer Höhe von etwa 3200 Metern. Im kühlen Sonnenschein des frühen Morgens kamen wir stetig voran und bekamen sogar Besuch von einem

Pärchen zutraulicher Leistenschnabeltukane, deren Aussehen Exotik pur verhieß: blauer Bauch, scharlachrote Schwanzunterseite, olivbraune Flügel und ein weinrotes Auge, das von blauen, gelben und grünen Flecken umrahmt wurde. Eine wahre Farbexplosion.

Die Tukane lenkten uns nur kurz ab – von unserem luftigen Aussichtspunkt war der Blick auf die Anden spektakulär, in der Ferne folgte eine Bergspitze auf die nächste. In südlicher Richtung ließ eine Aschesäule einen weiteren umtriebigen Vulkanriesen erkennen, den Tungurahua, der seit Jahren auszubrechen droht. Unsere Ankunft fiel zeitlich in eine seiner brütenden Episoden, ein launischer Teenager, in dem ein Wutausbruch mit Türenknallen brodelte.

Schließlich erreichten wir die Futterstation und fanden uns plötzlich umringt von Höschenkolibris. Zwar waren keine Schwarzbäuche dabei, die ich so gerne gesehen hätte, doch das tat dem Erlebnis keinen Abbruch. Die Langschwanz-Höschenkolibris waren besonders zahlreich, etwa ein Dutzend von ihnen war durchgehend sichtbar, unwiderstehliche smaragdgrüne Facetten mit saphirblauen Kontrastpunkten am Unterschwanz und der Haube und einem goldenen Schimmer an Hals und Flügeln. Auch zwei der weitaus selteneren Goldbrust-Höschenkolibris leisteten ihren saphirblauen Verwandten Gesellschaft – mit ihren golden schimmernden Körpern sahen sie aus wie zum Leben erweckter Peridot, der das Sonnenlicht in Hunderten Facetten brach.

Noch spät am Nachmittag begleitete mich im Geiste die Erinnerung an die Höschenkolibris. Ich musste nur die Augen schließen, und da waren sie wieder. Ihr Anblick war beeindruckender gewesen als der sämtlicher Kolibris an den Spendern der Yanacocha-Lodge; Blauflügelkolibris und Weißband-Sonnennymphen kamen mir nur noch wie Nebendarsteller vor. Wir befanden uns nun auf den westlichen, dem Pazifik zugewandten Andenhängen im Mindo-Tal. In der dortigen Páramo-Region hatten wir auf etwa 4300 Metern über dem Meeresspiegel in den Bergen heimische Kolibriarten gesehen: Schwarzkopf-Glanzschwänzchen und ein einzelnes Ecuador-Andenkolibri-Weibchen. Man hat Vögel dieser Spezies auf bis zu 5800 Höhenmetern gefunden, eine Meisterleistung, die ich mir kaum vorstellen konnte, da mir schon hier das Atmen schwerfiel, während ich erfolglos versuchte, unter den nebligen Bedingungen hier oben einen besseren Blick auf das Weibchen zu bekommen. Es war der Umgebung ganz offensichtlich besser angepasst – nachts konnte es sich in einen kontrollierten Torpor versetzen, bei dem es seinen Puls von etwa 1000 Schlägen pro Minute auf 100 senkte. Das mag immer noch viel klingen, doch für Kolibris reicht es gerade so, um bis zum Morgen in dieser Art Winterschlaf zu verharren, bis sich wieder die Chance zur Nahrungssuche bietet.

Nach einem kurzen Aufenthalt in ihrem Reich kamen wir eine Stunde vor Sonnenuntergang in der Septimo-Paraiso-Lodge an. Von all den Ländern, die ich während meiner Reise besuchte, bot Ecuador die luxuriösesten Öko-Lodges an. Septimo Paraiso war ein perfektes Beispiel mit Swimmingpools, poliertem Holz und Gemeinschaftsbereichen mit sanfter Beleuchtung. Schneller als seine Nachbarländer hat Ecuador begriffen, dass der Ökotourismus für die ländliche Wirtschaft ein großes Potenzial bietet, und Investitionen in Lodges wie diese wirkten sich positiv auf die Einkommen auf lokaler Ebene aus. Die Größe und Ausstattung nicht nur dieser Lodge, sondern auch unserer weiteren Unterkünfte im ländlichen Ecuador spielten sicher auch als Arbeitgeber vor Ort eine bedeutende Rolle.

Während sich die restlichen Gruppenmitglieder auf ihre Zimmer zurückzogen, um sich frisch zu machen, ging ich zu den Nektarspendern, die in einem von Büschen und Bäumen eingeschlossenen Bereich hinter dem Haupteingang des Komplexes angebracht waren. Ich setzte mich ruhig hin und wartete ab, welche Vögel sich noch zeigen mochten.

Als ich ankam, waren die Spender gerade heiß umkämpft, die Kolibris nutzten die letzte Möglichkeit, vor Einbruch der Nacht ihre Kraftreserven aufzufüllen. Purpurbrustkolibris rangelten mit Flaggensylphen und Langschwanzsylphen, während sich in der voranschreitenden Dämmerung die Schatten von Braunen Andenkolibris und Smaragdschattenkolibris ausmachen ließen. Wenige Minuten später verschwanden sie wie auf Kommando, und nur sporadisches Surren in der Dunkelheit verriet, dass sie sich nun zurückzogen. In Gedanken an den zurückliegenden Tag versunken, saß ich in der warmen, feuchten Abendluft, während die Lichter der Lodge zwischen den Bäumen der Lichtung aufblitzten.

Irgendwo in meiner Nähe hörte ich plötzlich das tiefe Summen rhythmischer Flügelschläge im Dunkel, die lauter wurden, als sich ein Kolibri näherte, dessen Fluggeräusche mir nicht vertraut waren. Das Geräusch nahm immer weiter zu, bis ich an meiner Wange den Zug eines vorübersausenden Vogels spürte. Ich drehte den Kopf, um ihn anzusehen, und dort, wenige Zentimeter vor mir, schwebte ein Kolibri, den ich nie zuvor erblickt hatte: Zunächst schien er dunkel wie die Nacht zu sein, doch dann, als er sich drehte, wie um mir in die Augen zu sehen, erkannte ich sein violettes Gefieder, das, als das goldene Licht der Lodge auf seine Brust fiel, in 1000 Purpurfunken explodierte, jede einzelne Feder brillierte und glitzerte. Die Zeit schien sich auszudehnen, und die Luft war dick wie Butter, während wir diesen Moment miteinander teilten. Gleich vor meinem Gesicht schwebte er hin und her, wie um zu sehen, mit wem er es zu tun hatte. Nie hatte sich mir ein Kolibri auf diese Art genähert. Dies war mein erster Hyazinthkolibri, und ich war verliebt.

Später am Abend versammelte sich unsere kleine Gruppe zum Abendessen. Als Paul auf unserer Checkliste die Arten durchging, die wir an jenem Tag beobachtet hatten, erntete ich einige Bewunderung, denn nun war ich der einzige Gast, dem dieser wunderschöne Kolibri begegnet war. Zwar wollte ich keine große Sache daraus machen, doch die Intimität und Nähe meines Zusammentreffens mit dem Kolibri stimmte mich euphorisch – für einen Vogelbeobachter ist es immer etwas unangenehm, etwas gesehen zu haben, was anderen entgangen ist. Paul versicherte der restlichen Gruppe, dass sicherlich alle am nächsten Tag die Möglichkeit bekämen, einen Hyazinthkolibri zu Gesicht zu bekommen.

Am nächsten Morgen kehrte ich mit zwei anderen Gruppenmitgliedern, Pam und John, nach dem Frühstück in den Garten zurück. Sie beide wollten unbedingt auch einen Hyazinthkolibri sehen. Doch als wir an der Lichtung angelangt waren, ging es an den Spendern nicht so hoch her wie am Abend zuvor. Die Spender waren verschwunden. Stattdessen lag in der Mitte des Platzes ein Haufen aus großen Blättern, unter denen jemand die Spender versteckt hatte. Daneben verdeckten einige rot blühende Äste ein Karbonstativ, den viele andere Stative und Blitzlichtgeräte umzingelten. Ganz in der Nähe saßen zwei belgische Fotografen, ließen die Blüten nicht aus den Augen, starrten auf ihre Bildsucher und warteten darauf, dass ein Vogel ihr aufwendig gebautes Set besuchte. Überall um uns herum schnatterten aufgeregte Kolibris in den Bäumen und sausten herum. Pam wurde wütend.

»Das geht doch nicht! Schau doch mal, wie unglücklich die Kolibris sind. Sie wollen einfach nur trinken. Sie sind doch daran gewöhnt, diese Spender zu haben!«

Natürlich dachte ich dasselbe. Jede Futterstation für Wildtiere, ob nun für Vögel oder Säugetiere, war eine künstliche, einfach zugängliche Nahrungsquelle, die eine gewisse Abhängigkeit der in der Wildnis lebenden Gäste erzeugte. All die Kolibris in den Büschen um uns herum klangen alarmiert, und da sie nicht mehr trinken konnten, verschwendeten sie an den fehlenden Spendern ihre Energie. Ich sprach die Fotografen an.

»Entschuldigt, Leute, macht es euch etwas aus, die Spender wieder aufzuhängen? Die Vögel beschweren sich. Es ist früh am Morgen, und sie haben Hunger.«

Einer von ihnen ignorierte mich. Der andere sah von seiner Kamera auf und entgegnete knapp: »Ja, es macht uns etwas aus. Wir sind hier, um Fotos zu schießen. Dieser Ort ist nicht nur für Vogelbeobachter da, sondern auch für uns. Ihr könnt später wiederkommen, wenn wir hier fertig sind.«

Stinksauer dampfte Pam ab. Einige Minuten später kam eine Mitarbeiterin der Lodge hinzu, warf die Blätter zur Seite, von denen die Spender verdeckt wurden, und hängte sie wieder an ihre ursprünglichen Standorte.

»Hey! Was soll das?«, fragte der jüngere der beiden Fotografen. »Wir versuchen hier Fotos zu schießen.«

Die Mitarbeiterin entschuldigte sich, blieb aber standhaft. »Es tut mir leid, aber Sie können die Spender nicht abnehmen. Sie können hier Fotos schießen, wie Sie wollen, aber die Vögel müssen trinken können. Die Spender abzunehmen, ist nicht erlaubt.«

Es folgten einige barsche Worte, die sich sowohl an die Mitarbeiterin als auch an uns richteten, während die beiden wütend abbauten. Dann stürmten sie zurück in die Lodge, und in der Ruhe, die sie hinterließen, umschwärmten Dutzende Kolibris die Spender. Ich dachte über das nach, was soeben vorgefallen war. Bisher hatte ich sowohl das Beobachten von Vögeln als auch die Vogelfotografie für ein harmloses Hobby gehalten, das vor Ort wirtschaftlichen Gewinn generierte und somit dabei half, dass die Vögel dort, wo wir sie suchten, noch mehr geschätzt wurden, dass ihre Lebensräume dadurch eher erhalten und gepflegt wurden. Doch für manche waren Kolibris leider bis heute eine Ware, über die zum eigenen Vorteil verfügt wurde – sogar wenn die Vögel darunter litten.

7

Wundersame Flaggensylphe

Bongará, Peru, 5° südliche Breite

Kolibris waren nicht nur in der mündlich überlieferten präkolumbischen Mythologie die hellsten Sterne am Firmament. Auch zeitgenössische Autoren zogen sie in ihren Bann. Gabriel García Márquez' liebeskranke Heldin Fermina Daza kehrt von ihren Flitterwochen in Paris mit sechs Koffern voller Vintage-Kleidung zurück, wobei einer von ihnen mit Straußenfedern, Fasanenbälgen, Pfauenkronen und natürlich auch Kolibris gefüllt ist.

In *Die Liebe in den Zeiten der Cholera* heißt es, sie wehre sich gegen die wechselnden Ansprüche der Modewelt. Ihr Ehemann hingegen hält nichts von ihren Käufen und bezeichnet sie als Leichenkleider. Márquez, der beinahe 100 Jahre nach Ende des Handels mit Federn schrieb, war sich ihrer Anziehungskraft und ihres düsteren Platzes in der Geschichte der mörderischen Hutmacherei bewusst.

Auch der englische Schriftsteller D. H. Lawrence beschäftigte sich mit der dunklen Seite der Kolibris. Sein Gedicht »Kolibri« gehört nicht nur wegen meines Faibles für diese Vögel zu meinen Lieblingsgedichten, unter anderem weil Lawrence sich weigert, sie als unschuldige Kreaturen zu fetischisieren. Stattdessen beschreibt er eine Art Urkolibri:

Wahrscheinlich war er groß
Wie Moose einst, heißt es, und Eidechsen.
Wahrscheinlich war er ein stechendes, schreckliches Monster.
Wir sehen ihn vom falschen Ende des langen Zeitfernrohrs her.
Wir Glücklichen.

Auch Virginia Woolf bediente sich in ihrem letzten Roman *Zwischen den Akten* des Kolibris als einer Metapher für vergangene Urzeiten, in denen die Erde noch ein Blütenmeer war, aus dem zitternde Kolibris tranken.

Vielleicht ist es etwas übertrieben, sich den Urkolibri als stechendes, schreckliches Monster vorzustellen, doch völlig unrecht hat Lawrence nicht. Ganz gleich, was wir in die Natur hineinlesen, sie ist weder gänzlich gut noch schlecht, und auch Kolibris sind in der Wirklichkeit keine engelsgleichen Wesen. Sie kämpfen untereinander, leidenschaftlich, manchmal bis zum Tod.

Alejandro Rico-Guevara, ein Evolutionsbiologe der University of California in Berkeley, untersucht seit Jahren Kolibris. Während sich Biologen generell darüber einig sind, dass sich die Schnäbel von Kolibris über die Jahrtausende an die speziellen Formen und Größen bestimmter Blüten angepasst haben, beschäftigt sich Rico-Guevara auch mit jenen tropischen Arten, die ihren Schnabel zunehmend als Waffe einsetzen und Schnäbel entwickeln, die länger und stärker sind, mit schärferen Spitzen und teilweise sogar mit zahnähnlichen Kerben.

Mithilfe von Highspeed-Kameras fertigte er Zeitlupenaufnahmen von kämpfenden und trinkenden Vögeln an. Somit beobachteten Rico-Guevara und sein Team zum ersten Mal das Kampfverhalten der Männchen aus unmittelbarer Nähe. Während sie aufeinander einhackten, flogen die Federn, oder sie zerrten einander weg von ihrer liebsten Nektarquelle. Sie zerrupften die Federn ihrer Rivalen oder rissen sie sogar aus. Anscheinend haben diese Vögel evolutionär nicht nur begriffen, dass ein idealer

Schnabel bei der Nahrungsaufnahme hilfreich ist, sondern auch, um potenzielle Paarungsrivalen in die Flucht zu schlagen.

Lawrence ging es jedoch nicht um die genaue Biologie der Kolibris. Für ihn waren sie Metaphern – sie standen für Veränderung und dienten uns vielleicht auch als Warnung. Er lässt anklingen, wie glücklich wir uns schätzen können, in vorhersehbaren Zeiten zu leben, und sein Gedicht ruft uns ins Gedächtnis, dass wir die Natur nie beherrscht haben, auch wenn wir etwas anderes glauben. Wir sollten uns unserer Stellung in der Natur nicht zu sicher sein – eine Botschaft, die meiner Meinung nach mit jeder neuen Nachricht über die grausamen Wunden, die wir den letzten wilden Orten unserer Erde und sogar ihrer Atmosphäre zufügen, deutlicher hervortritt und die bitteren Früchte ankündigt, die wir durch unser Handeln ernten müssen.

Während Lawrence den Kolibri in dunkle Metaphern kleidete, war der chilenische Dichter Pablo Neruda hingegen offensichtlich seinem ästhetischen Charme erlegen. Seine »Ode an den Kolibri« besteht aus vermeintlich unzusammenhängenden Zeilen, von denen jedes Wort wie ein geschliffener Diamant erscheint, die aber zusammengesetzt wie die schuppenförmigen, funkelnden Federn eines Kolibris ein Ganzes ergeben.

Zwar zog ich die metaphorisch kraftvolle, von Kolibris inspirierte Dichtung Lawrences vor, doch auch den bildgewaltigen Sprachreichtum in Nerudas Werk bewunderte ich sehr; in seiner »Ode« glühten Metalle und Juwelen, Feuer und der Kosmos. Nach der Lektüre des Gedichts kam ich zu dem Schluss, dass Neruda sicherlich schon viele Kolibris mit eigenen Augen gesehen hatte, als er die Zeilen aufs Papier brachte, ein Vorteil gegenüber Lawrence. Dieser kehrte England nach dem Ersten Weltkrieg den Rücken und begab sich auf seine »wilde Pilgerreise« durch die USA und Mexiko, auf der ihm seine ersten Kolibris begegnet sein müssen. Neruda, dessen Reisen ihn durch große Teile Südamerikas führten, sah sicherlich mehr Arten in aufregenderen Farben und Formen als Lawrence, der sich in Regionen bewegte, die nur wenigen Kolibriarten ein Zuhause boten. Kein Wunder also, dass Nerudas Lobgesang auf die Art so sehr von ihrem Aussehen bestimmt war.

Kein Dichter, ganz gleich, mit welch blühender Fantasie er den Zauber der Kolibris festhalten wollte, hätte sich einen derart fantastischen Vogel ausdenken können, wie er in einer kleinen Andenregion in Peru zu finden war. Violettscheitel-Flaggensylphen, die ausschließlich etwa 700 Kilometer nördlich von Lima im Tal des Río Utcubamba vorkommen, waren seit ihrer Entdeckung mythische, heiß begehrte Kolibris, auf die es die Sammler der Vergangenheit und der Gegenwart abgesehen hatten und haben.

Das erste Exemplar, ein Männchen, wurde 1835 nahe Chachapoyas von David Matthews eingefangen, einem Sammler, der für George Loddiges arbeitete. Der Ziergärtner Loddiges, wir sind ihm schon begegnet, betrieb ein Netzwerk, das überall in den tropischen Gebieten der Welt Pflanzen besorgte, um die unersättliche Nachfrage derjenigen Viktorianer zu befriedigen, die am »Orchidelirium« litten – dem fieberhaften Zwang, auch in ihrer kühl temperierten Heimat exotische Orchideen in extra dafür angefertigten feuchtheißen privaten Tropenhäusern zu halten. Wie erwähnt, war auch Loddiges einem Sammlerzwang erlegen: Besessen von Kolibris trug er eine Sammlung ausgestopfter Exemplare zusammen, die so viele Spezies enthielt, wie er nur auftreiben konnte. John Gould, der andere obsessive viktorianische Kolibrisammler, Autor und Unternehmer, behauptete von sich und Loddiges, was diese »lebendigen Edelsteine« anginge, teilten sie dieselbe Leidenschaft – ein makabres Lob, wenn man bedenkt, dass die Objekte ihrer Begierde schon lange tot waren.

Loddiges hatte seiner kleinen Orchideensammlerarmee in den Amerikas aufgetragen, jeden Kolibri mitzuschicken, der ihr begegnete. Viele der gelieferten Arten kannte er sicherlich zur Genüge, doch ab und an enthielt die Lieferung etwas Ungewöhnliches. Man muss sich fragen, was in Loddiges an jenem Tag vor sich ging, als er an den Docks im Londoner East End ein per Frachtschiff geliefertes Paket entgegennahm und zwischen den für den Markt bestimmten Orchideen ein kleines Päckchen mit einem Kolibri fand, der alle Arten in den Schatten stellte, die er je zuvor gesehen hatte. Sein Herz muss gerast haben, als er den kleinen Körper hocherfreut aus der Verpackung hob, um ihn genauer zu betrachten.

Es handelte sich ganz offensichtlich um ein Männchen mit einer türkisfarben schimmernden Kehle und amethystfarbener Krone, und dann diese Schwanzfedern – was waren das für Schwanzfedern! Der Vogel hatte nur vier an der Zahl, von denen es sich bei zweien um lange, schmale, dunkelblaue Federn handelte. Die anderen beiden jedoch waren außergewöhnlich. Jede war doppelt so lang wie der Vogel an sich, jeweils etwa zwölf Zentimeter. Der Schaft war dünn und biegsam, und an seinem Ende befand sich eine runde, nachtblaue Feder – die sogenannte Flagge. Sicher wusste Loddiges augenblicklich, dass es sich hier um etwas Besonderes handelte.

Einige Jahre später, 1840, besuchte der deutsche Botaniker Moritz Richard Schomburgk London und hatte die Möglichkeit, sich unter die Elite der dortigen Naturkundekreise zu mischen. Er schrieb darüber:

> Unter den zahlreichen privaten Sammlungen, die ich bewundern durfte, befand sich eine, die mich ganz in Beschlag nahm: Sie gehörte Loddiges, eine wunderschöne, elfenhafte Kolibrisammlung, die sämtliche derzeit bekannten Arten dieser interessanten Vogelfamilie enthielt und um einiges umfangreicher war als die des British Museum.

Unterdessen erwähnte John Audubon Loddiges in seinen *Birds of America*, da dieser ihm das Annakolibrimännchen zur

Anfertigung einer Illustration zur Verfügung gestellt hatte. Er beschrieb Loddiges' Sammlung als »unerreicht«. Schomburgk und Audubon übertrieben nicht – schließlich enthielt Loddiges' Sammlung 1840 das einzige bekannte Exemplar der Violettscheitel-Flaggensylphen. Kein weiterer Vertreter der Art war seither aufgetaucht.

Sieben Jahre später, 1847, wurde die Violettscheitel-Flaggensylphe formal beschrieben, und zwar von Jules Bourcier, einem französischen Naturforscher, der sich mit besonderer Inbrunst Kolibris widmete. Er gab vielen neuen Kolibrispezies ihre Namen, häufig setzte er seiner Tochter Francia ein Denkmal: Bis heute trägt die Andenamazilie den lateinischen Namen *Amazilia franciae*. Loddiges' einzigartiger peruanischer Kolibri war jedoch etwas so Besonderes, dass Bourcier ihn ganz einfach *mirabilis* nannte, »wundersam«. Kurze Zeit trug der Vogel also den Namen *Trochilus mirabilis*, im Englischen war er *Loddiges' Spatuletail*.

1850 drehte ein Neffe von Kaiser Napoleon I. noch einmal am Kaleidoskop der sich immer bunter gestaltenden Geschichte dieses illustren Kolibris. Prinz Charles Lucien Bonaparte war nicht nur ein bekannter Taxonom, er interessierte sich auch in guter Familientradition für die Politik, wenngleich er als erklärter Republikaner kein Wohlwollen seines Cousins Louis erntete, der gerade als Staatspräsident Frankreich regierte und sich zwei Jahre später unter dem Namen Napoleon III. zum Kaiser proklamierte. Wegen seiner Rolle bei der erfolglosen Verteidigung der Römischen Republik gegen 40 000 von Louis entsandte französische Soldaten war er 1849 ins Exil geschickt worden. Nachdem er einige Zeit in England verbracht hatte, bekräftigte Charles ein Jahr später erneut seine republikanische Haltung, indem er in seinem Werk *Conspectus generum avium* den Nacktkopf-Paradiesvogel als *Cicinnurus respublica* beschrieb – ein subtiler Seitenhieb, den sein Cousin anscheinend nicht mitbekam, denn noch im selben Jahr erlaubte dieser ihm die Rückkehr nach Paris.

Wenn Charles seinen mächtigen Cousin nicht gerade in Taxonomiebüchern provozierte, konzentrierte er seine enorme zoologische Expertise auf die schiere Flut an neuen Arten, die rund um den Globus beschrieben wurden. Das 19. Jahrhundert war eine Sternstunde globaler Entdeckungsreisen. Charles entschied, dass sich *Trochilus mirabilis* ausreichend von allen anderen Kolibris unterschied, um ihn als eigene Gattung festzulegen – *Loddigesia*, zu Ehren von Loddiges, der bereits 1846 im Alter von nur 60 Jahren verstorben war und diese posthume Verewigung seines Namens durch den einzigartigen Kolibri in seiner Sammlung nicht mehr erleben durfte, zunächst in der englischen Sprache, später auch im Lateinischen: *Loddigesia mirabilis*.

In den Jahren zwischen Entdeckung der Violettscheitel-Flaggensylphe und Loddiges' Tod muss es für jemanden wie John Gould, den das Kolibrifieber so sehr gepackt hatte, eine harte Prüfung gewesen sein, nicht selbst ein derartiges Exemplar zu besitzen. Auch wenn Gould davon sprach, mit Loddiges seelenverwandt zu sein, was ihre Liebe zu den Kolibris betraf, liegt es in der Natur einer Sammlerleidenschaft, dass man miteinander wetteifert und den anderen übertrumpfen will. Die Gentleman-Naturforscher aus den höheren Kreisen gaben ihre Sammlungen bereitwillig für die Blicke ihrer geschätzten Kollegen frei, um diese zu begeistern, ebenso für Forscher wie Audubon – und auch ein wenig, um damit anzugeben. Es muss eine große Genugtuung gewesen sein, etwas zu besitzen, was wenige in der Welt jemals gesehen hatten, geschweige denn ihr Eigen nennen konnten.

Goulds Gefühle bezüglich der Violettscheitel-Flaggensylphe lassen sich in seinem Kolibribuch *A Monograph of the Trochilidae, or Family of Humming-Birds* erahnen, in dem er nach Loddiges' Tod lamentierte:

> Mehr als zwanzig lange Jahre habe ich meinen Partnern in Peru und Ecuador die ernsthaftesten Bitten, vollständig mit Zeich-

> nungen, um zusätzliche Exemplare dieses wahrlich großartigen Vogels *Loddigesia mirabilis* übersendet. Ich habe die Anforderung mit erheblichen Summen an Geld untermauert, das ich jedem bot, der ein Exemplar liefern würde. Doch bis zum heutigen Tag wurde kein zweites gefunden.
> Manchmal kam mir der Gedanke, es könne sich um einen nachtaktiven Vogel handeln, was der Grund dafür wäre, dass er seither nicht mehr gesehen worden ist.

Es liegt auf der Hand, dass Gould nur zu gern ein Exemplar oder zwei sein Eigen genannt hätte – und er wäre bereit gewesen, eine stattliche Summe dafür zu zahlen. In seiner Verzweiflung bot er einmal 50 Pfund für ein unbeschadetes Exemplar der Art, was heute etwa 7000 Pfund entsprechen würde. Da trotz dieses enormen finanziellen Anreizes und der damals immer weiter vorangetriebenen Jagd auf die Kolibris in Südamerika bis 1880 kein neues Exemplar auftauchte, liegt die Vermutung nahe, dass es sich bei der Violettscheitel-Flaggensylphe schon damals nicht um eine weitverbreitete, häufig vorkommende Art handelte.

Das 20. Jahrhundert meinte es nicht gut mit der Violettscheitel-Flaggensylphe. Nachdem das Entdecker- und Sammelfieber des vorangegangenen Jahrhunderts ein wenig abgeflaut war, ließen die internationalen Naturforscher den südamerikanischen Kontinent weitgehend in Ruhe. 100 Jahre periodisch auftretender politischer Konflikte, sowohl lokal als auch global, waren sicher nicht hilfreich, sofern sich überhaupt jemand für das winzige Gebiet in Peru interessierte, das die Flaggensylphen bewohnten. Im weiteren Verlauf des Jahrhunderts wuchs der wirtschaftliche Druck auf das Tal des Río Utcubamba: Bewaldete Berghänge wurden gerodet, um Platz für Kaffeeplantagen zu schaffen, und in denen konnten die Flaggensylphen sicher nicht leben. Sie brauchen feuchte Waldränder und botanisch abwechslungsreiches Buschwerk, in dem sie Nahrung suchen und sich fortpflanzen können.

Kaffeeplantagen bestehen weder aus feuchtem Regenwald, noch sind sie botanisch betrachtet artenreich, genau wie Cannabisplantagen, die in derselben Gegend ebenfalls wie Pilze aus dem Boden schossen.

Viele junge Männer aus der Gegend machten mit Schleudern Jagd auf Violettscheitel-Flaggensylphen-Männchen – neben der rein sportlichen Herausforderung galten das Herz und die Schwanzfedern des Kolibris als starkes Aphrodisiakum. Der amerikanische Vogelbeobachter Richard Garrigues erzählte von einem Besuch 1999 in Pomacochas: »Die Federn und das Herz werden getrocknet, zu einem feinen Puder zerrieben und der Angebeteten des Jägers in einem unbemerkten Moment ins Getränk gemischt. So soll sie sich in ihn verlieben.«

Garrigues besuchte den Mercado Modelo im nahe gelegenen Chiclayo, der ebenso wie der Mercado Sonora in Mexiko-Stadt dafür bekannt war, Medizinmännern alles zu bieten, was sie zur Ausübung ihrer Künste benötigten: etliche Kräuter und Walfischknochen, Schlangenhäute, halluzinogene Kakteen und Kolibriherzen. Er fragte einige Händler, ob sie ein *corazón del colibrí mariposa* für ihn hätten, das Herz eines Schmetterlingskolibris, wie die Einheimischen die Violettscheitel-Flaggensylphe nennen. Alle wussten sofort, wovon er sprach, und einer von ihnen bot ihm ein daumennagelgroßes getrocknetes Herz in einem kleinen Glasbehälter an. Dass dieser örtliche Brauch erst vor relativ kurzer Zeit bekannt wurde, legt genau wie der Fall der Chuparosas in Mexiko nahe, dass Kolibris auch anderswo in den Amerikas durch Jagdbräuche gefährdet sind, von denen wir nichts wissen. Man muss nicht lange im Internet suchen, um auf die Verwendung von Kolibris in der traditionellen Medizin der Andenbewohner zu stoßen – ihr Blut zu trinken, soll Epilepsie heilen und bei Herzproblemen helfen, ebenso wie beim sogenannten *susto*, Schock.

Während Garrigues diese Tradition ans Licht brachte, passte BirdLife International regelmäßig den Bestandsstatus der Violettscheitel-Flaggensylphe auf der Roten Liste bedrohter Arten der IUCN an: Die Spezies befand sich auf einer traurigen Talfahrt vom Status »Gefährdet« (1988) zu »Stark gefährdet« (1996) bis zum derzeitigen »Vom Aussterben bedroht«. Danach gibt es nur noch eine weitere Stufe: »Ausgestorben« beziehungsweise »Verschollen«.

Die Stufe »Vom Aussterben bedroht« ist kein guter Platz für Kolibris. Schätzungen von BirdLife zufolge liegt die gesamte Population der Violettscheitel-Flaggensylphen nur noch bei etwa 250 bis 1000 ausgewachsenen Individuen. Die Jagd wird sich sicherlich auf ihr Schrumpfen auswirken – es heißt, die erwachsenen Männchen seien gegenüber den Weibchen in der Unterzahl, und bei den Männchen ist im Schnitt nur eines von fünfen geschlechtsreif –, doch auch der Verlust ihres Lebensraumes scheint die Spezies an den Rand der Auslöschung zu bringen. BirdLife ist zu dem Schluss gekommen, dass die Spezies beim derzeitigen Voranschreiten der Vernichtung des Amazonasregenwaldes binnen drei Generationen die Hälfte ihres geeigneten Lebensraumes verloren haben wird – was im Falle der Violettscheitel-Flaggensylphen gerade einmal zwölf Jahre sind.

Ich wollte diese Kolibris unbedingt sehen. Welcher Vogelfreund würde das nicht bei einer derart außerirdisch schönen Spezies? Ich kannte Fotos, die meinen Enthusiasmus schürten, doch dann sah ich in einer BBC-Dokumentation das Männchen beim Balzen vor einem Weibchen. Ich lauschte David Attenboroughs Kommentar und schaute wie hypnotisiert dabei zu, wie das Flaggensylphenmännchen, auf einem Ast sitzend, seine langen Schwanzfedern hob und so einen Kreis um sich selbst zeichnete, bis es schließlich vor dem Objekt seiner Begierde aufstieg, seine Schwanzfedern leierförmig hob und verführerisch mit dem Kopf wackelte, sodass seine glitzernde türkisfarbene Kehle und seine violette Krone aufblitzten und voll zur Geltung kamen. Der Tanz des Männchens zwischen den flechtenüberzogenen Ästen machte nicht nur Eindruck auf seine Partnerin – auch mein Herz hatte er damit gestohlen.

Wenn ich ehrlich war, musste ich mir eingestehen, dass es recht selbstsüchtig war, die Flaggensylphen zu besuchen, bevor sie ausstarben. Vor Ort versuchte man zwar, den Grundbesitzern am Río Utcubamba Anreize zu schaffen, den Lebensraum der Flaggensylphen zu erhalten oder neu aufzuforsten, trotzdem fürchtete ich um ihre Zukunft.

Bisher hatte ich auf meinen Reisen keine sicheren Beweise dafür, dass diese wenig systematischen Rettungsversuche, auch wenn sie natürlich lobenswert waren, der unausweichlichen Auslöschung derart bedrohter seltener Arten tatsächlich etwas entgegensetzen konnten. Schwermütig dachte ich an die bedrückende Situation der Blaubart-Helmkolibris oder der Antioquiakolibris in Kolumbien oder der Schwarzbauch-Höschenkolibris in Ecuador und fand kaum einen tröstlichen Gedanken dazu, wie es mit ihnen weitergehen sollte.

All das ging mir durch den Kopf, als mein Flugzeug in Tarapoto im Norden Perus landete. Ich war wahnsinnig aufgeregt. Als die Türen aufschwangen und eine feuchtheiße Luftwelle durch das Flugzeuginnere waberte, roch sie nach Kerosin und Abenteuer. Irgendwo da draußen, in den Hügeln hinter den sich wiegenden Palmen an der Landebahn, waren meine Violettscheitel-Flaggensylphen. Alles, was uns noch trennte, waren einige Tage, die ich in Begleitung des einheimischen Vogelführers Henry Gonzales Pinedo und unseres Fahrers Victor damit verbringen würde, die grünen Regenwälder zu durchkämmen, die das gesamte Gebiet bedeckten, wobei wir nach anderen, weniger seltenen Kolibris suchen würden, auf die ich mich nichtsdestotrotz unglaublich freute.

Auf der Fahrt an diesem Nachmittag von Tarapoto aus zu unserem Quartier in der Pumarinri-Lodge, die hoch über den Ufern des reißenden, schokoladenbraunen Huallaga-Flusses liegt, kamen wir nur langsam voran. Vor meiner Ankunft hatte es starke Regenfälle gegeben, und die Straße war von heftigen Erdrutschen betroffen. Alle paar Kilometer passierten wir riesige rote Erdlöcher und Felsen, größer als Autos, die auf den Asphalt gerollt waren. Die Erde hatte sich in knietiefen Schlamm verwandelt, durch den sich unser Minibus einen Weg bahnte, während die örtlichen *trimovils* etwas vorsichtiger waren. Bei diesen Mototaxis handelte es sich um typisch peruanische dreirädrige Motorräder mit einer kleinen, überdachten Sitzbank, auf der man zu dritt bequem oder zu weitaus mehreren in einem gedrängten Knäuel aus Gliedmaßen und Gepäck sitzen konnte. In einer Wolke aus blauen Abgasen fuhren sie an uns vorbei, meist in Primärfarben gestrichen und je nach Laune des Eigentümers verziert. Manche waren Heavy-Metal-Fans oder von Che Guevara, von Bikinischönheiten mit enormer Oberweite oder aber, in manchen Fällen, auch von der lokalen Vogelfauna: Auf einigen mobilen Dächern, welche die Fahrgäste vor den Launen der Elemente schützen sollten, sah ich Bilder von Tangaren und Papageien.

Als wir uns Pumarinri näherten, kamen wir durch das Dorf Shapaja. Hier hielten die Mototaxis am Straßenrand, damit sich die Fahrgäste in den Cafés mit Proviant eindecken konnten, den sie auf der Sitzbank des Gefährts verdrückten und sich dabei angeregt mit den Passagieren drei Mototaxis weiter unterhielten. Wir bahnten uns unseren Weg durch das Dorf, wobei Victor immer wieder riesigen Planen auf der Straße auswich, auf denen granatrote Kaffeebohnen in der Sonne trockneten.

Wir ließen Shapaja im abnehmenden Licht hinter uns und hielten neben dem Fluss, um ein paar Hoatzine zu beobachten, die in den Baumkronen über dem tosenden Wasser lebten. Diese großen Urvögel mit ihren bronzefarbenen Flügeln und der Irokesenkrone sind für ihre Jungvögel berühmt, die mit Krallen an den Flügeln zur Welt kommen. Sie bilden eine Brücke in eine ferne Vergangenheit, in der die Grenze zwischen Vögeln und den Flugsauriern, von denen sie abstammen, noch unklar und schwammig verlief. Da die Nacht hier schnell hereinbrach, war es im feuchten Dämmerlicht nicht schwer, mir eine unschuldigere Welt vorzustellen, einen Ort, an dem die Menschheit noch nicht mehr war als ein nervöses Aufblitzen in den Augen früher Säugetiere, die durchs Unterholz krochen.

Ich dachte über die Evolution von Kolibris nach, an den Zeitpunkt, ab dem sie regungslos in der Luft verharren konnten, ab wann ihnen die erstaunlichen, metallisch glänzenden Federn am Körper wuchsen, an den weiten Weg, auf dem manche Spezies ihre außerirdisch schönen auffälligen Schwanzfedern und Kronen entwickelten. Zwar stellte ich mir die Frage nach dem Wann, doch in Bezug auf die Entwicklungsgeschichte der Kolibris war es im Grunde eine Frage nach dem Wo.

Die Hoatzine, die sich schwerfällig durch die Baumkronen vor uns bewegten, leben ausschließlich in Südamerika, und auch die Kolibris kommen nur in den Amerikas vor, nirgendwo sonst auf der Welt, und doch hat man Fossilien beider Arten auch in Europa gefunden. Gerald Mayr, ein Paläontologe am Senckenberg-Forschungsinstitut, sah sich 2004 plötzlich dem Fund zweier Vogelfossilien im süddeutschen Frauenweiler gegenüber. Sie waren klein, gerade einmal vier Zentimeter lang, nur waren ihre Schnäbel doppelt so lang wie ihre Schädelknochen, während ihre Flügelknochen an die kurzen, kräftigen Oberarmknochen heutiger Kolibris erinnerten.

Mayr wusste, was er gefunden hatte. Bei den Vögeln, die um die 30 Millionen Jahre alt waren, handelte es sich um D. H. Lawrences »stechende, schreckliche Monster«. Es waren Kolibris. Doch sie identifiziert zu haben, machte die Entdeckung nicht weniger spektakulär, und Mayr verlieh seiner Überraschung über den Fund in ihrem wissenschaftlichen Namen Ausdruck, da er sie *Eurotrochilus inexpectatus* nannte: unerwarteter europäischer Kolibri. Überraschend war nicht nur sein Fundort, den ein ganzer

Ozean von allen bisherigen Fundorten von Kolibrifossilien in Südamerika trennte, sondern auch sein Alter. Im Vergleich zu ihnen waren die südamerikanischen Fossilien Jungspunde, nur etwa eine Million Jahre alt. In den folgenden Jahren wurden weitere Kolibrifossilien in Deutschland, Polen und Frankreich entdeckt. Die Annalen der Kolibrifamilie mussten neu geschrieben werden.

Vor mehreren zehn Millionen Jahren flitzten Urkolibris durch die europäischen Wälder und Hügellandschaften. Irgendwann traten sie die lange Reise auf den amerikanischen Kontinent an. Wie und wann genau dies passierte, wissen wir nicht. Vermutlich nahmen sie die Landverbindung, die damals zwischen Alaska und Sibirien existierte. Dass diese ersten Pioniere über den Atlantik geflogen sind, scheint unvorstellbar, und umso passender fühlte es sich für mich an, dass meine Kolibriodyssee in Alaska angefangen hatte, an dem Ort, an dem die Geschichte der heutigen Kolibris ihren Anfang nahm, als sie ihre europäischen Vorfahren zurückließen und sich ein Leben in der Neuen Welt aufbauten.

Am nächsten Morgen ging meine Reise weiter, wir verließen Pumarinri noch vor Tagesanbruch, um im Dämmerlicht einen Kolibri zu suchen, der nach der deutschen Ornithologin Maria Koepcke benannt worden war. Bevor sie bei dem furchtbaren Absturz der LANSA-508-Maschine über dem Amazonasgebiet am Heiligabend 1971 ums Leben kam, hatte sie einen so großen Beitrag zu unserem Verständnis der peruanischen Vogelwelt geleistet, dass sie als »Mutter der peruanischen Ornithologie« gefeiert wurde, zur damaligen Zeit eine außergewöhnliche Leistung in dieser wissenschaftlichen Männerdomäne. Ihr früher Tod mit nur 47 Jahren beraubte die südamerikanische Ornithologie eines ihrer hellsten Köpfe.

Ihre Tochter Juliane, damals noch eine Teenagerin, war die einzige Überlebende des Absturzes, der ihre Mutter und 90 weitere Passagiere sowie die Crew das Leben kostete. Durch einen

Blitzeinschlag fing die Maschine Feuer und brach infolge gewaltiger Turbulenzen noch in der Luft auseinander. Juliane, noch immer in ihren Sitz geschnallt, fiel aus etwa 3000 Metern Höhe mitten in den dichten Regenwald. Neun Tage später wurde sie endlich von Holzfällern gefunden, nachdem sie einem Flussverlauf gefolgt war. Mit einem Kanu brachte man sie in Sicherheit: Ihr Schlüsselbein war gebrochen, ihr Arm schwer verletzt, ebenso ein Auge, sie hatte eine Gehirnerschütterung erlitten, und ihr Körper war von unzähligen Insektenlarven befallen. Um diese von ihr ablösen zu können, gossen ihr die Holzfäller Benzin auf die Haut – später erinnerte sie sich, eigenhändig über 30 Larven aus ihrem Körper entfernt zu haben und darüber sehr stolz gewesen zu sein. Werner Herzog verfilmte ihre bemerkenswerte Überlebensgeschichte später in einer Dokumentation: *Julianes Sturz in den Dschungel.* Der Filmemacher befand sich im späten Dezember 1971 in Peru und wollte den Flug 508 ebenfalls nehmen, stornierte seine Reservierung jedoch in der letzten Minute.

Das Schicksal hatte es gut mit ihm gemeint, und während Juliane aus dem Himmel gefallen war, verliebte sich Herzog in die peruanischen Regenwälder. 1971 scoutete er gerade Drehorte für *Aguirre, der Zorn Gottes. Fitzcarraldo*, ein Film über Obsessionen, für den in Ermangelung von Special Effects der Transport eines 300 Tonnen schweren Schiffes über einen Berg erforderlich war, wurde ebenfalls in Peru gedreht. In beiden Drehbüchern kommen Kolibris vor – ganze Horden, die durch die dichten Wolken des Amazonasnebels schwirren, über den Bäumen schweben und aus den Schwaden auf die Protagonisten herabschießen. Ganz offensichtlich hatte Herzog Gefallen daran gefunden, dass die Vögel seine Filme in der südamerikanischen Gegenwart verankerten, die er darstellen wollte. Seine einzigartige Herangehensweise an das Filmemachen wird in *Tod in Texas* deutlich, der sich mit einem Dreifachmord und dessen Konsequenzen auseinandersetzt. Nur Herzog käme auf die Idee, einen Film über die Todesstrafe mit einem Prediger zu eröffnen, der eine Geschichte über Eichhörnchen erzählt, um die Fragilität des Lebens auszudrücken, während in der letzten Szene ein früherer Wächter aus dem Todestrakt von Kolibris spricht. Fred Allen, Leiter des sogenannten Death House Teams, das 1998 in Texas Karla Faye Tucker hinrichtete, die erste Frau seit Chipita Rodriguez 1863, stellt die Frage, die Herzog später »die ultimative Frage« nennt. Allen klingt nachdenklich, als er über sein Handeln nachdenkt und in die Zukunft blickt. Er sagt, er werde Kolibris beobachten, und fragt sich, warum es so viele davon gibt. Dann bricht seine Stimme ab.

Und wieder begegnen uns Kolibris in Herzogs Œuvre.

Zurück in Peru konnte ich es kaum erwarten, den Kolibri zu sehen, der Maria Koepckes Namen trug. Der Orangebraune Schattenkolibri oder Koepckeschattenkolibri, im Englischen *Koepcke's Hermit*, wurde erst 1977 entdeckt und ist somit in der Welt der Kolibris noch ein Novize. Er ist schüchtern und unauffällig, wie so viele Schattenkolibris, und man findet ihn nur in einer engen Schneise entlang der östlichen Andenausläufer Perus. Maria Koepcke hätte sich mit Sicherheit geehrt gefühlt, wenn sie gewusst hätte, dass ihrem Lebenswerk über Perus Vogelwelt und ihrem Beitrag zur Wissenschaft auf diese Art für immer ein Denkmal gesetzt wurde.

Ein nicht sehr breiter, schlammiger Pfad führte von einem Holztor am Straßenrand bergauf, als wir die Aconabikh Koepcke's Hermit Reserva erreicht hatten. Es regnete in Strömen, und das Wasser tropfte von den Blättern, die wir auf dem Weg nach oben streiften. Die überdachte Aussichtsplattform auf einer kleinen Lichtung war ein willkommener Anblick, vor allem als ich die Nektarspender bemerkte, die überall hingen. Der Regen ließ nicht nach, sodass sich an den Spendern nicht viel tat. Ein kleiner Junge im FC-Barcelona-Trikot saß gelangweilt herum und spielte mit einer Machete, die in etwa so groß war wie er selbst. Über unsere Ankunft war er sichtlich erfreut und löcherte uns mit Fragen darüber, was uns nach Aconabikh verschlagen hatte. Ich beantwortete sie geduldig, während ich tunlichst die sehr viel schwerwiegendere Frage umschiffte, weshalb er in seinem Alter hier mit einer tödlichen Waffe in der Hand saß.

Als der Regen aufhörte, machte sich der Wächter der Spender wortlos auf den Weg den Hügel hinauf, die Machete locker über die Schulter geworfen. Nachdem er weg war, tauchte mit einem Mal eine Kolibrischar auf – plötzlich ging es an den Spendern hoch her, und die Vögel, die den Regenguss im Unterholz abgewartet hatten, nutzten die Gunst der Stunde, um ihre Energiereserven aufzutanken. Bei vielen von ihnen handelte es sich um Bronzeschwanz-Saphirkolibris, die aussahen, als hätte sie jemand in einen Regenbogen getunkt. Ihre Krone war von einem tiefen Indigoblau, das in einen türkisfarbenen Nacken verlief. Darunter folgte ein smaragdgrüner Rücken, der in einen gelben Rumpf und in einen strahlenden kupferfarbenen Schwanz überging. Der Regen war mittlerweile der Sonne gewichen und ließ, ähnlich wie bei dem Gefieder der Vögel, auf den vielen Blättern am Rande der Lichtung etliche kleine Regenbögen erstrahlen. Plötzlich haftete dem Moment etwas Magisches an, was eines Herzog-Films würdig gewesen wäre.

Rotbrust-Brillantkolibris, die in Ecuador eine Seltenheit gewesen waren, gab es hier zuhauf, was mir die Möglichkeit bot, sie noch einmal genauer unter die Lupe nehmen zu können. Zwar waren sie für ihre Schönheit berühmt, doch ein wenig verblassten sie im Vergleich mit den glorreichen Saphirkolibris, die wie kleine Prismen um uns flogen. Sie zogen mich völlig in ihren Bann – Schwalbennymphen und Weißnackenkolibris buhlten um meine Aufmerksamkeit, doch es half nichts. Erst Henry brach den Bann mit einem Ruf.

»Da! *Koepcke's Hermit*!«

Er deutete quer über die Lichtung, in deren hinterster Ecke ich an einem etwas versteckt hängenden Spender die längliche, elegante, orangebraune Form eines Schattenkolibris erkennen konnte, den spitzen Schwanz und den dünnen, langen Schnabel. Der Vogel trank sehr flink und tauchte dann mit der Präzision einer Nadel wieder tief ins Unterholz. Um ehrlich zu sein, wäre ich mir nicht sicher gewesen, dass es wirklich ein Koepcke war; der Moment war zu flüchtig, zu ungreifbar dafür gewesen. Ich hatte die Anwesenheit des Vogels gerade eben mitbekommen, für einen Blick durch mein Fernglas war keine Zeit gewesen, damit ich ihn anhand seiner Merkmale von anderen Arten hätte unterscheiden können.

Wer sich mit Schattenkolibris auskennt, weiß, dass die folgenden Stunden ganz typisch abliefen: In regelmäßigen Abständen tauchte der Vogel wieder am Spender auf, aber auch an den umliegenden pink-weißen Fackelingwerblüten. Jeder Besuch dauerte nur Sekunden, er trank und verschwand. Schon bald gab ich es auf, ein ordentliches Foto aufnehmen zu wollen – es war technisch zu frustrierend, bei einem derart hibbeligen Gast zu suchen und scharf zu stellen, und hinderte mich daran, die bloße Anwesenheit dieses Vogels zu genießen: sein Gefieder aus Zimt und Bronze, die schneeweißen Kontrapunkte um seine Augen herum und an den beiden langen Schwanzfedern.

Die folgenden Tage, in denen wir uns auf dem Weg zum Naturschutzgebiet der Huembo-Lodge den sagenumwobenen Violettscheitel-Flaggenkolibris näherten, folgten immer demselben Ablauf. Wir starteten früh am Morgen, noch vor Tagesanbruch, indem der unermüdliche Victor unsere Ausrüstung in den Minibus lud, bevor wir zu einem neuen Beobachtungsort durch den peruanischen Urwald fuhren. An jedem Tag entdeckten wir eine neue, außergewöhnliche Kolibriart. Ich verlor mich im orangefarbenen Irokesenschnitt der Zierelfen, dem majestätischen Nachtblau der Blauen Sonnennymphen und sah noch zahlreiche weitere Schattenkolibris: Dunkle, Grüne, Schwarzkehlen-, Weißbart- und Rote Zwergschattenkolibris, doch keiner von ihnen rührte mich so sehr wie der geheimnisvolle Koepcke.

Auch meine peruanischen Begleiter lernte ich mit der Zeit besser kennen. Ich schätzte, dass Henry ein paar Jahre jünger war als ich und Victor noch etwas jünger. Eines Tages fragte ich Henry beim Mittagessen, wie seine Jugend hier in Peru verlaufen war. Hatte er sich schon immer für Vögel interessiert? Meine Schulkameraden hatten sich über mein Interesse immer lustig gemacht, sodass ich annahm, in einem Land mit noch weniger Interesse an Naturkunde könnte Henry eine ähnliche Erfahrung gemacht haben. Er nahm sich einen Moment, bevor er antwortete, kaute nachdenklich, sortierte seine Gedanken.

»Ich bin nahe Tarapoto aufgewachsen. Da konnte man damals nicht losziehen, um Vögel zu suchen. Unser Leben wurde vom Sendero Luminoso bestimmt.«

Sendero Luminoso (Leuchtender Pfad) war eine revolutionäre kommunistische Vereinigung, die ab den 1980er-Jahren einen brutalen Guerillakrieg gegen die peruanische Regierung führte. Zwischen 1980 und 1990 hatte sie den Höhepunkt ihrer Macht erreicht und war für über 35 000 Tote verantwortlich. Nachdrücklich schüttelte Henry den Kopf. »Sie haben gegen die Armee gekämpft und auch gegen andere Rebellen. Zuhause konnten wir ganz in der Nähe die AK47er rattern hören. Rat-tat-tat! Meine Familie und ich, wir haben uns dann immer unters Bett gelegt.«

Mit einer solchen Wende in unserem Gespräch hatte ich nicht gerechnet. Ich schämte mich ein wenig dafür, angenommen zu haben, dass auch der junge Henry wegen seiner ornithologischen Ambitionen verlacht wurde, dabei hatte er in Wahrheit eine der gewalttätigsten Perioden der peruanischen Geschichte durchleben müssen. Ich entschuldigte mich für meine Unwissenheit bezüglich der damaligen Lebensrealität und witzelte schwach, im Vergleich dazu seien meine kindlichen Mobbingmomente leicht zu verkraften gewesen. Henry sah Victor an, bevor aus beiden das Lachen hervorbrach.

»Ay, Jon! Du hast keine Ahnung, was für ein Glück du gehabt hast«, sagte Henry. »Am Sonntag wurden gleich vor unserem Haus Leute vom Sendero Luminoso exekutiert. Sie reihten sie auf, weil sie angeblich mit Drogen oder Einbrüchen zu tun hatten. Und dann schossen sie einem nach dem anderen ins Genick.«

Henry spielte die Szene nach, er hielt sich zwei Finger ins Genick und imitierte den Rückstoß.

»Das war sonntags. Und dann ließen sie die Leichen auf der Straße liegen, damit die Kinder am Montagmorgen auf dem Weg zur Schule daran vorbeikamen.«

Unser Gespräch verstummte, ich wusste nicht, was ich sagen sollte. Victor brach das unangenehme Schweigen.

»Mittlerweile ist es wesentlich besser. Seit Jahren wird nicht mehr gekämpft. Zumindest nicht hier. Es gibt im Land immer noch Orte, die man besser meidet … Manchmal treffen wir ausländische Vogelbeobachter, die sagen, sie wollen Peru auf eigene Faust erkunden. Sie haben sich ein Auto gemietet und wollen selbst sehen, welche Arten sie finden. Und oft ist das auch okay. Aber manche Orte würden selbst wir Peruaner nicht besuchen, und wenn Ausländer dort ankommen, kann es Probleme geben. Heftige Probleme. In manchen Gegenden gibt es noch Ärger wegen Drogenhandel. Wenn da ein ausländischer Vogelnarr mit seiner Karte in der Hand herumsteht – der weiß nicht, wo es sicher und wo es gefährlich ist.«

Henrys Erlebnisse als junger Vogelfreund unter dem Sendero Luminoso und Victors aktuellere Warnung vor den Gefahren im Land ließen mich schaudern, um es milde auszudrücken. Unter Vogelkennern war der Sendero Luminoso berühmt-berüchtigt, da er in den 1990er-Jahren für den Tod zweier britischer Birder verantwortlich war, die in Peru eigentlich den Vogeltrip ihres Lebens hatten verbringen wollen. Mike Entwistle und Tim Andres hatten offenbar die Warnungen der Einwohner in den Wind geschlagen, eine bestimmte Bergregion nicht zu besuchen. Man hat die Leichen der Männer nie gefunden, doch offenbar wurden sie von einer Sendero-Luminoso-Truppe überrascht, die sie mit gezückten Waffen abführen wollten. Einer der Männer versuchte wegzurennen und wurde kaltblütig erschossen. Der andere sollte zugeben, ein CIA- oder DEA-Agent zu sein. Offenbar machten die Karten und Ausrüstungsgegenstände die Rebellen besonders argwöhnisch, wie es bei meinem Freund Diego Calderón auch der Fall gewesen war, als ihn die FARC-Guerillas in Kolumbien entführt hatten. Er hatte Glück, dass sie ihn gehen ließen. Der zunächst überlebende Brite wurde irgendwann in Peru exekutiert.

Nach dem Essen verfolgte mich unser Gespräch noch immer, als ich eine Warnung der anderen Art von Henry bekam. Auf der Suche nach Weißbart-Schattenkolibris in den umliegenden Sümpfen ging ich gerade an den Nebenbauten einer kleinen Farm vorbei, als ich mich einem Tier gegenübersah, das in etwa so groß und dick wie ein durchschnittlicher Biber war, mit schwarz glänzendem Fell und einem auffälligen orangeroten Latz. Als es mich bemerkte, lief es selbstbewusst quer über den Hof auf mich zu, zischte wie ein Reifen, dem die Luft ausging, und entblößte dabei unter seiner langen Schnauze eine Reihe spitzer weißer Zähne. Henry verlor keine Zeit.

»Jon! Sei vorsichtig! Die können gefährlich werden!«

Wie ich nun erfuhr, war ich auf meinen ersten Coatimundi – einen Nasenbären – gestoßen, ein regionales, halb domestiziertes Säugetier, dem ich zu nahe gekommen war. Henry erklärte mir, dass sie im ländlichen Peru häufig als Haustiere gehalten wurden.

»Mein erstes Haustier war auch ein Coatimundi. Meine Mutter hat ihn mir geschenkt, als ich klein war. Sie können gute Haustiere sein, sehr freundlich zu Menschen, die sie kennen. Aber sie sind sehr schlecht für die Umwelt – sie fressen alles, was sie finden können.«

Wir ließen den Coati in Frieden und stiegen wieder in den Minibus, um den Violettscheitel-Flaggensylphen entgegenzureisen, die noch eine Tagesfahrt durch die Berge von uns entfernt waren. In der Zwischenzeit kehrten meine Gedanken immer wieder zu Henrys Kindheit zurück. Immer wieder fragte ich mich, wie verstörend es für ihn und seinen Coati gewesen sein muss, nachts von Gewehrsalven geweckt worden zu sein, die ganz in der Nähe abgefeuert wurden.

Am nächsten Nachmittag fuhren wir durchs Zentrum der ländlichen Kleinstadt Florida Pomacochas. Ein kleines Betonrelief einer männlichen Violettscheitel-Flaggensylphe kündigte an, dass wir nun in deren Territorium angekommen waren. Dieser Ausdruck des örtlichen Stolzes auf die Kolibris war ermutigend. Nikki Waldron, ein BBC-Researcher, der an den ersten Aufnahmen der Flaggensylphenbalz 2009 beteiligt gewesen war, erzählte später: »Die Gegend ist arm. Statt mit Nintendos zu spielen, machen die Kinder mit ihren Schleudern Jagd auf Kolibris. Doch nun haben sie erkannt, dass sie mit Touristen ein wenig Geld verdienen können, das hat die Kultur völlig verändert. Wenn jetzt ein Kind mit Schleuder erwischt wird, machen sich die anderen Kinder darüber lustig.«

Vielleicht hatte sich das Blatt hier vor Ort für die Sylphen zum Guten gewendet. Einem Mann ist diese Veränderung vor Ort besonders zu verdanken: Santos Montenegro. Im Jahr 2000 fiel ihm eine vierköpfige Gruppe ausländischer Birder irgendwo in einem Feld nahe seiner Heimatstadt auf. Er war neugierig, stellte sich ihnen vor und fragte, wonach sie suchten. Einer von ihnen zeigte Montenegro eine Illustration einer Violettscheitel-Flaggensylphe und erzählte, seit fünf Tagen seien sie in dieser Gegend auf der Suche nach dem sagenumwobenen Vogel.

Montenegro zuckte die Achseln. Zu ihrer Überraschung erzählte er ihnen, auf seiner *chacra*, Farm, gebe es Violettscheitel-Flaggensylphen. Als die Männer Montenegro am nächsten Tag zu seiner Chacra begleiteten, stellte sich heraus, dass er nicht übertrieben hatte – die Vögel waren tatsächlich dort und ließen sich sogar fotografieren. Die Touristen gaben ihm für seine Mühen 200 Soles, um die 45 Euro.

Montenegro staunte nicht schlecht. Bisher hatte er keinen blassen Schimmer gehabt, dass eine derartige Sichtung einem Kolibriliebhaber so viel wert sein könnte. Diese Begegnung änderte seine Sicht auf die Vogelwelt vollkommen – er fing an, sich über sie schlau zu machen und Vögel zu beobachten, an die er zuvor keinen Gedanken verschwendet hätte. Binnen kürzester Zeit wurde er als der Mann mit dem Schlüssel zu den Violettscheitel-Flaggensylphen bekannt – nun kamen alle zu ihm.

Mittlerweile dreht sich Montenegros gesamtes Leben um die Flaggensylphen. Er bekam von seinen Gästen ein altes Fernglas und einen Vogelführer geschenkt, und er war es auch, der die BBC-Filmcrew zu dem balzenden Männchen geführt hatte, das mich in der Dokumentation so sehr in seinen Bann gezogen hatte. Er ist jetzt ein gefragter Vogelguide für Touristen und Filmemacher und arbeitet für die Asociacion Ecosistemas Andinos (ECOAN), eine peruanische Non-Profit-NGO, die sich dem Schutz aussterbender Arten und bedrohter Ökosysteme in den Anden widmet. ECOAN arbeitet mit den Communitys vor Ort zusammen, um die Lebensräume der bedrohten Arten zu schützen, den Umgang mit natürlichen Ressourcen und ihren Nutzen zu verbessern sowie angegriffene Gebiete wieder aufzuforsten.

Eines dieser Gebiete ist das Gelände der Huembo-Lodge, das in den Bergen etwas außerhalb von Pomacochas auf knapp über 2000 Metern Höhe liegt. Das Land ist im Besitz der örtlichen Community und wird im Sinne des Artenerhalts in Zusammenarbeit mit ECOAN verwaltet. Gemeinsam mit der American Birding Association hat ECOAN damit begonnen, eine zuvor stark landwirtschaftlich genutzte Fläche von etwas über 40 Hektar aufzuforsten, Bäume zu pflanzen und den Lebensraum aller Vögel attraktiver zu gestalten, allerdings mit besonderem Augenmerk auf die Violettscheitel-Flaggensylphe. Santos Montenegro ist der

Manager der Huembo-Lodge, und genau hier wollte ich die seltenen Kolibris sehen.

Ein schmaler Pfad führte an dem steilen Hügel entlang, an dem die Huembo-Lodge lag, und binnen Minuten erreichten wir eine winzige geschützte Lichtung, auf der eine kleine Kolibrifutterstation aufgebaut worden war. Auf der Lichtung schwirrten zahlreiche Große Veilchenohrkolibris herum, vorwitzige, selbstbewusste Vögel, die von Kopf bis Fuß metallisch grasgrüne und himmelblaue Federn zur Schau trugen, die glänzten wie die Schuppen eines Fisches. Sie zischten durch die Luft und gingen ab und an mit aufgerichteten Ohrendecken aufeinander los. Erbarmungslos verteidigten sie die Spender vor anderen Kolibris, die es wagten vorbeizuschauen – ich erhaschte Blicke auf Himmelssylphen, Bronzeandenkolibris, Weißbauchamazilien, Andenamazilien, und dann … flog ein anderer Vogel über die Lichtung. Der erste Anblick war kurz, schwierig zu sagen, ob ich einen Vogel oder eine Libelle gesehen hatte, so klein und zierlich war das Tier im Vergleich zu den anderen Kolibris gewesen. Doch einen Moment später war der Vogel zurück, nun saß er wenige Meter von mir entfernt auf einem Ast und versteckte sich vor den angriffslustigen Veilchenohren – genau vor meiner Nase.

An seiner Kehle leuchtete das Türkis eines Karibikstrandes über weißem Sand auf, während sein winziger Körper von einem schwarzen Streifen in zwei Hälften geteilt wurde. Unter ihm hingen zwei dunkelblaue Scheiben, die neben ihm zu schweben schienen, so dünn waren die Federfilamente, die sie mit seinem Körper verbanden. Er saß da und beobachtete neugierig die anderen Kolibris in ihrem Flug über die Lichtung, und wenn das Licht im richtigen Winkel auf seine Federkrone fiel, leuchteten lila Blitze auf. Das sahen die Weibchen also, wenn er vor ihnen balzte, ein fesselndes, blauviolettes Feuerwerk. Seine Schwanzfedern zitterten, und er schwang sich auf, ein zarter Pfeil, der sich durch das Gewirr seinen Weg zum Spender bahnte, wo er kurz in der Luft hing, trank und wieder hoch oben in den Baumkronen verschwand.

Die Begegnung dauerte nur wenige Minuten. Ich nahm einen tiefen Atemzug. Ich zitterte und stellte fest, dass ich mit offenem Mund dastand. Ein einzelner Vogel irgendwo auf einem abgelegenen Berg in den peruanischen Anden hatte es geschafft, dass mir buchstäblich die Kinnlade runterklappte.

Etwa zehn Minuten später war er wieder da und verbrachte den Rest des Tages mit derselben Routine. Häufig vertrieben ihn die Veilchenohren von dem Spender. Henry, der während meiner Beobachtungen neben mir saß, erzählte mir unterdessen von den Anfängen der Huembo Reserva.

»Als die Spender aufgehängt wurden und sich die Kolibris daran gewöhnt hatten, verjagten die Violettohren ständig die Flaggensylphen. Das fiel einem der Männer hier vor Ort vor ein paar Jahren auf. Er fing alle Violettohren ein und setzte sie 15 Kilometer entfernt von den Spendern wieder aus. Er hatte es satt, dass sie die Flaggensylphen vom Trinken abhielten, und wollte den Gästen der Lodge bessere Sichtungen verschaffen, da sie ja von so weit her angereist waren.«

Vor seiner Pointe hielt er kurz inne.

»Tja, binnen zwei Monaten waren sie alle wieder da, und sie hatten noch ein paar Freunde mitgebracht! Nun gibt es hier so viele Veilchenohren wie nie zuvor.«

Als an jenem Abend die Stromversorgung der Lodge für diesen Tag abgeschaltet wurde, lag ich unter einer dicken Decke auf meinem Bett in der Dunkelheit und lauschte dem Regen, der über mir auf das Dach prasselte und über die Rinnen ablief. Eine Welle des Glücks überrollte mich, so rein und ursprünglich, dass es mich selbst überraschte. Ich fragte mich, wann ich mich zum letzten Mal so gefühlt hatte. Vielleicht als Kind in dem Bauernhaus meiner Großmutter in Cornwall, am ersten Tag der Sommerferien. Diese Erinnerung und das damit verbundene Gefühl wiederzuentdecken, hatte ich der Violettscheitel-Flaggensylphe zu verdanken.

Am nächsten Morgen ging ich bei Anbruch der Dämmerung zurück zu den Spendern und hatte die Kolibris in den ersten Stunden des Tages ganz für mich. Kurz nach Sonnenaufgang kehrte das Flaggensylphenmännchen zurück und versteckte sich nach der ersten Fütterung in den nahen Büschen. Reglos saß es eine halbe Stunde da. Ich fragte mich, worauf es wartete – auf ein Weibchen vielleicht oder einen Rivalen –, doch dann verschwand es so dezent, wie es im blassgrünen Dämmerlicht des Morgens aufgetaucht war. Es ließ mich in einem aufgeregten Zustand zwischen Euphorie und Melancholie zurück. Von allen Kolibris, die ich gesehen hatte, schien diese Art die verletzlichste und zarteste zu sein. Die Arbeit von ECOAN in dieser Gegend war bewundernswert, doch immer mussten sie dem ökonomischen Druck auf die Region standhalten. Käme der Ökotourismus zum Erliegen – was würde mit den Flaggensylphen und ihrem Lebensraum passieren, auf den sie angewiesen waren?

Später am Morgen fuhr Victor uns zurück nach Pomacochas. Nachdem er uns durch holprige Gassen kutschiert hatte, ging es hoch in die Gebirgsausläufer hinter der Stadt, wobei uns ein Kometenschweif aufgedrehter streunender Hunde folgte, die es offenbar nicht gewohnt waren, ein motorisiertes Fahrzeug in dieser Sackgasse zu sehen. Henry lehnte sich aus dem Fenster, schimpfte mit ihnen, sie sollten Leine ziehen, während Victor mit dem Minibus wie ein Betrunkener Schlangenlinien hinlegte, um sie nicht zu überfahren, wenn sie nach den Rädern schnappten, wobei er seine Fahrmanöver offenbar auf die Musik abstimmte, die unentwegt aus der Anlage tönte. Victor schien auf Disco zu stehen, und unser Tanz mit den Hunden schien dem Rhythmus des spanischen Discoklassikers »Yes Sir, I Can Boogie« zu folgen. Als ich einen Blick in den Rückspiegel warf, sah ich, dass Victor, wie um meine Annahme zu bestätigen, hämisch lachte, während er uns in ewigem Hin und Her über die Piste bugsierte.

An ihrem Ende wartete ein wortkarger Bauer auf uns, der uns nach einer spartanischen Begrüßung über einige grasüberwucherte Wiesen zu einem niedrigen Hügelkamm führte, von dem aus man die umliegenden Felder sehen konnte. Entlang einer kleinen Hecke, hinter der eine braune Kuh angebunden stand, waren einige selbst gemachte Kolibrifutterspender aus Plastikflaschen angebracht. Darunter hingen auch ein paar richtige Spender.

»Die hat er von mir«, sagte Henry. »Ich versuche ihn zu ermutigen, seine Farm diverser zu gestalten. Er weiß, dass Leute hier in die Gegend kommen, um die Flaggensylphen zu sehen. Wenn er mit ihren Besuchen etwas mehr Geld verdient, pflanzt er vielleicht wieder mehr Bäume, damit das Land zu seinem ursprünglichen Zustand zurückfinden kann.«

Der Bauer kümmerte sich um die Spender, nahm sie einzeln aus der Hecke und trug sie den Hügel hinauf, wo er sich neben uns auf den Boden hockte und sie in eine Plastiktüte steckte, um die Wildbienen von ihnen abzustreifen. Dann zog er den Spender wieder heraus und zerquetschte die Bienen in der Tüte, befüllte die Spender wieder mit frischem Zuckerwasser und hängte sie zurück. Den Rest unseres Besuchs verbrachte er damit, schweigend neben uns zu sitzen, darauf zu warten, dass Bienen zu einer Schale Zuckerwasser zwischen seinen Füßen kamen, um sie anschließend zwischen Daumen und Zeigefinger zu zerquetschen. Mir war sehr daran gelegen, ihn in seinem Bemühen um etwas Kolibritourismus zu unterstützen, gleichzeitig wünschte ich, er würde die anderen Wildtiere nicht einfach so offen töten.

Eine Weile standen wir da, und der stechende Geruch von Kuhmist hing schwer in der Luft. Im Vergleich zu den Spendern der Huembo-Lodge tat sich hier nicht viel, es kamen kaum Vögel – eine Handvoll Rotbauchkolibris und Weißbauchamazilien, und mir dämmerte, dass wir eher hier waren, um den Bauern zu ermutigen.

Später kamen wir auf dem Weg aus Pomacochas heraus bei einem erfolgreicheren Beispiel einheimischer Geschäftstüchtigkeit vorbei: einer Tankstelle mit Werkstatt, vor deren Tür riesige grüne Bananenstauden aufgetürmt waren. Der Sohn des Tankstellenbesitzers hielt dies für den verlässlichsten Ort für die Sichtung eines Weißkehl-Sichelschnabels.

Weißkehl-Sichelschnäbel oder Adlerschnäbel ähneln Schattenkolibris, die ebenfalls schüchtern, zurückgezogen und wenig auffällig gefiedert sind. Statt mit Glanz und Gloria zu protzen, sind ihre Federn in unterschiedlichen Olivgrün- und Bronzetönen gehalten. Hier endet die Ähnlichkeit allerdings auch schon, denn Adlerschnäbel haben, wie der alternative Name bereits verrät, einen stark gebogenen, beinahe deformiert aussehenden Schnabel. Zum Schmuck ist er natürlich nicht gedacht – die Evolution hat die Vögel mit einem Schnabel ausgestattet, der perfekt in die gebogenen Blüten der Helikonien passt. Man findet sie überall in den amerikanischen Tropen, ihre wächsernen roten und gelben Blätter und Blüten hängen unter Blattwerk, das an Bananenblätter erinnert, von schweren, pendelartigen Stielen. Sie enthalten jede Menge Nektar, nur sind die Blüten so tief und gewunden, dass nur die am besten angepassten und entschlossensten Bestäuber an ihn herankommen – alle anderen müssen woanders schnabulieren.

Der Sohn des Besitzers hatte einen breiten Helikonienhain auf einer natürlichen Terrasse am Hang des Hügels angelegt, von der aus man auf die Straße blickte. Für zahlende Gäste standen weiße Plastikstühle bereit. Sie versprachen sich einen Blick auf die Adlerschnäbel, die sich anscheinend an dieser willkommenen Nektarquelle erfreuten, da Helikonien im wilden Dschungel nur vereinzelt wuchsen. Wer einen Weißkehl-Sichelschnabel in der freien Natur sehen möchte, sucht sich üblicherweise eine Helikonie und wartet in der Hoffnung ab, sie möge auf der Trinkroute eines dieser Vögel liegen, der sich irgendwann blicken lässt. Genau wie Bienen kehren auch Kolibris täglich zu ihren liebsten Nektarquellen zurück. Für mich hatte diese Taktik weder in Costa Rica oder Kolumbien noch in Ecuador funktioniert. Weder Rotschwanz-Adlerschnabel noch Weißkehl-Sichelschnabel sind sonderlich selten, doch für mich hatten sie mittlerweile eine mystische, chimärenhafte Qualität angenommen, sie waren sowohl grotesk aussehende als auch faszinierende Geister, die nur zwischen den Seiten meines Feldführers existierten.

Auf eine Art war es insofern fast eine Entzauberung, als nach ein paar Minuten im Helikonienhain ein Weißkehl-Sichelschnabel angeflogen kam und prompt vor unserer Nase auf einer der Blüten landete. Er zog es vor, sich an der grell gefärbten Blüte festzuhalten, statt vor ihr in der Luft zu schweben, und tauchte seinen Schnabel tief hinein. Auf seiner Stirn klebten zitronengelbe Pollen. Zugegeben, er war keine Schönheit, zumindest nicht nach Kolibrimaßstäben, trotzdem bezirzte er mich – es war wunderbar, dieses unglaubliche Beispiel für eine Co-Evolution von Pflanze und Vogel mitzubekommen: Über die Erdzeitalter hatten sie sich so entwickelt, dass sie zueinander passten wie Schloss und Schlüssel.

Die Form des Sichelschnabels ließ sich auf diese Weise erklären – ganz im Gegensatz zu meinem letzten Kolibri in Peru, der sich bis heute einer eindeutigen Erklärung für seine Existenz entzieht. Etwa 400 Kilometer südlich von Lima finden sich auf dem trockenen Boden der Nazca-Hochebene Hunderte Geoglyphen – riesige figürliche Darstellungen, Hunderte Quadratmeter groß, von Tieren, Vögeln, Pflanzen und menschenähnlichen Formen. Über ihren Ursprung wissen wir nur Bruchstücke. Archäologen schätzen, dass sie zwischen 500 v. Chr. und 500 n. Chr. entstanden sein müssen, indem ockerfarbene, mit Eisenoxid eingefärbte Kieselsteine entfernt wurden, die überall in der Wüste den Boden bedecken. Darunter kam ein kontrastierender weißer Tonboden zum Vorschein. Er enthält große Mengen an Kalk, der mit der Zeit mit der Feuchtigkeit in der Luft reagiert hat und zu einer harten, schützenden Kruste geworden ist, die Erosion verhindert und die Figuren erhält.

So weit, so gut. Schwieriger wird es, wenn man sich die Frage stellt, warum die Angehörigen der Nazca-Kultur überhaupt derlei riesenhafte Figuren auf den Erdboden malen wollten – die man in ihrer vollen Größe nur aus der Luft erkennen kann, sodass ihre Erschaffer noch nicht einmal in diesen Genuss gekommen sind. Wozu die vielen Linien? Zahlreiche Theorien kursieren dazu: Es seien religiöse Symbole, astronomische Kalender, Bewässerungssysteme oder, wenn man den wilden Spekulationen des Schweizers Erich von Däniken in seinem Bestseller von 1968 *Erinnerungen an eine Zukunft* Glauben schenken möchte, sogar Landefelder für die UFOs der Außerirdischen aus früheren Zeiten.

Warum genau diese Ur-Aliens ausgerechnet auf riesigen Abbildungen einer Spinne, eines Lamas, Jaguars, Affen, Kolibris oder anderen Tieres landen wollten, erklärt Däniken in seinem Buch nicht, doch da es weiterhin an stichhaltigen Beweisen und Theorien zur Entstehung der Nazca-Linien fehlt, können Däniken und seine Anhänger bis heute ihre Version der Dinge in die Welt posaunen.

Als ich mich also aufmachte, um den dramatischsten aller südamerikanischen Kolibris zu sehen, wusste ich, dass er weit größer sein würde als der Riesenkolibri. Um den größten und berühmtesten Kolibri der Welt zu sehen, musste ich in die Stadt Nazca reisen und von dort aus mit einem Leichtflugzeug über die Nazca-Linien fliegen. Neben dem *Mono*, dem Affengeoglyphen mit einem herrlich aufgerollten Schwanz, ist der *Colibrí* zweifelsohne die ikonischste Nazca-Linie. Die Figur ist fast 100 Meter lang und zeigt einen langschnäbeligen Kolibri im Flug, mit ausgestreckten Flügeln und Schwanzfedern.

Seine Berühmtheit führte im Dezember 2014 zu einer Bilderstürmerei, als Greenpeace-Aktivisten in die Wüste liefen und neben dem Kolibri riesige Banner ablegten, auf denen zu lesen war: *Zeit für Veränderung! Die Zukunft ist erneuerbar*. So richtig diese Message auch war, führte die Aktion leider zu dauerhaften Schäden am empfindlichen Wüstenboden. Einer der beteiligten Greenpeace-Aktivisten, der deutsche Archäologe Wolfgang Sadik, der es eigentlich besser hätte wissen müssen, bekam eine Bewährungsstrafe und musste wegen seiner Beteiligung an der Beschädigung des UNESCO-Weltkulturerbes 650 000 Soles (etwa 160 000 Euro) Strafe zahlen.

Erst kürzlich gab es Versuche, den Kolibri genauer zu bestimmen. 2019 verglich ein japanisches Forscherteam sämtliche Nazca-Vogelgeoglyphen mit über 2000 wissenschaftlichen Zeichnungen von Perus einheimischen Vögeln. Masaki Eda vom Hokkaido-Universitätsmuseum sagte: »Bisher wurden die Vogelgeoglyphen anhand der wenigen morphologischen Hinweise und des allgemeinen Eindrucks jeder Figur identifiziert. Wir haben uns ein genaues Bild von ihrer Form und der relativen Größe von Schnabel, Kopf, Hals, Körper, Flügel, Schwanz und Füßen gemacht und sie mit denen heutiger Vögel in Peru verglichen.«

Im Fall des Kolibris kamen Eda und seine Kollegen zu dem Schluss, dass die Figur aufgrund ihres langen, dünnen Schnabels und der länglichen Schwanzfedern von der Morphologie her am besten zu einem Schattenkolibri passte. Vor dem Hintergrund dieser neuen Perspektive freute ich mich, die Figur mit eigenen Augen zu sehen, doch als wir am Nazca-Aerodrom über den Asphalt in Richtung des Leichtflugzeugs liefen, das uns über die Wüste tragen sollte, nahmen mir die beiden japanischen Mitreisenden die Worte aus dem Mund: »Ist es das? Das ist aber ein kleines Flugzeug …« Ich hatte bereits einige ruckelige Flüge in Britten-Norman-Islandern über das Meer zur Fair Isle über mich ergehen lassen, doch diese Maschine war noch um einiges kleiner und wirkte deutlich weniger stabil. Nachdem wir an Bord geklettert waren, konnten uns die Sicherheitsanweisungen zumindest nicht noch nervöser machen, da es schlichtweg keine gab, und so ging es ohne Umschweife die kurze, holperige Startbahn hinunter und auf in den Himmel. Kaum waren wir in der Luft, übertönte eine knappe Durchsage die dröhnenden Motorengeräusche: »*Ballena*. Zur Linken … jetzt. Und zur Rechten … jetzt.«

Der Pilot senkte erst den einen Flügel, dann den anderen, sodass seine Passagiere durch die Schräglage geradewegs hinunter auf den *Ballena* schauen konnten, den Wal. Ich staunte nicht schlecht, doch dort auf dem Wüstenboden erkannte ich zweifelsfrei einen männlichen Schwertwal an seiner auffälligen Rückenflosse. Mehr denn je wunderte ich mich über Ursprung und Bedeutung der Nazca-Linien – sicherlich kannten die Architekten der Geoglyphen aus der Nähe ihrer Siedlungen Kolibris und Affen, aber Schwertwale? Um das Aussehen dieser Ozeanriesen bekannt zu machen, musste jemand von der Küste landeinwärts gereist sein.

Das Flugzeug bahnte sich weiter seinen wankenden Weg über die Figuren, der Pilot neigte die Flügel nach links und nach rechts und zog teuflische Kreise über jedem Geoglyphen. Die Morgensonne brannte auf die Plexiglasscheibe der Maschine und ließ die Luft im Innern immer heißer und stickiger werden. Meine japanischen Mitreisenden, die sich zunächst angeregt unterhalten hatten, wurden immer stiller, bis ich gar nichts mehr von ihnen hörte. Mir wurde bewusst, dass eine von ihnen würgte und ihr Bestes gab, um sich nicht zu übergeben, während ich versuchte, mich auf die Geoglyphen unter uns zu konzentrieren und in regelmäßigen Abständen auf den Horizont in der Ferne zu schauen.

»Perro … Mono … Colibrí …«

Die Namen wurden nacheinander durchgegeben. Hund … Affe … Kolibri. So plötzlich, wie ein Kolibri auch im wahren Leben an einer Blüte auftaucht, sah ich am trockenen Wüstenboden den berühmten Nazca-Kolibri. Noch immer trug ich die unerwartet starken Gefühle in mir, welche die Sichtung der Violettscheitel-Flaggensylphen in mir ausgelöst hatte, sodass ich unerwartet emotional auf diese Urdarstellung eines Kolibris reagierte. Ich wusste vielleicht nicht, warum diese Figur erschaffen worden war, doch allein die Tatsache, dass das Nazca-Volk vor Hunderten von Jahren Kolibris als wichtig genug erachtet hatte, um diese riesige Repräsentation zu erschaffen, fühlte sich bedeutsam an.

Beim Anblick des Kolibris konnte ich mich der Meinung von Masaki Eda und seinen Kollegen nicht anschließen. Der Schnabel schien mir viel zu lang für einen Schattenkolibri, er sah vielmehr nach einem der Schwertschnabelkolibris aus, wie ich sie in Kolumbien, Ecuador und auch hier in Peru gesehen hatte. Wie bei allen heutigen Theorien zu den Nazca-Linien – und den trüben Gefilden der Vogelbestimmung im Allgemeinen – musste wohl jeder bei seiner eigenen Meinung bleiben.

Am nächsten Morgen stieg ich zur langen, beschwerlichen Reise zurück nach Lima an Bord eines Busses, und als Reiselektüre hatte ich das Buch *Mama Amazonica* der zeitgenössischen Dichterin Pascale Petit bei mir; die Gedichtsammlung hatte ich auf meinen Südamerikareisen wieder und wieder aufgeschlagen. Als der Bus sich seinen wackligen Weg durch die schimmernde Wüste bahnte und der Nazca-Kolibri auf dem Erdboden hinter mir zurückblieb, nickte ich ein, während Petits Kolibriverse noch am Rande meines Bewusstseins dämmerten.

Lasst Mutters Nymphen und Sylphen
Hermiten und Inkas, ihre Saphire
Ihre Topasrubinmoskitos
Noch einmal das Fliegen üben …

8

Elfenjagd

São Paulo, Brasilien, 23° südliche Breite, und Santa Cruz, Bolivien, 17° südliche Breite

Alexander von Humboldt, der große Erforscher Südamerikas, war von klein auf eigentlich für eine Karriere im Staatsdienst vorgesehen. Seine Mutter Marie-Elisabeth setzte große Hoffnungen in ihn und seinen älteren Bruder Wilhelm, sodass sie nur die besten Hauslehrer anstellte, um die Jungen zu unterrichten. Alexander zeigte jedoch schon als Knabe eine Vorliebe für das Sammeln von Muscheln, Pflanzen und Insekten – was ihm der Legende nach den Spitznamen »der kleine Apotheker« einbrachte.

Humboldt ging nach Südamerika, um dem Hamsterrad der Tätigkeit im Staatsdienst zu entkommen. In späteren Jahren sollte auch ein anderer Abenteurer hier eintreffen, der sich zuvor mit Gusto einer politischen Karriere gewidmet hatte. 1914 kam Theodore Roosevelt nach Brasilien, nachdem er von 1901 bis 1909 als 26. Präsident der Vereinigten Staaten von Amerika gedient hatte. Gemeinsam mit dem brasilianischen Forscher Cândido Mariano da Silva Rondon folgte er dem Verlauf des Rio da Dúvida (Fluss des Zweifels) quer durch das Amazonasbecken. Roosevelt war ein eingefleischter Abenteurer und suchte nach seiner Wahlniederlage 1912 eine neue Herausforderung. Ohne zu zögern, nahm er die Einladung der brasilianischen Regierung an, neue Wege in diesem Land einzuschlagen. Die Expedition wurde vom Naturhistorischen Museum in New York gefördert, unter der neunzehnköpfigen Gruppe befanden sich auch zwei Naturforscher: der Säugetierkundler Leo Miller sowie der Ornithologe George Cherrie.

Beide beeindruckten Roosevelt außerordentlich. In seinem Expeditionsbericht notierte er, es habe für ihr Unterfangen keine besseren Männer geben können. Besonders seine Bewunderung für Cherrie kannte keine Grenzen. Roosevelt schrieb anerkennend über Cherries frühere Verwicklungen in die südamerikanische Politik und erzählte, er habe einmal eine neue Ameisenvogelart nach einem Revolutionsführer benannt, den Cherrie in der Zeit seines politischen Aufstiegs mit Waffen versorgt habe. Laut Roosevelt »eine fabelhafte Geste, durch die zwei sehr unterschiedliche Unterfangen in der Praxis miteinander übereinkamen: Ornithologie und Waffenschmuggel«.

Heute erinnern wir uns an Roosevelt als einen Präsidenten, der sich besonders um den Naturschutz verdient gemacht hat. Während seiner Präsidentschaft entstanden fünf Nationalparks, 51 Vogelschutzgebiete und 150 National Forests. Insgesamt stellte er über 9,3 Millionen Hektar Land unter staatlichen Schutz. An Vögeln war er ehrlich interessiert, wie man in einem Artikel in der Zeitschrift *Bird-Lore* der Audubon Society von März/April 1910 nachlesen kann. Die Verfasserin Lucy Maynard erinnert sich:

> Mir bot sich die Möglichkeit, den Präsidenten zu sprechen, und ich erkundigte mich, ob ich aus einem seiner Zeitschriftenbeiträge eine Liste all der Vögel anfertigen dürfe, die er auf dem Anwesen des Weißen Hauses bereits gesehen hatte.
> »Nun, natürlich«, antwortete er herzlich. »Aber ich kann noch mehr für Sie tun. Ich werde Ihnen eine Liste mit allen Vögeln zukommen lassen, die ich hier seit Beginn meiner Präsidentschaft gesehen habe.«

Binnen 24 Stunden schickte Roosevelt Maynard eine Liste mit 93 Spezies, an deren Sichtung er sich erinnerte – darunter auch ein »Kolibri«, bei dem es sich vermutlich um einen Rubinkehlkolibri gehandelt hatte. Roosevelt kannte sich allerdings nicht nur mit Vögeln aus und bemühte sich um den Schutz der amerikanischen Fauna – er war auch ein passionierter Jäger: Einer achtmonatigen Expedition in Afrika 1909 fielen 5013 Säugetiere, 4453 Vögel, 2322 Reptilien und Amphibien zum Opfer, und es wurden unterschiedliche Wirbellose, Pflanzen und Muscheln gesammelt. Wenig überraschend folgt in seinem Bericht über die Monate in Brasilien nach einer kurzen Vorstellung der Expeditionsmitglieder sogleich eine detaillierte Aufzählung der Waffen, die sie in den Dschungel mitnahmen, eine exotische Mischung aus Revolvern, Gewehren und Schrotflinten.

Alle anderen Bestandteile der Ausrüstung werden nur flüchtig erwähnt. Die Expedition führte einige Notrationen der United States Army mit sich, ihre Teilnehmer wollten sich jedoch größtenteils selbst durchschlagen. In den folgenden Monaten litten sie häufig Hunger oder wurden von Malaria und entzündeten Wunden geplagt. Vermutlich bereute Roosevelt seine Entscheidung bitterlich, mehr Waffen als Nahrung und Medizin mitgenommen zu haben, auch wenn man es dem Plauderton seines Berichts kaum anmerkt. Den tragischen Tod von Simplicio, einem der brasilianischen *camaradas* oder Träger, dessen Kanu in den Stromschnellen kenterte, erwähnt er nur kurz in nüchternem Tonfall:

> Simplicio muss sofort unter Wasser gezogen worden sein, wo ihm die Felsen unter dem reißenden Fluss zum Verhängnis wurden. Er tauchte nicht mehr auf und wir fanden seinen Körper nirgendwo.
>
> Auf einer Expedition wie der unseren ist der Tod ein Unfall, der einen jederzeit ereilen kann, und man entkommt ihm häufig so knapp, dass man sich daran gewöhnt, sein Leben aufs

Spiel zu setzen. Man empfindet ehrliche Trauer, doch die Arbeit muss weitergehen.
Wir nahmen den Transport sogleich wieder auf.

Am nächsten Tag, nachdem sie die Kanus an einigen unpassierbaren Stromschnellen vorbeigetragen und ihre Zelte am Rand des Flusses aufgeschlagen haben, beklagt sich Roosevelt, wie schwierig es sei, die vielen kleinen Vögel in den umliegenden Baumkronen zu schießen. Trotzdem gelang es Cherrie, der Sammlung der Expedition vier neue Arten hinzuzufügen, darunter auch ein Kolibri »aus der Spezies der ›Sternkolibris‹, mit hübschem, jedoch nicht glänzendem Gefieder. Man findet diese Art ausschließlich im tiefen, dunklen Dickicht, im Sonnenlicht zeigen sie sich nicht. Sein Kropf war voller Ameisen; als er geschossen wurde, trank er gerade von einigen langen, roten Blüten.«

Kolibris nehmen in Roosevelts Bericht keinen prominenten Platz ein. Einem Mangel kann dies nicht geschuldet sein, denn Cherrie lieferte dem Naturhistorischen Museum etwa 2500 Vögel ab. Roosevelt war jedoch weit mehr an der Großwildjagd interessiert, die er und seine Kollegen betrieben. Besonders seine ausführlichen Beschreibungen der Jagd auf Jaguars sind heute keine angenehme Lektüre mehr. Eine Erwähnung gegen Ende der Expedition lässt ahnen, wie groß der Hunger der Gruppe war:

> In dieser Gegend fanden die beiden Naturforscher viele Vögel, die uns zuvor nicht begegnet waren. Am auffälligsten war ein riesiger Pirol, etwa von der Statur einer kleinen Krähe […] auch fanden wir einen Specht mit zarten Schwanzfedern, nicht größer als ein Goldhähnchen, einen merkwürdigen Kolibri mit leicht formbarem Schnabel sowie zahlreiche Ameisenvögel, Prachtmeisen, Manakine und Todis.
> Kermit [Roosevelts Sohn] sammelte mit der kleinen Luger-Flinte einen prächtigen Mitu, beinahe so groß wie ein Trut-

> hahn, den der Koch häutete und daraus eine schmackhafte *canja* zubereitete, einen brasilianischen Eintopf aus Geflügel und Reis, den an Geschmack nichts übertrifft.
> All diese Vögel waren neu in der Sammlung, kein Forscher hatte diese Gegend vor uns bearbeitet. Die Früchte dieses Nachmittags waren somit neun Neuzugänge für die Sammlung, sechs neue Gattungen und eine köstliche Suppe.

Der hungergeplagte Trupp litt nicht nur unter angriffslustigen Insekten, und auch Simplicios Unfalltod markierte nicht das Ende ihrer Pechsträhne. Ein weiterer brasilianischer *camarada* wurde kaltblütig von einem seiner Kollegen niedergeschossen. Der Mörder wurde sogleich zurückgelassen, ein »von Natur aus fauler Drückeberger mit dem Herzen eines wilden Köters und dem Körper eines Ochsen«. Der Übeltäter musste nun allein in der Wildnis um sein Leben kämpfen, im Grunde bereits ein Todesurteil. Drei Tage später sahen sie ihn noch einmal am Rand des Flusses, auf dem sie sich langsam mit ihren Kanus ihren Weg bahnten. Sowohl Roosevelt als auch Rondon beschlossen, sein Flehen zu ignorieren, man möge ihn wieder in die Expedition aufnehmen.

In seinen Aufzeichnungen spielt Roosevelt sowohl die Schicksalsschläge, mit denen er und seine Kollegen konfrontiert wurden, als auch die tägliche Arbeit der Naturforscher herunter, doch eines wird er auf der etwa 1000 Meilen langen Reise nicht müde zu erwähnen: dass Brasilien ungeheures Potenzial für die wirtschaftliche Entwicklung biete. Wenn man bedenkt, wie sehr Roosevelt sich während seiner Präsidentschaft für den Naturschutz auf dem Gebiet der USA eingesetzt hat, ist es durchaus interessant, dass er in Brasilien nicht nur ausgiebig Jagd auf Jaguare, Kaimane und Tapire machte, sondern obendrein wiederholt auf die Möglichkeit der wirtschaftlichen Bereicherung hinwies. Ein Beispiel von vielen: »Das Land ist fruchtbar, hier lässt sich gut leben, und jeder arbeitswillige Siedler kann seinen Unterhalt bestreiten. Es gibt Minen, Wasserkraft, reichlich gute Erde. Ein weites Feld für Einwanderung sowie landwirtschaftliche, industrielle und geschäftliche Investitionen.«

Diese Worte, die ein amerikanischer Präsident 1914 schrieb, lesen sich heute, 100 Jahre später, wie ein persönliches Manifest des brasilianischen Präsidenten Jair Bolsonaro, den eine Welle aus populistischen Versprechungen zum Wahlerfolg trug: Er wolle das wirtschaftliche Potenzial der natürlichen Ressourcen seines Landes ausschöpfen und Gesetze zum Schutz der Natur und der indigenen Völker aus dem Weg räumen. Die traurige Ironie hierbei ist, dass Bolsonaro ganz offen seine Bewunderung für den zum Zeitpunkt seiner Wahl amtierenden US-Präsidenten Donald Trump äußerte – der wiederum nicht mit seiner Absicht hinterm Berg hielt, jene Nationalparks zu privatisieren und finanziell auszuschöpfen, die Roosevelt seinerzeit als Schutzräume für die amerikanische Tierwelt ebenso wie für die eigene Bevölkerung vorgesehen hatte.

Schon während Bolsonaros Wahlkampagne warnte der damalige brasilianische Umweltminister Edson Duarte: »Die Abholzung wird umgehend beginnen. Ich fürchte einen Goldrausch, wer zuerst kommt, mahlt zuerst. Sie werden wissen, dass illegal besetzte Gebiete von der Regierung geduldet werden. Sie werden wissen, dass niemand sie daran hindern wird.«

Bolsonaro versprach sogar, indigenes Land wirtschaftlich nutzen zu wollen, für die Holzindustrie, Landwirtschaft und durch Minen. Etwa 13 Prozent des Landes waren öffentlich als indigener Boden anerkannt und hatten bisher die anderweitige Erosion des Amazonasregenwaldes größtenteils überstanden – innerhalb dieser indigenen Grenzen waren nur zwei Prozent des Regenwaldes gerodet worden. Doch Bolsonaro warf diese Unterscheidung über den Haufen. Bezüglich der indigenen Völker Brasiliens zeigte er sich gleichgültig: »Minderheiten müssen sich der

Mehrheit beugen. Minderheiten [sollten] sich entweder anpassen oder einfach verschwinden.«

Ich kam nur wenige Monate nach Bolsonaros Amtseinschwörung in Brasilien an, und der Präsident hatte bereits fleißig seine Wahlversprechen eingelöst – zum kollektiven Entsetzen des hilflos zusehenden Auslands. Bolsonaro kürzte Brasiliens Umweltbehörde IBAMA drastisch Stellen und Mittel, während Teile des Amazonasregenwaldes bereits brannten, von Reue keine Spur: »Früher haben sie mich Captain Kettensäge genannt«, prahlte er. »Jetzt bin ich Nero und lasse den Regenwald in Flammen aufgehen.«

Im Juli 2019 zeigten Satellitenbilder, dass seit Bolsonaros Amtsantritt mehr als 3700 Quadratkilometer Regenwald gerodet worden waren. Im August wurde das Ausmaß der Waldbrände in Brasilien immer deutlicher, und der Rest der Welt erhob die Stimme dagegen. Manche Feuer waren auf frühere Rodungen zurückzuführen, bereits gerodete Vegetation wurde verbrannt, um das Land für die Viehzucht nutzbar zu machen. Andere brannten auf bereits landwirtschaftlich genutzten Flächen, um wuchernde Sträucher zu beseitigen, oder waren Teil der Wechselwirtschaft. Einige Brände schienen außer Kontrolle, aus absichtlich gelegten Feuern hatten sich Buschbrände im Regenwald entwickelt. Zusätzlich verschlimmert wurde die Situation durch vorherige illegale Abholzungen, bei denen wertvolles Holz aus dem unangetasteten Wald entfernt worden war, der dadurch trockener und weniger dicht wurde und somit anfälliger für Brände. Auch der Klimawandel zog die Trockenzeit nachweislich in die Länge, was dazu führte, dass die Vegetation austrocknete. Weltweit scheint die Abholzung von Wäldern die Wasserzyklen und Regenfälle zu beeinflussen – ein Teufelskreis: Der Regen, auf den die verbleibenden Wälder angewiesen sind, fällt nicht mehr in der Menge, die sie benötigen.

Am 10. August organisierten Rancher in Südamazonien den verheerenden *Dia do Fogo*, Tag des Feuers, an dem explosionsartig zahlreiche Brände in der Gegend gelegt wurden – allein 120 in der Nähe von Novo Progresso. Laut der Rancher wollten sie damit »dem Präsidenten zeigen, dass wir arbeiten wollen«. Für Bolsonaro bedeutete die Aktion Rückenwind. Tage später besaß er die Frechheit zu behaupten, Umweltschutz-NGOs hätten die Brände gelegt: »Bezüglich der Feuer im Amazonasgebiet, die meiner Meinung nach vermutlich von NGOs gelegt worden sind, weil sie Geld verloren haben, was soll das? Sie wollen Brasilien nur Probleme machen …«

In den folgenden Wochen wies Bolsonaro die Schuld an den Feuern immer wieder anderen zu, was so weit ging, dass er sogar den Schauspieler, Umweltaktivisten und Philanthropen Leonardo DiCaprio ins Feld führte: »Dieser Leonardo DiCaprio ist ein cooler Typ, was? Zahlt Geld, damit der Regenwald brennt.«

Die Gegend, in die mich mein Besuch führte, war bereits in einem Umfang zerstört worden, wie es dem Amazonasregenwald hoffentlich erspart bliebe, doch als ich in den Wochen vor meiner Abreise die Nachrichten verfolgte, wurde ich zusehends pessimistischer. Ich selbst würde die Zustände im Amazonasgebiet nicht mit eigenen Augen sehen, doch auch eine Reise zum atlantischen Regenwald führte durch Gebiete, die bereits der Landwirtschaft zum Opfer gefallen waren. Was heute von der vormals riesigen Mata Atlântica (Atlantischer Regenwald) geblieben ist, die sich vom Nordosten des Landes an der Küste entlang und schließlich landeinwärts bis Argentinien und Paraguay erstreckte, ist ein löchriger Schatten des ursprünglichen Waldes. Die landwirtschaftliche Expansion und die Holzindustrie haben aus einem eine Million Quadratmeter großen Regenwald einen Flickenteppich gemacht. Heute sind weniger als sieben Prozent verblieben, die noch immer zahlreichen Tieren ein biodiverses Zuhause bieten, darunter auch einigen Kolibris. Doch die traurige Wahrheit ist, dass in den verlorenen 93 Prozent viele Arten von Vögeln, Säugetieren, Insekten und Pflanzen gelebt haben werden, die für immer verschwunden sind, bevor wir sie überhaupt kennenlernen konnten. Südamerikas Tropenwälder sind Schmelztiegel endemischer Arten, manche Spezies bewohnen unglaublich spezifische Lebensräume, die sich auf ein oder zwei Berge oder Täler beschränken.

Als ich São Paulo am Steuer eines Wagens hinter mir ließ, um in die Küstenstadt Ubatuba zu fahren, konnte ich nicht aufhören, über diesen Verlust nachzudenken. Die vorübergleitende Landschaft, bloß angelegte Felder und Weiden, war eintönig im wahrsten Sinne des Wortes. Ich fragte mich, wie es hier vor 100 Jahren ausgesehen haben mochte, als Roosevelt Brasilien besucht hatte, oder im späten 19. Jahrhundert, als eine englische Adelige, Baroness Anna Brassey, nach Rio de Janeiro gereist war. Brassey unternahm zusammen mit ihrem Ehemann an Bord ihrer Jacht Sunbeam eine Weltreise und hielt einen Besuch in der Rua do Ouvidor fest, einer noblen Einkaufsgegend:

> Kunstblumen der teureren Art in großer Zahl, jedes Blütenblatt besteht aus der Kehle eines Kolibris, die Stielblätter aus Käferflügeln. Sie sind sehr selten und schön, ihre Herstellung eine *spécialité* dieser Stadt.
> Wir wunderten uns sehr über die horrenden Preise; fünf Sträuße, mit deren Kauf ich beauftragt worden war, kosteten 29 l., auch die anderen Waren kosteten ähnliche Summen. Doch die Blumen halten sich ewig. Einige sind seit neun Jahren in meinem Besitz, und sie sehen noch immer so gut aus wie an dem Tag, als ich kaufte.

Den Namen des fraglichen Geschäftes verrät sie nicht – vielleicht war es Ao Beija Flor: Beim Kolibri. Die Straße, in der es sich befindet, ebenso wie das umliegende Viertel war für die Herstellung und den Verkauf von Federblumen berühmt, wobei sich französische Floristen gleich neben einheimischen Läden fanden. Der schottische Naturforscher John MacGillivray, der in den 1850er-Jahren kurz in Rio de Janeiro haltmachte, hielt fest:

> Die schmale Rua do Ouvidor ist mit Geschäften gesäumt, von denen viele ebenso edel und reichlich ausgestattet sind wie die renommiertesten Häuser europäischer Metropolen. Besonders riskant für die gut gefüllte Brieftasche ist ein Besuch der berühmten Federmanufaktur der Mme Finot, wo aus herrlichsten Federn von Kolibris und anderen geflügelten Kreaturen alle Arten von Kränzen und Bouquets hergestellt werden.

Die Herstellung von Kunstblumen aus Kolibris war eine brasilianische Spezialität, die auf den traditionellen Gebrauch von Federn für dekorative Gegenstände der indigenen Stämme basierte, die bei Ankunft der Portugiesen entlang der brasilianischen Küste lebten. Einer von ihnen, die Tupinambá, entwickelte eine Handelsbeziehung mit den Portugiesen, sodass es nicht lange dauerte, bis die indigenen Federarbeiten ihren Weg nach Europa fanden, in etwa analog zum Export mexikanischer Arbeiten unter den Spaniern.

Pionierinnen der Kolibriblumen waren zwei Nonnen, die Stiftsvorsteherinnen Josefa Maria und Maria da Trindade aus dem Ursulinenkonvent in Salvador, Bahia. Sie arbeiteten die um sie herum erhältlichen, weitaus edleren Materialien in ihre traditionellen Stoffblumen ein. Die Nonnen verfügten über ein Netzwerk von Jägern, die sie mit den benötigten Rohmaterialien versorgten. »Die Einwohner in vielen Teilen von Brasilien bedienen sich ihrer Sklaven als Kolibrijäger für europäische Märkte«, merkte schon John Gould an. »Sie versorgen die Bewohnerinnen von Konventen auch mit zahlreichen anderen farbenfrohen Spezies zur Herstellung ihrer Federkunstblumen.«

Es heißt, die Nonnen hätten zuerst Altarbilder hergestellt, eine Verwendung der Federn also, die ebenfalls an die spanischen

Schöpfer religiöser Kunstwerke vergangener Jahrhunderte in Mexiko erinnert. Doch schließlich fertigten sie auch Sträuße, Girlanden und Kränze aus Federblumen an, die sie im ganzen Land verkauften, um mit dem Erlös ihren Konvent zu finanzieren. Der französische Reisende Ferdinand Denis beschrieb ihre Farbenpracht 1875 als »von einer Subtilität, die selbst den erfahrensten Künstler zur Verzweiflung treiben würde«. Die Innovation der Nonnen wurde in Rio de Janeiro enthusiastisch übernommen, wo Kunsthandwerker auf die Werbeanzeigen Pariser Modemagazine reagierten, um der französischen Mode einen exotischen, tropischen Anstrich zu verleihen. Die Kolibriblumen »im brasilianischen Stil« wurden als eine Mischung aus erlesenem französischem Geschmack und tropischer Natur wahrgenommen. Ein Korrespondent der amerikanischen Monatszeitschrift *Our Dumb Animals* erzählte 1875 folgende deprimierende Geschichte, die wohl vor Augen führen sollte, wie realistisch die Blumen tatsächlich aussahen:

> Vor einigen Tagen unternahm ich mit einigen Bekannten, die ebenfalls an Heuschnupfen litten, einen Spaziergang durch die Wälder zwischen Bethlehem und Littleton, als ein hübscher Kolibri versuchte, der Kunstblume am Hut meiner Frau ein wenig Süße zu entziehen. Der Vogel schien sich nicht an den Ausrufen unserer überraschten Gruppe zu stören, sondern steckte seinen Schnabel in jede einzelne Blume, bevor er sich wieder aufmachte. Dem Hersteller dieser Blumen darf dazu gratuliert werden, so kunstfertig zu sein, dass er sogar einen Kolibri täuschen kann.

Die Blumen erfreuten sich im Laufe des 19. Jahrhunderts wachsender Beliebtheit, da sie in Europa zusehends bei den Weltausstellungen präsentiert wurden, deren Schirmherren aus den Königshäusern stammten.

Prinzessin Therese von Bayern – mit vollständigem Namen Therese Charlotte Marianne Auguste von Bayern – war eine in jeder Hinsicht bemerkenswerte Frau. Sie stammte aus einer einflussreichen europäischen Königsfamilie und übernahm die royalen Geschäfte im Alter von nur 13 Jahren, nachdem ihre Mutter gestorben war. Mit 21 begab sie sich auf Reisen, zunächst durch Europa, dann Nordafrika, den Nahen Osten, die USA und Südamerika. Sie sprach zwölf Sprachen fließend und war eine begabte Naturforscherin sowie begeisterte Ethnologin, die am liebsten inkognito unterwegs war – in dem Rahmen, wie es einer Prinzessin möglich war. Sie kam 1888 in Begleitung eines in Taxonomie unterrichteten Bediensteten, einer Hofdame und eines Bodyguards in Brasilien an, erforschte Gebiete im Amazonas und um den Rio Negro, sammelte Pflanzen, Vögel, Säugetiere, Insekten und Mineralien und, mithilfe örtlicher Übersetzer, auch ethnologische Artefakte. Ihre Sammlung war so umfangreich, dass nach ihrer Rückkehr nach Bayern neun Jahre nötig waren, um das Material zu katalogisieren und zu untersuchen.

Sosehr Prinzessin Therese auch von ihrer wissenschaftlichen Neugier und Integrität geleitet wurde, verschlugen ihr die luxuriösen Auslagen in der Rua do Ouvidor dennoch den Atem. In *Meine Reise in die brasilianischen Tropen*, ihrem Expeditionsbericht, schwärmte sie von den diamantbesetzten Tiaras und Armreifen im Juweliergeschäft Rezende. Über die Straße an sich schrieb sie: »Farbenschillernde Blumen aus Kolibrifedern, Schmuckgegenstände aus metallisch glänzenden Käferflügeln sind in den Schaufenstern verführerisch zusammengestellt.«

Wie Anna Brassey erlag auch Prinzessin Therese der Versuchung, einige Kolibriblumen zu erwerben. Zusätzlich kaufte sie zwei Blattfächer, von denen einer aus den Federn eines Rosalöfflers gefertigt war, der andere aus Papageien- und Tangarenfedern. Zwar waren die Federn von Kolibris zur Herstellung der Kunstblumen beliebt, doch für einen vernünftigen Fächer waren sie zu klein. Bei Blattfächern dienten sie als exzellentes Prunkstück, und zu jener Zeit wurden vielfach Blattfächer gefertigt, in deren Mitte kokett ein ganzer ausgestopfter Kolibri saß. Am 6. Juni 1871 trat Alexandra, die Prinzessin von Wales, auf dem Waverley Ball in London als Maria Stuart verkleidet auf, wobei ihr ein weißer, mit einem Moskitokolibri geschmückter Fächer als exzentrisches Accessoire diente, angeblich ein Geschenk, das ihr Kaiser Pedro II. von Brasilien früher am Abend gemacht hatte. Die brasilianischen Fächer wurden unter den damaligen Damen der High Society zu einem regelrechten Exportschlager.

Etwas nachzuahmen, gilt als die höchste Form der Schmeichelei – wer keinen echten brasilianischen Fächer in die Finger bekam, konnte das Beste aus heimischen Materialien machen: In Culzean Castle an der Westküste Schottlands fand man in einem Bücherregal eine abgewetzte Holzkiste, in der ein Fächer aus Elfenbein und Seide lag, der angeblich im 19. Jahrhundert Julia, der Marquise von Ailsa, gehört hatte. Auf den mit weißer Seide bespannten Fächer war von Hand eine Gruppe Kolibris im Flug gestickt worden, augenscheinlich Höschenkolibris und Elfen. Es wird vermutet, dass feine Damen ihre Fächer dazu benutzten, mit ihren Verehrern zu flirten. Unterschiedliche Bewegungen oder Posen übermittelten geheime Nachrichten: *Ich liebe dich. Ich bin verlobt. Wir werden beobachtet. Küss mich.* Jede Nuance dieser Geheimsprache wurde in einem Pamphlet festgehalten, das von einem der führenden französischen Fächerhersteller, Duvelleroy, herausgegeben wurde. Vielleicht handelte es sich bei der Fächersprache also lediglich um einen Marketingtrick, der zur Verkaufssteigerung ebenso geeignet war wie die Abbildung von Kolibris, um den Fächern einen exotischen Touch zu verleihen.

Die Federmode des 19. Jahrhunderts gehört mittlerweile der Vergangenheit an, und Kolibris müssen nicht mehr fürchten, ihr Leben für die Haute Couture lassen zu müssen, doch eine aktuelle Ausgabe der *Vogue Brasil* widmete sich mit einem Editorial noch einmal der vergangenen Kolibrifederindustrie. Das zugehörige Fotoshooting fand in Salvador, Bahia, statt, derselben Stadt, in der sich das Konvent der Federblumenpionierinnen befindet. Ein Bild fällt besonders ins Auge: Die Models tragen federgeschmückte Turbane und diamantbesetzte Clutches mit grünen Federfächermotiven. An anderer Stelle im selben Heft sieht man das brasilianische Model Izabel Goulart als verführerische Nonne mit feurigem Blick.

Was die Stiftsvorsteherinnen Josefa Maria und Maria da Trindade von dieser modischen Ehrerbietung gehalten hätten, ist schwer zu sagen. Wer weiß, als geschäftstüchtige Unternehmerinnen in Sachen Kolibrifederblumen hätten sie sich vielleicht sogar geschmeichelt gefühlt.

Erst auf den letzten Kilometern vor Ubatuba kam ich endlich durch eine bewaldete Gegend, nachdem ich durch ein Gebiet der verlorenen 93 Prozent des Atlantischen Regenwaldes gefahren war, dessen Anblick eher ernüchternd war.

Etwas außerhalb der Stadt lag am Ende einer langen, kurvenreichen und schlammigen Straße das Haus von Senhor Jonas D'Abronzo. Die Äste der Bäume schlugen gegen die Seiten meines Allradantrieb-Mietwagens, als ich mir langsam meinen Weg hoch zum Dorf Folha Seca bahnte. Ich war froh, mich für dieses robuste Gefährt entschieden zu haben, kleinere Wagen hätten mir bei dieser Rutschpartie sicher Probleme bereitet. Zu Beginn der Strecke hatte es mich noch an vereinzelten Häusern vorbeigeführt, vor denen Kinder neben freilaufenden Hühnern im Hof spielten und die Wäsche an Leinen in der Sonne trocknete, doch nun fuhr ich in dichten Wald. Gerade kamen mir Zweifel, ob dies der richtige Weg war, als ich an einem Metalltor anlangte, hinter dem eine Einfahrt zu einem tief zwischen den Bäumen liegenden Bungalow führte. Falls ich mich verirrt hatte, konnte ich zumindest wenden, doch ich erkannte schließlich einige Kolibrifutterspender in den Bäumen vor dem Haus.

Ein kleiner Mann mit weißen Locken, einer dicken Brille und sanftem Lächeln kam über die Wiese, um mich zu begrüßen. Wir hatten einander vor meiner Ankunft gemailt, sodass ich kein unerwarteter Gast war. Ich brachte Geschenke mit – einige Büschel Bananen für die frugivoren Vögel, die seinen Garten ebenfalls besuchten, und natürlich durfte auch säckeweise Zucker für die Kolibris nicht fehlen. Ein Dutzend Futterspender mit Zuckerwasser zu befüllen, war ein zeit- und zuckerintensives Unterfangen für Senhor Jonas. Er erzählte mir, wie er zu diesem Kolibrigarten gekommen war.

»Ich lebe hier seit beinahe 20 Jahren. Meine Schwester hatte ein Haus in der Nähe, sodass ich die Kolibris schon kannte, bevor ich hierherzog, um allein zu sein. Das Haus liegt an einer Sackgasse, ich dachte, hier wäre es friedlich und ruhig, und ich würde keine Menschen mehr sehen. Vorher hatte ich in São Paulo gelebt, und als ich in Rente ging, war es Zeit für etwas anderes. Ich hängte ein paar Spender auf, um die Kolibris ans Haus zu locken. Die ersten Elfen kamen sofort.«

Es handelte sich um Schmetterlingselfen, eine kleine Kolibrispezies, die man in einem nicht sehr großen Gebiet unten an der Südostküste Brasiliens finden konnte. Vor dem Verlust riesiger Teile des Atlantischen Regenwaldes war die Art sicherlich gewöhnlicher, als sie es mittlerweile ist. Für Vogelsuchende, die hierherkamen, waren sie seit Langem ein begehrtes Ziel, wie Senhor Jonas schließlich feststellte.

»Ich wusste das zunächst nicht, doch der Weg, der zu meinem Haus führt, war britischen und amerikanischen Vogelbeobachtern schon lange bekannt, bevor ich hierhergezogen bin. Sie kamen her, weil sie hofften, die Elfen zu sehen.

Früher hielt ich das Tor verschlossen – ich kannte die Gegend noch nicht so gut, und ich wohne ja recht abgeschieden. Eines

Tages war ich draußen und hörte Applaus von der Straße oberhalb des Gartens. Ich kam zur Einfahrt und sah einige Vogelbeobachter, die in meinen Garten zu den Spendern schauten. Sie applaudierten, weil sie soeben die erste Elfe ihres Lebens gesehen hatten. Jetzt kommen Menschen aus aller Welt her.«

Der Stolz in seiner Stimme war nicht zu überhören. Obwohl er nach Folha Seca gezogen war, um mit der Gesellschaft nichts mehr zu tun zu haben, hatten die Menschen, die es aufgrund seiner Kolibris in diese abgelegene Ecke Brasiliens verschlug, ihn dennoch gefunden.

»Am Anfang kamen nur ein oder zwei Elfen, jetzt sind es noch mehr. Ich frage mich, wie viele noch dort zwischen den Bäumen stecken«, sagte er nachdenklich. Wir waren von meinem Wagen zur Terrasse seines kleinen Hauses gegangen und saßen nun dort, um die Spender zu beobachten, die im Garten und am Terrassendach hingen. Um uns herum schimmerten zahlreiche Kolibris: Glitzerkehl- und Glanzamazilien, Weißkinn-Saphirkolibris und Rubinkolibris, große grüne Kolibris, deren rubinrote Kehlen aufleuchteten, wenn sie sich zu mir drehten. Sr. Jonas lachte laut.

»Sieh dir die Weißkinn-Saphire an! Was für ein schlechter Name! Wo ist das weiße Kinn? Ein winziger Fleck, man sieht es kaum …«

Tatsächlich zeigten die betreffenden Vögel nur einen winzigen weißen Sprenkler an ihren ansonsten königsblauen Kehlen. Senhor Jonas sprach weiter: »Auf Portugiesisch nennen wir sie *beija-flor-roxo*, also Violettkolibri. Wir machen Witze darüber, dass dieser Kolibri auf Portugiesisch besser aussieht als auf Englisch!«

Sein Lachen war ansteckend, und hinter uns lag ein weiteres Zeugnis seiner freundlichen Natur. Bei der geöffneten Tür zum Haus lag ein kleiner, hohler Baumstumpf auf der Terrasse. Darin saß auf einem vorsichtig zusammengelegten Asthäufchen ein Weißkinn-Saphir-Weibchen mit einem leblos am Körper hängenden Flügel. Alle 15 Minuten hob Senhor Jonas sie samt Nest hoch, um sie an einem winzigen Spender trinken zu lassen, die Hand schützend unter sie gelegt. »Sie hat mit einem anderen Kolibri gekämpft, dabei hat sie sich den Flügel gebrochen. Ich habe sie vom Boden aufgesammelt und kümmere mich jetzt um sie. In diesem Spender ist spezielles Zuckerwasser – sie kann ja keine Insekten mehr fangen, also habe ich etwas Pulvereiweiß gekauft, das ich mit ins Wasser gebe«, erklärte er.

Sie wirkte trotz ihres offensichtlich verletzten Flügels wach und aufmerksam, und wenn sie Senhor Jonas sah, piepste sie aufgeregt, da sie in ihm ihren Retter erkannte.

»Sie sind schlau«, sagte er, »für so einen kleinen Vogel. Die Leute wissen gar nicht, wie intelligent Kolibris sein können. Sie ist nicht die Erste, die ich gerettet habe. Vor ein paar Jahren habe ich mal einen Roten Zwergschattenkolibri gefunden. Er war nicht so schwer verletzt wie sie, aber er lag auf dem Boden, und ich habe ihn mitgenommen.

Ich habe ihn eine Weile gefüttert, so wie die Kleine hier. Und als er sich erholt hatte, ist er weggeflogen. Am nächsten Tag kam er wieder, schwebte direkt vor meinem Gesicht und schnatterte laut. Er wollte beschützt werden. Sie sind klein, diese Roten Schattenkolibris, und die anderen Kolibris vertreiben sie von den Spendern.

Ich legte also meine Hände um den Spender, während er in dieser Schutzhülle trinken konnte, ohne von den anderen gestört zu werden. Von da an kam er vier Monate lang jeden Tag, er fand mich überall, wo ich draußen arbeitete, und tat immer dasselbe – er schwebte vor mir, schnatterte laut, bis ich mit ihm zum Spender ging und ihn mit meinen Händen schützte. Es gibt sogar ein Video davon im Internet.«

Ich hatte bisher nur einen flüchtigen Blick auf einen Roten Zwergschattenkolibri geworfen, doch auch die größeren Schattenkolibris hier wirkten überaus zutraulich für ihre Art. Am Rande von Senhor Jonas' Garten schwirrten die Sägeschnabel-

Schattenkolibris – herrliche braune Kolibris mit gestreiftem Bauch, orangefarbenen Backen und Augenbrauen und einem Schnabel, der ihrem Namen alle Ehre machte, mit einem Widerhaken an der Spitze und winzigen scharfen Kerben am Oberkiefer. Wirklich beeindruckende Schattenkolibris, mich überraschte, wie mutig sie waren, sie tranken ganz offen von den dicken pinken Ingwerblüten, die nur wenige Meter entfernt von uns wuchsen. »Man sieht sie überall, aber Ingwer stammt eigentlich nicht aus Brasilien«, erzählte mir Senhor Jonas. »Deshalb werden sie nicht so häufig bestäubt. Hier in Folha Seca bestäuben die Schattenkolibris die Ingwerpflanzen, und sie tragen Früchte. Ich esse die Kerne im Salat. Sie sehen aus wie kleine Granatapfelkerne, sind aber nicht süß. Trotzdem schmecken sie.«

Er pflückte eine etwa gallapfelgroße Frucht von einer nahe gelegenen Ingwerpflanze, öffnete sie mit seinem Messer und schob ein paar Kerne auf die Spitze, von denen er mir einen anbot. Tatsächlich schmeckte er nussig und leicht bitter – wirklich nicht schlecht. Ich sagte Senhor Jonas, dass er die Kolibris füttere und andersherum genauso, und wieder schüttelte er sich vor Lachen.

»Genau!«

Mein Gastgeber hatte nicht übertrieben, als er versprochen hatte, die Sichtung von Schmetterlingselfen sei in seinem Garten eine reine Formsache, sie seien immer da – mindestens ein Männchen, manchmal auch mehr, patrouillierte in einer Ecke des Gartens zwischen drei Spendern und einem Lieblingsplatz auf einem Ast. Das Männchen war ein selbstbewusster kleiner Kolibri mit viel Persönlichkeit, der das Beste aus seinem recht unauffälligen Gefieder machte. Sein Oberkörper war in dunklem Flaschengrün gehalten, am Rumpf durch ein auffälliges weißes Band abgeschlossen, das in einen bronzenen Schwanz überging. Seine langen Flügel waren schwarz, sein Bauch hauptsächlich taubengrau, mit einer weißen Brust. Was diese moderate Aufmachung jedoch zu etwas Besonderem machte, war sein Backenbart: lange grüne Federn, jede an der Spitze mit einem weißen Punkt besetzt, die sich elegant über seine Wangen erstreckten.

Es fiel mir schwer, mich von Senhor Jonas' Garten zu verabschieden. In den Stunden, die wir plaudernd verbracht hatten, hatten wir zehn Kolibriarten gesehen, und ich genoss seine Gesellschaft. Vor mir lag eine lange Fahrt landeinwärts, und ich verabschiedete mich nur ungern. Senhor Jonas lächelte verschmitzt.

»Du kannst wenigstens wegfahren«, sagte er. »Für mich ist das jetzt schwierig, selbst wenn ich wollte. Die Kolibris müssen jeden Tag gefüttert und gepflegt werden. Ich trage jetzt die Verantwortung. Niemand sonst kümmert sich um sie, also muss ich für sie da sein.«

Ich spürte, dass Senhor Jonas sich nicht beschweren wollte – er war auf der Suche nach einem ruhigen Leben hierhergekommen, und die Kolibris hatten ihn im Wald gefunden. Wenn er nicht gerade Besuch von Vogelfans hatte, genoss er sicherlich ihre Anwesenheit, und die Vögel hatten in Senhor Jonas einen Freund und Beschützer.

Dasselbe ließ sich über meinen Gastgeber der nächsten Tage auf der Pousada da Fazenda sagen, einer Kaffeefarm, die Hunderte gewundene Kilometer von der Atlantikküste entfernt landeinwärts lag. Bei meiner Ankunft wurde ich freundlich von Luis Gonzaga »Zaga« Truzzi begrüßt. Ich war das Fahren leid und todmüde, denn ich hatte mich auf dem Weg zu ihm mit sintflutartigen Regenfällen, Nebelschwaden und unberechenbaren brasilianischen LKW-Fahrern herumgeschlagen. Zaga lebte mit seiner Familie an einem Ort, der sich nach meiner Odyssee wie eine Oase der Ruhe anfühlte – eine alte, weiß getünchte Farm mit blauen Fensterläden und einem Dach aus dicken Terrakottafliesen, das im späten 19. Jahrhundert erbaut worden war, um die Zeit herum, da Prinzessin Therese von Bayern Brasilien besuchte und der Export von Kolibrifächern und Federblumen boomte.

»Mein Großvater war ein italienischer Einwanderer, der auf der Farm gearbeitet hat«, erzählte Zaga. »Er liebte das Leben hier und hat das Grundstück am Ende gekauft.«

Wir saßen in einem kleinen, von Mauern umgebenen Hof vor dem Haus, und die roten Ziegel der alten Wege strahlten die Hitze des Tages ab. Über den zum Trocknen ausgelegten Rohkaffeebohnen ging gerade die Sonne unter, während wir an starkem, süßem Kaffee nippten und die Kolibris beobachteten, die an den Helikonien im hinteren Teil des Gartens tranken – wieder zutrauliche Schattenkolibris, allerdings waren es andere Arten, einige hatte ich noch nie gesehen. Zimtrote Schattenkolibris fächerten ihre langen weißen Schwanzfedern aus, während sie sich ihre umständlichen Wege durch die Büsche bahnten. Kleinere Schuppenkehl-Schattenkolibris nahmen regelmäßig die Blüten in Angriff.

Obwohl ich eigentlich den Sonnenuntergang verfolgte, bemerkte ich in der Nähe die Silhouette eines Breitschwingenkolibris, der sich umständlich vor dem rosa verhangenen Himmel reckte. Das Sonnenlicht flutete durch die dunklen Handschwingen seiner ausgestreckten Flügel und brach sich in allen Farben des Regenbogens.

»Möchtest du die Mauersegler sehen, die hier übernachten?«, fragte Zaga. »Der Cachoeira das Andorinhas ist ganz in der Nähe. Wenn wir jetzt aufbrechen, dürften wir sie erwischen.«

Übersetzt bedeutete der portugiesische Name Schwalbenwasserfall, eine Irreführung, denn die Vögel, die sich dort jeden Abend auf den feuchten Felsen hinter dem Wasserfall versammelten, waren tatsächlich Mauersegler. Die beiden Familien, beide schnelle Insektenjäger mit sichelförmigen Flügeln, sind genetisch betrachtet nicht sehr nah miteinander verwandt. Der nächste genetische Verwandte der Mauersegler und ebenfalls Mitglied der biologischen *Apodidae*-Familie ist ein Vogel aus der Familie der *Trochilidae* – soll heißen Kolibris. Biologen verorten beide Familien in der Ordnung der *Apodiformes* – entfernte Verwandte, deren Wege sich in der späten Kreidezeit oder im frühen Tertiär getrennt haben, also vor etwa 65 bis 70 Millionen Jahren. Miteinander verwandt sind sie dennoch.

Mit dem 19. Jahrhundert waren Ähnlichkeiten in der Morphologie der beiden Arten ausreichend dokumentiert – besonders der Aufbau ihrer Flügel sowie ihrer relativ überflüssigen Beine und Füße –, sodass die Verbindung zwischen Mauerseglern und Kolibris gemeinhin als bewiesen galt. Beide Arten sind klar in der Luft zu Hause, sie hüpfen oder laufen nicht wie andere Sperlingsvögel. Der amerikanische Ornithologe Robert Ridgway begeisterte sich besonders für die Taxonomie und kam 1892 zu dem Schluss: »Kolibris und Mauersegler stimmen in zahlreichen anatomischen Aspekten miteinander überein, es besteht kein Zweifel, dass sie miteinander enger verwandt sind als mit jeder anderen Vogelfamilie.«

Obwohl Ridgways Name mit über 40 Arten und Unterarten von Vögeln in Verbindung gebracht wird, befindet sich kurioserweise kein einziger Mauersegler oder Kolibri darunter. Trotzdem hatte er ein großes Faible für Kolibris, sowohl in taxonomischer als auch ästhetischer Hinsicht. »Unter all den Gruppen, in die wir die Vögel aufteilen, gibt es keine, die so zahlreiche Spezies vorweist, so abwechslungsreiche Formen, strahlende Gefieder und unterschiedliche Lebensweisen.«

Wir kamen am Cachoeira das Andorinhas an, als das Licht gerade am perlmuttschimmernden Himmel schwand. Der Wasserfall an sich war nicht sonderlich groß oder bemerkenswert, er ergoss sich in einen stattlichen See am Straßenrand. Wir standen da und ließen den Blick über die bewaldeten Hügel schweifen, die vor uns lagen.

»Kurz vor Anbruch der Dunkelheit geht es los«, erklärte Zaga. »Dann versammeln sie sich für die Nacht alle zusammen hinter dem Wasserfall. Pass auf …«

Über uns sahen wir einen etwa 50 Tiere zählenden Mauerseglerschwarm, der hoch über der Spitze des Berges immer wieder die Luft zerteilte. Dabei schien er sich immer weiter zu senken, und ich versuchte durch mein Fernglas zu erkennen, um welche Spezies es sich genau handeln mochte. Ohne Erfolg. Eine ebenso schwarze Silhouette zischte an uns vorbei, direkt über unseren Köpfen, über das Wasser hinweg in die dahinter gelegenen Bäume – ein Kolibri, der sich ohne die Grazie seiner Verwandten dort oben durch die Luft bewegte, unstet wie Woodstock in den *Peanuts*-Zeichentrickfilmen.

Er verschwand in den Bäumen, wie um uns vor der unmittelbar bevorstehenden Ankunft der Mauersegler zu warnen: Sie sanken in Richtung Wasser ab und flogen bis kurz über der Oberfläche, bevor sie den Wasserfall durchbrachen, mit unglaublicher Geschwindigkeit stürzten sie sich ins Nass. Vom Rand des Wasserfalles aus konnte ich durch mein Fernglas viele windschnittige Formen auf den schwarzen Felsen hinter der Wasserwand ausmachen, die sich zusammenrotteten wie mysteriöse tropische Schmetterlingspuppen. Bei den meisten handelte es sich um Rußsegler, große, dunkle, kräftige Figuren auf dem Stein, doch ein Vogel hatte einen auffälligen weißen Kragen, der im Licht der Dämmerung hell leuchtete. Dementsprechend handelte es sich um einen Halsbandsegler. Kaum zu glauben, dass diese seltsamen, düster wirkenden Vögel verwandt mit den kunterbunten Kolibris waren.

Am nächsten Tag konnten mich nur die Krallenaffen von der fotografischen Jagd auf Kolibris ablenken. Großspurig kamen sie in den Garten getollt, um die Früchte zu stehlen, die Zaga eigentlich für die Tangaren und Spechte rausgestellt hatte. Die den Helikonien verfallenen Schattenkolibris waren eine ziemliche Herausforderung für mich und meine Kamera, während die Breitschwingenkolibris vor der Linse gut zu erkennen waren. Im Licht des Tages leuchteten in ihrem grünen und dunkelblauen Gefieder die umliegenden Pflanzen und die Fensterläden des

Hauses auf, doch es war ihr tief gegabelter Schwanz, der sie von allen anderen unterschied. Ich hatte noch auf einen anderen, kleineren Besucher gehofft – ein paar perfekt geformte Amethysternkolibris statteten dem Garten im Laufe des Tages ihre unregelmäßigen Besuche ab.

Von Zeit zu Zeit tauchten diese winzigen Kolibris mit einer Plötzlichkeit auf, als hätten sie sich zu den Spendern im Hof gebeamt. Man hörte ihre Ankunft eher, als dass man sie sah – das erste Anzeichen war ein tiefes, sonores Summen ihrer Flügel. Das Weibchen war schüchtern, doch das Männchen saß nach dem Trinken gern auf einem nahen flechtenbewachsenen Ast, Herrscher über alles, so weit sie schauen konnten. Eine andere, größere Art schien die Anwesenheit der Sternkolibris überhaupt nicht zu bemerken, da sie vielleicht eher wie Insekten wirkten als wie ein Mitglied der Kolibrifamilie. Die Breitschwingenkolibris hatten den Saphiramazilien an den Spendern den Krieg erklärt; es galt den gesamten Garten zu erobern, doch die Sternkolibris durften kommen und gehen, wie sie wollten.

Das Männchen war so kompakt und perfekt geformt wie ein Fabergé-Ei, mit bronzegrünem Oberkörper, einem gegabelten Schwanz und einer amethystfarbenen Kehle, die von innen zu leuchten schien. Ich hatte auf meiner Reise seltenere, regionale Sternkolibris gesehen – der Lebensraum der Amethyststernkolibris umfasst ein großes Gebiet im Osten Südamerikas –, doch dieses Männchen in Zagas Garten war das zahmste Exemplar, das je vor meiner Nase gelandet war, es saß einfach arglos auf seinem Ast und ließ sich von keinem Wässerchen trüben.

Meinen vorletzten Tag in Brasilien verbrachte ich etwas weiter südlich in der Espinheiro-Negro-Lodge im Herzen des noch bestehenden Atlantischen Regenwaldes. Da er sich an der östlichen Küste über ein so ausgedehntes Gebiet erstreckt, weist er unterschiedlichste Lebensräume auf. Der Wald um Espinheiro Negro herum war für mich ein Bilderbuchregenwald: Bäume jeden

Alters, jeder Größe und Form, eine undurchdringliche, sattgrüne Masse an Vegetation. In trockenem Biologenjargon handelte es sich um dichten ombrophilen Regenwald in unterschiedlichen Stadien der Sukzession – Begriffe, die der Erfahrung nicht gerecht werden, auf diesem biodiversen, fruchtbaren Flecken Erde zu stehen, der vor Leben nur so strotzte, die Bäume mit Bromelien und Orchideen geschmückt, die Luft pulsierte förmlich unter all den Vogelrufen und dem Zirpen der Insekten.

Einige der Bromelien in Brasiliens Atlantischem Regenwald sind auf Kolibris spezialisiert und werden evolutionsbedingt fast ausschließlich von ihnen bestäubt. *Aechmea pectinata* ist eine typische, unauffällige Bromelie mit grüner Blattkrone, die sich in der Blühphase rot färbt. Rot signalisiert Kolibris eine Nektarquelle – aus diesem Grund wird für Kolibrifutterspender zumeist rotes Plastik verwendet, und jeder Vogelbeobachter, der mit einem rot bedruckten Käppi oder Shirt in die Neotropen aufbricht, wird über kurz oder lang von einem Kolibri abgecheckt werden. Blüht die Bromelie, so produziert sie zwischen sechs und zehn Uhr morgens den süßesten Nektar, der sich in den länglichen Blüten befindet. Sie sind auf lange, harte Mundstücke ausgelegt – und die haben die Kolibris. 90 Prozent der Besuche an Bromelien gehen auf die Kappe von Kolibris, und das ganz wörtlich: Untereinander können die Bromelien sich nicht bestäuben, sodass sie dafür auf die Kolibris angewiesen sind, und ihre Blüten sind exakt so geformt, dass die Pollen auf ihren Schnäbeln kleben bleiben. Zu den häufigsten Besuchern zählen Blaukronennymphen, dicht gefolgt von Glitzerkehlamazilien und Sägeschnabel-Schattenkolibris.

Wer konnte schon der Versuchung widerstehen, die bromelienreichen Pfade rund um die Lodge zu erkunden, doch am häufigsten verschlug es mich zu den Spendern am Waldrand, zu denen ich immer wieder zurückkehrte, hauptsächlich wegen einer bestimmten Spezies. Andere Kolibris kamen und gingen, unter ihnen befand sich eine scheue Schmetterlingselfe, die mir vor Augen führte, wie dankbar ich für die ausgedehnten Sichtungen in Begleitung von Senhor Jonas wenige Tage zuvor sein konnte, doch es waren andere Bewohner des Atlantikregenwaldes, die glücklicherweise das Territorium der Lodge für sich entdeckt hatten.

Schwarzkolibris versammelten sich hier – dynamische, kräftig kompakte, pechschwarze Kolibris mit weißen Flecken an den Flanken und schneeweißem Schwanz, dessen Spitze wie in Tinte getaucht aussah. Was wie ein viktorianisches Trauerkleid aussah, war lediglich eine Tarnung: Die Schwarzkolibris waren von Natur aus herrisch und dreist, ihr Dasein eine einzige Seifenoper aus heftigen Kämpfen untereinander und einer Nulltoleranzstrategie, die ans Krankhafte grenzte, gegenüber allen anderen Kolibris. Ein mutiger Schwarzbrust-Mangokolibri oder eine Blaukronennymphe hatte die Frechheit, im Reich der Schwarzkolibris trinken zu wollen. Binnen Sekunden wurde der Eindringling von einem oder mehreren wütenden Schwarzkolibris vertrieben und floh in die Tiefen des umliegenden Waldes, vermutlich, um sich seinen Nektar auf die übliche, aufwendigere Weise zusammenzukratzen – von Blüten statt von Spendern.

Manche Ornis rümpfen die Nase darüber, Kolibris an Spendern zu beobachten – sie haben das Gefühl, man machte es sich damit zu einfach. Richtiges Vogelbeobachten sollte ein schwieriges Unterfangen sein, die Art Aktivität, bei der man die Zähne zusammenbeißen muss, und durch diese Opferbereitschaft fühlen sie sich überlegen. Richtige Ornis in den Neotropen leiden für ihre meist nur flüchtigen Sichtungen. Viele Jahre galten Ameisenpittas in Südamerika unter hartgesottenen Vogelfreunden als der ultimative Heilige Gral, berüchtigt für ihre schüchterne, versteckte Existenz im dichten Unterwuchs. Wer einen Blick auf sie erhaschen wollte, musste für diesen Triumph einiges auf sich nehmen. Von den Jüngern dieser Art der Vogelbeobachtung durfte man nicht mit Lob rechnen, wenn man zugab, gerne Kolibris zu beobachten. *Kolibris? Viel zu einfach. Man geht einfach zu den Spendern. Aus Plastik.*

In den letzten Jahren hat der Ruf dieser Strategie sich etwas gebessert, was zum Teil daran lag, dass mittlerweile weltweit Vogelrufaufnahmen benutzt wurden, mit denen sich so ziemlich jede Vogelart anständig sichten ließ, und auch in den Neotropen gab es immer mehr Ameisenpittaarten, die sich zu Futterstellen locken ließen, um eine Sichtung zu garantieren: Die Einheimischen legten früh am Morgen Regenwürmer aus, zur großen kulinarischen Freude der scheuen Vögel. Da nun also andere, ästhetisch unauffälligere Vogelfamilien mithilfe von Tonaufnahmen oder Futter angelockt werden konnten, musste man sich offenbar nicht mehr dafür schämen, sich die unbestritten farbenfrohste und variantenreichste Vogelfamilie an Nektarspendern anzusehen.

Die einfarbigen Schwarzkolibris, die um mich herumsausten und summten und rangelten, waren noch für eine weitere Eigenart berühmt, die ich unglücklicherweise nicht sehen und schon gar nicht hören konnte, sodass ich mich ganz einfach darauf verlassen musste, dass es sie gab, denn ich war mit nicht viel mehr als meinem Fernglas und meiner Kamera in den brasilianischen Regenwald gekommen.

Als Claudio Mello, ein neurowissenschaftlicher Verhaltensforscher der Oregon Health and Science University, den Regenwald 2015 besuchte, reiste er mit einer Armada an hochsensiblen Mikrofonen und Tontechnik an, die gewöhnlich verwendet wurden, um die hochfrequenten Rufe von Fledermäusen aufzuzeichnen. Mello wollte eine Hypothese auf die Probe stellen. Jahre zuvor hatte er bei Untersuchungen in der Gegend einen für das Gehör kaum noch wahrnehmbaren, besonders hohen Ton gehört – einen Ton, der vor der Geräuschkulisse eines lebendigen brasilianischen Regenwaldes eher von einem Kolibri stammen musste als von einem Insekt oder Laubfrosch. Sicher war er sich jedoch nicht – daher die Mikrofone.

Was Mello anschließend mit seinem Equipment aufzeichnete, war bemerkenswert. Tatsächlich stießen die Schwarzkolibris hochfrequente Laute aus – kaum vorstellbar hoch. Die meisten Vögel hören auf einer Frequenz von etwa zwei bis drei Kilohertz, und das menschliche Ohr nimmt für gewöhnlich Geräusche von ein bis vier Kilohertz als angenehm wahr. Die Schwarzkolibris hingegen riefen regelmäßig auf einer Frequenz von zehn bis zu 14 Kilohertz, weit jenseits des gewöhnlichen Hörbereichs von Vögeln, geschweige denn von einem kleinen Kolibri.

Folglich galten Schwarzkolibris als die Vögel mit dem höchsten Ruf der Welt. Dies entsprach nicht ganz der Wahrheit, was Mello in seinem umsichtig recherchierten Bericht zum Ruf der Schwarzkolibris auch erwähnte: Der Preis für den höchsten Ruf schien an einen anderen Kolibri zu gehen, nämlich an die Blaukehlnymphe, deren Rufe sogar die Grenze von unfassbaren 20 Kilohertz sprengten. Allerdings gab es keinerlei Beweise dafür, dass die Blaukehlnymphen jenseits von sieben Kilohertz hören konnten, während die extrem hohen Rufe der Schwarzkehlkolibris keine zufälligen Elemente eines ansonsten normal hörbaren Rufes waren. Sie verständigten sich beinahe ausschließlich über zehn Kilohertz miteinander. Insofern ist anzunehmen, dass sie einander hören – doch warum haben sie einen Ruf entwickelt, der für die gesamte andere Vogelwelt so weit jenseits alles Hörbaren liegt?

Mello vermutete, dass es sich dabei um eine Anpassung an ihre biodiverse Umgebung handelte. Schwarzkolibris sind in einem Lebensraum beheimatet, in dem es mehr als 40 weitere Kolibriarten und -unterarten gibt, von der Vielzahl anderer Stimmen im Regenwald einmal ganz abgesehen. Vielleicht haben sie sich einfach ihre eigene Frequenz gesucht, mit weniger Hintergrundgeräuschen. Einige australische Geckos sind für ihre außergewöhnlich hochfrequenten Rufe und ihr dafür geeignetes Gehör bekannt, während der nur auf Borneo vorkommende Hole-in-the-head-Frosch (*Huia cavitympanum*) sogar ausschließlich im Ultraschallbereich mit bis zu 38 Kilohertz kommuniziert. Wenn sich die Kommunikation im Hochfrequenzbereich evolutionär betrachtet für Amphibien und Reptilien gelohnt hat, liegt der logische Gedanke nahe, dass dies auch für manche Vögel Vorteile hat.

Schwarzkolibris riefen also besonders hoch, um die Aufmerksamkeit ihrer Artgenossen zu erregen. Eine andere Kolibrispezies wiederum hatte sich dahingehend entwickelt, ihre Federn für sich sprechen zu lassen. Annakolibris, die in den USA aufgrund des Klimawandels ihren Lebensraum in Richtung Norden ausdehnen, vollführen bei der Balz ein Manöver, das nicht nur visuell ein Spektakel ist: Das Männchen steigt über dem Objekt seiner Begierde etwa 30 Meter hoch in die Luft, legt die Flügel dicht an den Körper und setzt zu einem halsbrecherischen Sturzflug auf das Weibchen an. Im letzten Moment zieht er hoch und fächert dabei seine Schwanzfedern auf, woraufhin ein lautes Zirpen vernehmbar wird.

Wissenschaftler haben mithilfe von Highspeed-Kameras festgestellt, dass dieses Zirpen nicht von seiner Syrinx herrührt, dem Stimmkopf, sondern von seinen Schwanzfedern. Die Innenseiten der äußeren Schwanzfedern des Annakolibrimännchens fangen an zu vibrieren, wenn Luft schnell genug durch sie hindurchdringt, was dann wie Zirpen klingt – die Vögel singen mit ihren Schwänzen. Als wäre das nicht erstaunlich genug, haben weitere Untersuchungen gezeigt, dass der Vogel bei diesem Balzsturzflug eine Geschwindigkeit von 385 Körperlängen pro Sekunde erreichen kann, die höchste körperlängenspezifische Geschwindigkeit eines Wirbeltiers überhaupt.

Ich hatte immer angenommen, Wanderfalken seien die ultimativen Flugkünstler, doch es scheint, als könnte ein einfacher Kolibri diesen Titel für sich beanspruchen. Der wissenschaftliche

Kopf hinter dieser letzten Erkenntnis, Christopher Clark vom Museum of Vertebrate Zoology in Berkeley, hatte noch eine weitere Überraschung parat. Er konnte messen, dass am Scheitelpunkt, wenn der Vogel wieder in die Höhe schoss und sein Schwanz zirpte, Beschleunigungskräfte auf das Kolibrimännchen einwirkten, die beinahe neunmal höher waren als die Erdbeschleunigung. Das ist die höchste bekannte Kräfteeinwirkung auf eine Wirbeltierart bei einem freiwilligen Flugmanöver – mit Ausnahme von Kampfpiloten.

Kampfpiloten tragen natürlich spezielle Anti-g-Anzüge, die ihnen dabei helfen, den enormen physiologischen Auswirkungen entgegenzuwirken, die eine Belastung von 9 g mit sich bringt. Die Annakolibris tragen hingegen nur ihren hübschen Federanzug mit funkelnd himbeerfarbenem Helm.

Während es mich einige Mühe kostete, die Schwarzkolibris zu hören, die vor mir tranken und sich zankten, war es nur allzu leicht, den Neuigkeiten zu folgen, die uns jeden Tag aus Bolivien erreichten. Ich plante von São Paulo aus nach Bolivien zu fliegen, um einige Zeit im Tiefland zu verbringen, bevor ich zum Madidi-Nationalpark fahren würde, der von der Wildlife Conservation Society als biodiversester Ort der Welt bezeichnet wurde. Unter Biologen war er dafür bekannt, dass bis heute viel von seiner wilden Tierwelt nicht erfasst ist.

Zum Teil wollte ich in die Fußstapfen von Yossi Ghinsberg treten, eines israelischen Reisenden, der zum ersten Mal 1981 Bolivien besucht hatte – wobei ich seine Erfahrung nur bedingt teilen wollte. Ghinsberg war mit zwei Mitreisenden und einem österreichischen Guide durch den bolivianischen Regenwald getrekkt. Der Guide hatte versprochen, sie zu einem vergessenen Stamm zu führen, vielleicht sogar zu einem Fluss, an dem man Gold schürfen konnte. Doch dann war Ghinsberg vom Rest der Gruppe getrennt worden. Drei Wochen lang schlug er sich allein durch den Dschungel und überlebte wie durch ein Wunder. Er aß, was auch immer er in die Finger bekam, und wurde mit etlichen Stichen und Bissen malträtiert, doch er bahnte sich seinen Weg durch den Urwald, während seine Füße bereits faulten, er halluzinierte und der festen Überzeugung war, in weiblicher Begleitung zu sein. Der Regenwald um ihn herum war ohrenbetäubend laut, brodelte vor Leben und lenkte Ghinsberg durch seine reine Existenz beinahe von seinem überwältigenden Hungergefühl ab. Glücklicherweise hörte er, als er bereits völlig am Ende und im Delirium war, in der Ferne einen Motor. Er folgte dem Geräusch zum Ufer eines nahe gelegenen Flusses, wo er auf einige Tacana-Quechua aus der indigenen Community von San José de Uchupiamonas stieß, die auf der Suche nach ihm waren. Sie retteten ihm das Leben. Der Guide und ein weiteres Mitglied seiner ursprünglichen Gruppe wurden nie wieder gesehen.

Bei meinem Ziel, der Chalalan-Lodge der Community von San José de Uchupiamonas im Herzen des Madidi-Nationalparks, handelte es sich um die erste Öko-Lodge der Region, und Ghinsberg war die treibende Kraft hinter dem Projekt gewesen. Als die Uchupiamonas Community in den frühen 1990er-Jahren der Abwanderung ihrer Mitglieder aus der Region etwas entgegensetzen wollte und sich die bolivianische Regierung diesem Problem gegenüber desinteressiert zeigte, beschlossen sie, eine Öko-Lodge zu bauen. So würden vor Ort Arbeitsplätze geschaffen, Gäste angezogen und Gelder in die Community fließen. Leider scheiterte der ehrenwerte Plan gleich zu Beginn an einem völligen Mangel an Startkapital.

Als Ghinsberg von den Bemühungen der Community hörte, sich trotz der finanziell prekären Lage selbst zu helfen, sagte er ihnen seine uneingeschränkte Hilfe zu. Er beschrieb sich als gebürtigen Israeli, der an den Stränden von Progreso nahe San José wiedergeboren worden war – es sei ihm eine Ehre, sich einen Joseano nennen zu dürfen.

Auf seine Worte ließ Ghinsberg Taten folgen und ermöglichte die Beteiligung von Conservation International und, über diese Organisation, der Inter-American Development Bank. 1995, drei Jahre später, erhielt die Community die finanziellen Mittel, die ihren Traum einer Öko-Lodge Realität werden ließen. Zur selben Zeit erhielt der umliegende Madidi-Nationalpark seine öffentliche Anerkennung. Etwa 25 Jahre später, am Abend meiner Ankunft, war Madidi zur perfekten Metapher für die ungewisse Zukunft so vieler naturbelassener, biodiverser Orte in ganz Südamerika geworden. Nicht nur der Klimawandel bedroht die fragilen Ökosysteme des gesamten Nationalparks, besonders seiner Bergregionen, es besteht auch eine weitaus konkretere Gefahr: Durch eine geplante Wasserkrafttalsperre im Fluss Beni nahe der Bala-Schlucht würden 2072 Quadratkilometer bolivianischer Boden geflutet werden, darunter große Teile von Madidi. Bei meiner Reise durch die Amerikas ging es unter anderem darum, einige Kolibriarten zu sehen, bevor sie für immer verloren wären – mein Besuch des Madidi-Nationalparks war vielleicht die letzte Chance, ein international berühmtes Naturschutzgebiet zu besuchen, bevor es einer vermeidbaren, menschengemachten Flut zum Opfer fiel. Ich wollte meine Zeit in Bolivien in der inspirierenden Chalalan-Lodge zu Ende gehen lassen – an einem Ort, an dem eine ländliche Community mit einem alternativen Konzept neue Wege beschritt, indem der wirtschaftliche Wert der sie umgebenden Natur erkannt wurde.

Leider gaben mir die aktuellen politischen Nachrichten aus Bolivien Anlass zur Sorge. Bei der Präsidentschaftswahl 2019 hatte Amtsinhaber Evo Morales kurz hinter Herausforderer Carlos Mesa gelegen, als die Ergebnisse nach und nach verkündet wurden. Dann wurde die Bekanntgabe der Ergebnisse ohne Erklärung für einen Tag unterbrochen. Als sie wieder aufgenommen wurde, führte Morales plötzlich deutlich und erklärte sich aufgrund von zehn Prozentpunkten Vorsprung vor Mesa zum

Gewinner. In Teilen des Landes sorgte dies für Unmut, ihm wurde Wahlbetrug vorgeworfen, und in manchen Dörfern und Städten gingen die Menschen gegen Morales auf die Straße. Auch in Chile wurde im ganzen Land gegen den damaligen Präsidenten Sebastián Piñera demonstriert, sein Rücktritt wurde gefordert, während ebenfalls in Venezuela immer wieder Proteste ausbrachen. Auf einmal schien sich ganz Südamerika aufzubäumen.

Da das britische Fremdenverkehrsamt am Tag vor meiner Abreise aus São Paulo noch immer nicht von Bolivienreisen abriet, entschied ich mich, sie trotz leichter Bedenken anzutreten. Beim Frühstück unterhielt ich mich mit Jiri Trnka, dem Besitzer von Espinheiro Negro, über die Massenproteste in vielen südamerikanischen Ländern. Jiri wirkte nachdenklich.

»Als ich vor 20 Jahren hierhergekommen bin, war ich der Ansicht, meinen sicheren Hafen in einer unsicheren Welt gefunden zu haben. Hier hatte ich etwas Land, um Nahrung anzubauen, ich habe Seen, um fischen zu gehen, und meinen eigenen Brunnen. Das Wasser können wir mit Solarenergie erwärmen.«

Ich verstand ihn und erzählte von meinem kleinen Grundstück auf den Shetlands. Dort fühlte ich mich ebenfalls sicher, es war mein Zuhause. Jiri dachte darüber nach und sagte gedankenversunken: »Ich glaube, der Unterschied ist, dass ich hier, wenn die Welt verrücktspielt und zusammenbricht, eine Waffe brauche.«

Ich musste an Rick denken, den gestrandeten Amerikaner, den ich bei meiner Ankunft auf Kuba kennengelernt hatte. Auch er hatte von seiner Angst vor einer zukünftigen Welt gesprochen, in der die Wahrheit zusehends der Lüge zum Opfer fallen und das Chaos unbemerkt hinter jeder Ecke lauern könnte. Ich fragte mich, was mich in Bolivien erwarten würde, und hoffte aufs Beste. Am frühen Abend machte ich einen Spaziergang durch die Straßen von São Paulo, um den Kopf freizubekommen, in dem schon wieder die Möglichkeit einer Kolibrisichtung umherschwirrte, sogar in der urbanen Enge dieser Metropole.

Breitschwingenkolibris, die großen, eleganten Vögel, die ich im Garten von Zagas Haus gesehen hatte, sind besonders mutige und robuste Vertreter ihrer Art. Von anderen Kolibris dulden sie keine Mätzchen, doch das beste Beispiel für ihren Schneid findet man auf den quirligen Straßen von São Paulo: Man entdeckt die Vögel in der ganzen Stadt, wo auch immer ein Garten oder eine Parkanlage ist. Sie scheinen sich im Großstadtdschungel wohlzufühlen.

Brasilianische Forscher untersuchten ein aktives Nest von Breitschwingenkolibris auf dem Campus der Universidade Estadual Paulista und konnten dabei beobachten, dass das erwachsene Weibchen Vögel anderer Arten aus der unmittelbaren Umgebung ihrer Brut vertrieb, obwohl ihr einige von der Größe her überlegen waren. Darunter war ein etwa doppelt so großer Feldspecht. Andernorts wurden Breitschwingenkolibris sogar dabei beobachtet, wie sie in der Luft einen Präriebussard angriffen, einen Raubvogel also, dessen Masse die des Kolibris um ein Hundertfaches übersteigt. Offensichtlich kennen Breitschwingenkolibris weder Furcht noch Tadel, wenn es darum geht, sich durchzusetzen – eine Eigenschaft, die ihnen in der unwirtlichen städtischen Umgebung sicherlich zugutekam.

Ziellos wanderte ich durch São Paulo und fand zunächst keine Kolibris. Zumindest keine echten. Unter den vielen Graffitis der Stadt jedoch bewunderte ich einige Darstellungen dieser Vögel. Meistens hatten sich ihre Schöpfer einige künstlerische Freiheiten herausgenommen, sodass ich die Kunstwerke keiner bestimmten Art zuordnen konnte, nur eines von ihnen zeigte zweifelsfrei eine Schmetterlingselfe. Es waren nicht die ersten Kolibrigraffitis, die mir in Südamerika begegnet waren: Man konnte sie an den Wänden der ecuadorianischen Hauptstadt Quito ebenso bewundern wie auf Mauern außerhalb von Pereira in Kolumbien. Für die

Graffitiszene des Kontinents schienen sie ein beliebtes Motiv zu sein, kein Wunder, wenn man bedenkt, dass einige Kolibris sich sogar in urbanen Gegenden mit ihrem bunten Gefieder blicken ließen.

Die berühmtesten Sprayer hat es mit ihren Kolibriarbeiten bereits ins Ausland gezogen. Einer von ihnen, Luis Martins, wurde in einem der Außenbezirke von São Paulo geboren. Als Kind träumte er davon, Lokführer zu werden, doch nachdem er einen Kunstwettbewerb an seiner Schule gewonnen hatte, änderten sich seine Pläne. Als junger Teenager nahm er zum ersten Mal eine Sprühdose in die Hand: Der Künstler L7M war geboren. In seinen Arbeiten mischen sich auffällige geometrische Formen mit Elementen aus der Natur, häufig Vögel, und Kolibris sind ein wiederkehrendes Thema. Eines seiner Werke schmückt nun eine Wand in Innsbruck, eine Kolibriexplosion aus Neonfarben. In Dortmund verschönerte er die Wand einer Schule, in der syrische Geflüchtete untergebracht waren.

In der südamerikanischen Folklore sind Kolibris als Symbol der Hoffnung, Stärke und Ausdauer ein wiederkehrendes Motiv. In Ecuador erzählt man sich die Geschichte vom Kolibri und dem Waldbrand – der Kolibri trägt einzelne Wassertropfen in seinem Schnabel und lässt sie auf das Feuer fallen. Die anderen Tiere im Wald lachen und fragen den Kolibri, was das soll. Sie sagen ihm: »Lass es sein, das bringt nichts, du bist zu klein, du wirst dir die Flügel verbrennen, dein Schnabel ist zu klein, es ist nur ein Tropfen, das Feuer löschst du damit nicht. Was glaubst du, was du da machst?«

Woraufhin der Kolibri sagt: »Ich tue nur, was ich kann.«

Die Umweltaktivistin und Friedensnobelpreisträgerin Wangari Maathai wählte diese Geschichte als Parabel, als sie im Mai 2006 in Montreal vor 7000 Menschen sprechen sollte. Inspiriert hat sie außerdem ein Wandbild an den hohen Mauern des Centro de Rehabilitación Social Femenino in Quito, einer Rehabilitationseinrichtung für Straftäterinnen. Zuvor waren die mit Stacheldraht und Maschendrahtzaun gesicherten Wände, gelinde gesagt, deprimierend, doch mithilfe eines internationalen Wanddekorationsprojektes namens Over the Wall konnten die Insassinnen gemeinsam mit ihren Kindern ein riesiges, 40 Meter langes Wandbild malen, das Blumen und Kolibris zeigte. Der japanische Künstler Kensuke Miyazaki beschrieb es:

> Mit der Hilfe von Over the Wall ist ein Wandbild für Kinder entstanden, die hier aufwachsen und die Außenwelt überhaupt nicht kennen. Sie haben es auf eine Wand gemalt, die man von dem in der Rehabilitationseinrichtung gelegenen Kindergarten aus sehen kann.
> In dem Bild sind 60 Arten bunter Blumen und Kolibris zu sehen. Wir haben Motive aus der indigenen ecuadorianischen Geschichte *Der Flug des Kolibris* verwendet, um hoffentlich jedem in dieser Einrichtung Freude zu bereiten.
> Man kann das Wandbild vielleicht nicht von außen sehen, doch es erreicht die Menschen, die wir am meisten erreichen wollten.

Zurück in São Paulo nannte L7M den Ornithologen und Zeichner John James Audubon als eines seiner künstlerischen Vorbilder, eine wenig überraschende Hommage, wenn man an Audubons außergewöhnliche Vogelbilder denkt.

Als ich durch die Straßen dieser Stadt ging und diesmal eher nach Kolibris auf Wänden als in der Luft suchte, fragte ich mich, ob L7M auch einen anderen amerikanischen Vogelkünstler kannte, der in den 1860er-Jahren nach Brasilien kam und sich so sehr in die Kolibris dieses Landes verliebte, dass er eine Serie zu malen begann, die für ein Buch mit dem provisorischen Titel *Brasiliens Edelsteine* gedacht war. Audubon war ein Zeitgenosse des amerikanischen Naturforschers und Künstlers Martin Johnson Heade. Zur selben Zeit im frühen 19. Jahrhundert lebte auch der große englische Kolibrifanatiker John Gould. In seiner Obsession stand Heade ihm in nichts nach. »Schon als kleiner Junge war ich, was Kolibris betrifft, völlig besessen«, erklärte er.

Seinen ersten Besuch stattete er Brasilien 1863 ab, gefolgt von zwei weiteren Reisen; neben den Kolibris lernte er ebenfalls das Land lieben. Mindestens 45 Bilder entstanden, viele davon zeigten Kolibris in realistischen Posen und natürlichen Settings, einige andere Orchideen oder andere Tropenpflanzen. Heades Kolibribilder kombinieren biologische Detailgenauigkeit mit einer Intensität von Licht, die in Naturabbildungen Seltenheitswert hat – der Blick des Künstlers wurde hier nicht getrübt. Während seiner Zeit in New York teilte er sich ein Apartment mit dem Landschaftsmaler Frederic Edwin Church, dessen Stil den jungen Künstler Heade wohl zu seinem farblich intensiven Realismus geführt haben dürfte.

Wir können nicht mit letzter Sicherheit sagen, wie viele Kolibribilder er gemalt hat – aus *Brasiliens Edelsteine* wurde nichts. Zu Lebzeiten brachte Heade es als Künstler nicht zu Ruhm. Angeblich verlor er mit seinem Wegzug aus New York 1881 noch das bisschen an Reputation, die er sich bis dato aufgebaut hatte. Zur damaligen Zeit war er der einzige Landschaftsmaler in New York, der noch nicht einmal außerordentliches Mitglied der National Academy of Design wurde, und nach seinem Tod 1904 geriet er schnell in Vergessenheit.

Erst Jahrzehnte später kamen Heades Kolibris wieder ans Licht, häufig an Tischbeine von Flohmarktständen gelehnt. Noch heute tauchen Heades Bilder aus staubigen Kellern wieder auf, man findet sie auf spinnwebenüberzogenen Dachböden oder bei Hausverkäufen – es gibt zahlreiche Geschichten über Zufallsfunde und den Riesengewinn der glücklichen Finder. Ein Gemälde, das in Kalifornien für 18 Dollar gekauft worden war, wurde bei einer Auktion für 425 000 Dollar versteigert. Ein bei einem Hofflohmarkt in Wisconsin für 29 Dollar verkauftes Bild, *Two Magnolias on Blue Plush*, ging zehn Jahre später bei Christie's für 882.500 Dollar über den Tresen. Das Bild *Magnolias on Gold Velvet Cloth*, das 1999 vom Museum of Fine Arts in Houston für schlappe 1,25 Millionen Dollar gekauft wurde, war von seinem Besitzer, einem Arbeiter im Werkzeug- und Formenbau, jahrelang dafür verwendet worden, ein Loch in der Wand seines Hauses in Indiana zu verdecken.

Heade wurde posthum als unterschätzter Künstler anerkannt und gilt mittlerweile als feste Größe seiner Zeit. Seine Bilder von Kolibris weisen nicht nur die für Heade typischen Lichtspiele auf, sondern sind obendrein auch noch selten: Nur einige Dutzend sind bekannt, weitaus häufiger hat Heade Pflanzen dargestellt. Für seine Bewunderer bedeutet das Auftauchen eines verlorenen Kolibribildes sicherlich denselben Nervenkitzel, den ein Spaziergänger in São Paulo erfährt, wenn er nichts ahnend um die Kurve biegt und plötzlich auf einer Wand ein vor Vitalität nur so strotzendes L7M-Kolibri-Graffiti sieht, oder ein Orni, wenn plötzlich eine seltene Art an einer Blüte auftaucht.

Meine Ankunft in Santa Cruz war weniger spontan, doch meine Bedenken bezüglich einer Reise nach Bolivien unter den derzeitigen politischen Gegebenheiten verstärkten sich schnell beim Anblick einer Straßensperre aus alten Autoreifen und Ästen, als wir den Flughafen verließen. Etwa ein Dutzend Männer stand dort herum und wartete auf Verkehr, der aufgehalten werden konnte. Ein Hotelbesitzer aus einem der Vororte hatte mich vom Flughafen abgeholt. Er hupte, als wir an der Blockade vorbeifuhren, und die Männer winkten ihm freundlich zu.

»In der ganzen Stadt gibt es diese Blockaden«, erzählte er. »Die Menschen aus Santa Cruz sind wütend auf Morales. Alle Polizisten haben aufgehört zu arbeiten – sie sagen, sie wollen der Demokratie nicht im Weg stehen. Die Stadt ist völlig vom Fahrzeugverkehr abgeschnitten, deswegen wird langsam das Essen knapp, und es wird schwieriger, sich fortzubewegen. Ich habe den Jungs heute Morgen ein Hühnchen gebracht, wir sind okay.«

In seinem Hotel traf ich an diesem Abend meine Begleiter dieses ersten Teils meines bolivianischen Abenteuers – zwei Schweden, Lars und Bjørn – und unseren Guide für die nächste Woche, einen freundlichen peruanischen Birder namens José Antonio Padilla. Im fensterlosen Speisesaal saßen wir an einem Tisch, aßen gebratenes Hühnchen mit Reis aus Plastikschalen und sprachen über die Situation in der Stadt. Wir hielten an unserem Plan fest, einen Tag damit zu verbringen, gleich außerhalb der Stadt nach Vögeln Ausschau zu halten, und dann, falls wir durch die Straßensperren kämen, Santa Cruz hinter uns zu lassen, um weiter landeinwärts zu suchen. José Antonio war guter Dinge, doch das Gespräch blieb ernst.

»Ich habe mit unserem Fahrer gesprochen«, sagte er. »Er kann nicht hundertprozentig garantieren, dass die Situation sicher ist. Es ist schwer, sich innerhalb der Stadt zu bewegen, aber er hat eine Fahrerlaubnis im Fenster hängen. Darauf steht, er müsse an den Blockaden durchgelassen werden, weil er Patienten und Medikamente an Bord hat. Das sollte morgen ausreichen, aber ich weiß nicht, ob ihr am Tag danach so leicht aus Santa Cruz rauskommt. Wir müssen abwarten.«

Früh am nächsten Morgen versammelten wir uns vor dem Hotel. Unser Fahrer war bereits in einem kleinen kirschroten Fiat Uno angekommen. Ivan, ein muskulöser Mann Anfang 30 mit kurzrasiertem Armeehaarschnitt, gab sich Mühe, uns zu beruhigen.

»Ich habe die Erlaubnis im Fenster hängen«, sagte er und deutete auf einen Zettel, der besagte, er fahre jemanden zu einer Dialyse, »und die Flagge auch. Wir sind startklar.«

Am hinteren Teil des Autos war die grün-weiße Flagge von Santa Cruz befestigt. Wie wir erfuhren, symbolisierte sie hier in Boliviens größter Stadt den Widerstand gegen die Wiederwahl von Evo Morales. Während wir durch die recht leeren Vorstadtstraßen fuhren, hupten immer wieder andere Fahrer beim Anblick der Fahne, um ihre Solidarität auszudrücken. Wir fuhren an einigen unbemannten Straßenblockaden vorbei, aufgetürmte Autoreifen und Schutt selbst in Wohngebieten, und bahnten uns anschließend unseren Weg über eine unbefestigte Straße in die Felder der Außenbezirke.

Der Tag verging ohne weitere Vorfälle. Durch die Nähe zur Stadt und da die Gegend hauptsächlich landwirtschaftlich genutzt wurde, fanden wir erwartungsgemäß nur wenige Vogelarten. Ich ließ mir die Laune nicht verderben, denn in den nächsten Tagen würde ich sicher noch die Kolibris entdecken können, wegen denen ich nach Bolivien gekommen war. Erst auf dem Rückweg in die Stadt verschlechterte sich die Situation zusehends. Wir kamen zu unserer ersten Blockade auf ländlichem Terrain: Der Feldweg wurde von einer an zwei Bäumen befestigten Kette versperrt, von der eine schlaffe Santa-Cruz-Flagge baumelte. Daneben standen zwei Männer an einem Pick-up und winkten uns zu, als wir vorbeifuhren – anscheinend zeigte Ivans Fahne Wirkung. Unser Abendessen fiel noch karger als am Vortag aus; in einem Laden kauften wir fettige Chips und ein paar Flaschen Bier.

Der nächste Morgen brachte schlechte Nachrichten. Nach dem Aufstehen sahen wir am Himmel über der Stadt tief hängende dunkle Rauchwolken – über Nacht hatten die Demonstranten an den Barrikaden Autoreifen angezündet. Noch immer waren die Zufahrtsstraßen der Stadt blockiert und für den Verkehr nicht passierbar. Wir fassten den vorsichtigen Plan, früh am nächsten Morgen loszufahren und uns für heute mit dem botanischen Garten zufriedenzugeben. Die beinahe 200 Hektar große Anlage umfasste unterschiedliche Lebensräume, die einige Vogelsichtungen versprachen, doch erst einmal mussten wir dort hinkommen.

Schon den Außenbezirk zu verlassen, in dem unser Hotel lag, stellte sich als kompliziert genug heraus. Ivan umfuhr zwei Straßensperren, indem er Feldwege nahm, bis wir uns schließlich auf einer breiten, geraden Straße in Richtung Stadt befanden und schneller fahren konnten. Wir durchquerten die rauchenden, verlassenen Überreste der Barrikaden der letzten Nacht, der kleine Fiat umfuhr im Slalom die Löcher im Asphalt. Ivan und José auf den Vordersitzen unterhielten sich ruhig miteinander, während ich und meine beiden schwedischen Mitreisenden eingequetscht von der Rückbank aus beobachteten, wie die Szenerie zusehends städtischer wurde, je weiter wir uns dem Zentrum näherten. Ich saß am Fenster und fühlte mich durch unsere ungehinderte Durchfahrt zu etwas ermutigt, was im Nachhinein betrachtet ziemlich dumm war.

Ich fing an, unsere rasante Fahrt durch die Trümmer mit meinem Handy zu filmen. Wir nahmen eine unbewachte Straßenblockade nach der anderen. Ivan fuhr so schnell, dass ich die Männer an der nächsten Blockade nicht rechtzeitig bemerkte. Ehe ich es mich versah, stieg Ivan auf die Bremse, und ich sah auf meinem Display, wie ein Junge an den Autoreifen auf der Straße uns musterte. Sein Gesicht erstarrte, und er riss die Augen auf, als er das Gerät in meinen Händen sah. Schnell zog ich es zurück ins Auto und kurbelte mein Fenster hoch, als der Junge hastig auf einen der Männer an der Blockade zuging – einen massigen Kerl in schwarzen Shorts und schwarzer Weste, der sich ein grünes Kopftuch um die Stirn geknotet hatte. Er hielt einen großen Stock aus Holz in der Hand. Lebhaft redete der Junge auf ihn ein. Der Mann kam in Begleitung zweier weiterer bewaffneter Männer und seines stolzen Informanten auf uns zu.

Wir steckten in Schwierigkeiten.

Ivan und José kurbelten die Fenster ein wenig herunter. Ein maschinengewehrartiges Gespräch in lautem Spanisch folgte. Der Typ mit dem grünen Kopftuch war wütend und deutete auf mich.

Mir war klar, worüber sie sprachen – ich hatte gefilmt, und ich sollte mitsamt meinem Handy auf der Stelle aussteigen.

»Jon, die sagen, du hättest sie gefilmt«, sagte José. »Stimmt das?«

Die Lüge ging mir leicht über die Lippen, während ich unauffällig versuchte, das Video zu löschen.

»Nein, natürlich nicht. Ich brauchte nur Empfang. Ich wollte meine E-Mails checken.«

Als José dem Demonstranten, dessen glänzende Wange sich über einer Portion Cocablätter spannte, meine Antwort übersetzte, glaubte er uns offensichtlich kein Wort. Einer seiner Kumpane, an dessen Gürtel eine Machete baumelte, versuchte meine Tür zu öffnen. Zu meiner großen Erleichterung hatte Ivan die Türen verriegelt. Er rief den Kerl mit dem Kopftuch zu sich, der ums Auto herum zum halb heruntergelassenen Fenster unseres Fahrers kam. Leise, aber bestimmt sprach Ivan mit ihm, wobei er seine deutlichen Worte mit einigen Gesten untermalte. Einige Male wanderte der blutunterlaufene Blick des Demonstranten zu uns auf die Rückbank, dann machte er einige Schritte vom Fenster weg und signalisierte seinen Kollegen, sie sollten die Autoreifen und Äste zu Seite schaffen, um uns passieren zu lassen. Ivan ließ den Wagen anrollen und lachte jetzt, doch José war verständlicherweise weniger gut gelaunt.

»Jon, das war nicht gut. Das war richtig dumm. Bitte lass das in Zukunft.«

Er musste es mir nicht zweimal sagen. Mein unbedachtes, unangebrachtes Verhalten hatte zu einer Situation geführt, die leicht außer Kontrolle hätte geraten können. Plötzlich sah ich Ivan mit neuen Augen: Der Armeehaarschnitt und seine autoritäre Ausstrahlung ergaben nun Sinn, Ivan war einer der Polizisten, die gerade ihr Amt niedergelegt hatten, während Boliviens turbulente Innenpolitik ihren Lauf nahm. In der Zwischenzeit verdiente er sich eben als Fahrer ein Zubrot. Wir konnten von Glück sagen, ihn unter diesen Umständen bei der Straßensperre dabeigehabt zu haben. Was auch immer er dem grünen Kopftuch gedroht hatte, war zu unseren Gunsten ausgefallen.

Wir brauchten noch eine weitere halbe Stunde, um den botanischen Garten zu erreichen, vor dem eine weitaus größere Blockade mit wütenderen Menschen auf uns wartete. Die Gemüter in der Stadt erhitzten sich noch schneller als die Morgenluft, in der die Sonne aufstieg. Dutzende Männer hingen am Straßenrand herum, bewaffnet mit Stöcken und Macheten. Ivan deutete auf seine Fahrerlaubnis in der Windschutzscheibe und redete so lange auf sie ein, bis man uns durchließ, doch es dauerte nicht lange, bis er am Straßenrand hielt. Wir waren am verschlossenen Tor des botanischen Gartens vorbeigefahren. Uns blieb nichts anderes übrig, als zurück zum Hotel zu fahren und unsere Pläne zu überdenken.

Ivan setzte uns dort ab und versprach, später am Nachmittag zurückzukommen. Wir sahen ihn erst am Abend wieder, nach Einbruch der Dunkelheit. Nach einem hastigen Austausch mit José ging er wieder. José teilte uns die schlechten Nachrichten mit: »Evo hat heute Nachmittag eine Fernsehansprache gehalten. Er hat gesagt, er wird den Menschen in Santa Cruz zeigen, wie man demonstriert.«

Ich fragte, was das heißen solle. José zuckte die Achseln.

»Vielleicht meint er, dass er das Militär schicken will, um die Demonstranten plattzumachen. Man weiß es nicht. Aber Ivan hat noch etwas anderes gehört, was mir große Sorgen macht. Er sagt, er habe von Rebellen gehört, sie wollten ausländische Geiseln nehmen, um die Aufmerksamkeit der weltweiten Medien auf sich zu richten, aber auch als menschliche Schutzschilde. Es ist eure Entscheidung, aber ich denke, wir sollten den Trip streichen. Der Fahrer sagt, er kann uns nicht aus der Stadt bringen, auch nicht nachts. Manche Straßen auf dem Land sind noch offen, doch wir müssten noch heute Abend etwa 18 Kilometer dorthin laufen, mit unserer Ausrüstung. Und selbst wenn wir ein weiteres Auto organisieren können, wissen wir nicht, wie es außerhalb der Stadt aussieht. Proteste finden in ganz Bolivien statt.«

Unsere Entscheidung fiel schnell und einstimmig. Wir würden Bolivien so schnell wie möglich verlassen. Bjørn wollte nach Panama weiterreisen und konnte für sich noch am selben Abend einen Flug buchen. Der erste Flug für Lars und mich ging einen Tag später. In dieser Nacht versank Santa Cruz weiter im Chaos. Mein Hotelzimmer hatte ein Fenster weit über Kopfhöhe. Ich stellte mich auf einen Stuhl und ließ den Blick über die niedrigen Dächer schweifen. Überall in der Stadt unter uns brannten Feuer. Die Menschen gingen auf die Straße. In der Lobby waren die Türen verschlossen, und an der Rezeption schlief ein junger Mann mit einer Machete im Schoß auf einem Stuhl. Der Hotelbesitzer hatte für etwas Sicherheit gesorgt.

Später, nachdem ich das Land verlassen hatte, hörte ich, dass in jener Nacht in Santa Cruz fünf Menschen durch Schüsse verwundet worden waren, zum Glück nicht tödlich, während die Demonstranten in La Paz Tränengas abbekommen hatten.

Ich war froh, das Land zu verlassen, auch wenn ich keinen einzigen Kolibri zu Gesicht bekommen hatte.

9

Robinson Crusoe

Isla Robinson Crusoe, Chile, 33° südliche Breite

Man möchte meinen, es könne nicht so schwer sein, sich auf einer sprichwörtlichen einsamen Insel aussetzen zu lassen, um nach einem Kolibri zu suchen, den man nirgendwo sonst auf der Welt antrifft und den kaum ein Mensch je zu Gesicht bekommen hat. Immerhin geht es bei einsamen Inseln eher um die Schwierigkeit, sie wieder zu verlassen, als auf ihnen anzukommen. Dies trifft auf keine einsame Insel so sehr zu wie auf die Isla Robinson Crusoe, den Spaniern des 17. Jahrhunderts als Más a Tierra bekannt, Näher am Festland. Falsch ist diese veraltete Bezeichnung nicht unbedingt, die Insel liegt jedenfalls näher an Südamerika als jede andere des weit gestreuten Juan-Fernández-Archipels. Eine gewisse Ironie schwingt trotzdem mit, denn zwischen Insel und chilenischem Festland erstrecken sich immerhin gut 645 Kilometer.

Als der spanische Kapitän und Abenteurer Juan Fernández die zehn Meilen lange Insel 1574 entdeckte, war sie unbewohnt. Lediglich einige Vögel lebten zu Wasser und zu Land, ebenso wie eine wachsende Population Pelzrobben und See-Elefanten. Für die Spanier entpuppte sich Más a Tierra als einigermaßen nützlicher Zwischenstopp – ein relativ sicherer Ort, um zu ankern, die Süßwasserreserven aufzufüllen, vielleicht ein paar Robben ihres Pelzes zu berauben und, nachdem sie auch eine Ziegenpopulation auf der Insel eingeführt hatten, Jagd auf Frischfleisch zu machen. Leider hatten sie auch Katzen und unfreiwillig Ratten im Gepäck.

Die Ratten stellten sich später für den ersten europäischen Dauergast auf der Insel als ziemlich ungemütlich heraus. Für den schottischen Matrosen Alexander Selkirk muss die Insel im September 1704 ein willkommener Anblick gewesen sein. Als Crewmitglied hatte er an einer Expedition unter dem Kommando des englischen Kapitäns William Dampier teilgenommen, eines Universalgelehrten und zugleich draufgängerischen Freibeuters. Später diente Selkirk an Bord der Cinque Ports unter Kapitän Thomas Stradling. Ein Jahr lang hatten sie entlang der Atlantik- und Pazifikküste Jagd auf spanische Schiffe und Siedlungen gemacht, doch zu dem Zeitpunkt, als Más a Tierra am Horizont auftauchte, wurde Selkirk von zwei schweren Vorbehalten gegenüber seinem Kapitän geplagt, die miteinander zusammenhingen: Erstens machte er sich große Sorgen um die Seetauglichkeit des wurmzerfressenen Schiffes, auf dem er Stradlings Befehle ausführte, und zweitens hielt er den Kapitän für einen arroganten, privilegierten jungen Naseweis, der sich nicht um die Strapazen und das Leiden seiner Crew oder die Seetauglichkeit seines Schiffes scherte.

Die Stimmung an Bord war bereits mehr als getrübt. Freibeuter waren legal geduldete Piraten und ihr Leben per definitionem von Gewalt und Brutalität geprägt. Um erbeutete Schiffe mit einer neuen Crew auszustatten, nahmen sie vor Aufbruch oft zu viele Mann mit an Bord – häufig verzweifelte und minderbemittelte arme Teufel. So viele Mäuler mit Proviant zu versorgen, war das nächste Problem, und Krankheiten verbreiteten sich rasant auf solch kleinem, unhygienischem Raum. Ein Freibeuterschiff war die perfekte Brutstätte für einen langsamen Hungertod, Typhus und Meuterei.

Nachdem die Cinque Ports im Oktober 1704 einen Monat in einer Bucht von Más a Tierra vor Anker gelegen hatte, waren die Männer etwas besser genährt und die Speisekammer mit ein paar

Ziegen, Flusskrebsen und etwas Gemüse aufgestockt. Selkirk ging es gewaltig gegen den Strich, dass Stradling keine Reparaturen am Schiff hatte vornehmen lassen, obwohl es so sehr leckte, dass die Crew Tag und Nacht Wasser aus seinem Rumpf pumpen musste.

Stradling befahl seinen Männern, aus der Cumberland Bay abzulegen. Es war Zeit, den Spaniern wieder auf die Pelle zu rücken und sich an ihnen zu bereichern. Doch Selkirk, der Navigator der Cinque Ports, weigerte sich, worauf es zum Streit zwischen Selkirk und Stradling kam, was so weit ging, dass Selkirk im Eifer des Gefechts jeden, der seine Vorbehalte teilte, dazu aufforderte, das Schiff zu verlassen und so lange auf Más a Tierra zu verweilen, bis ein seetaugliches Gefährt die sichere Weiterreise garantierte.

Für Selkirk gab es danach erst einmal gar keine Weiterreise mehr. Man ließ ihn mit notdürftigster Ausrüstung – seinen Schlafsachen und Navigationsgeräten, einer Flinte und etwas Schießpulver, einer kleinen Axt, einem Kochtopf, etwas Käse und Marmelade, zwei Pfund Tabak, einer kleinen Flasche Rum und seiner Bibel – auf der Insel zurück. Was fehlte, waren Mitmenschen. Der Rest der Crew hatte sich, getrieben von Gier und der Aussicht auf geraubte Schätze, geschlossen dafür entschieden, auf der Cinque Ports zu bleiben. Vielleicht wollten sie auch einfach nicht auf einer abgelegenen Pazifikinsel ausgesetzt werden, die den Spaniern wohlbekannt war. Gefangene britische Freibeuter wurden von den Spaniern nicht mit Samthandschuhen angefasst, stattdessen wartete ein langsamer, grausamer Foltertod auf sie. All dies ging Selkirk vermutlich durch den Kopf, als er sich allein an der Küste von Cumberland Bay wiederfand. Er flehte Stradling an, ihn zurück an Bord zu lassen.

Dieser genoss den Moment offenbar und konnte obendrein ein Exempel für seine Crew statuieren, sodass er Selkirks Bitten nicht erhörte. Er befahl seinen Männern, die Segel zu setzen, die tief liegende Cinque Ports verschwand in Richtung Horizont, und Selkirk blieb allein auf Más a Tierra zurück.

Vier Jahre und vier Monate blieb er dort gestrandet und wartete auf ein zufällig vorbeikommendes britisches Schiff, um zu entkommen. Vielleicht hätte es ihm eine gewisse Genugtuung verschafft zu hören, dass die Cinque Ports vor der peruanischen Küste gesunken war. Nur Stradling und ein paar Crewmitglieder hatten überlebt und waren prompt von den Spaniern gefangengenommen worden. Ein anderer Freibeuter, Kapitän Woodes Rogers, schrieb 1712 rückblickend über den Vorfall: »Vier Jahre blieben sie in Lima gefangen, wo es sie weit schlechter traf als unseren Gouverneur Selkirk, den sie auf der Insel gelassen hatten.«

In seinen ersten Tagen auf der Insel hätte dieser dem wohl nicht zugestimmt. Der Lärm der Pelzrobben und See-Elefanten an der Küste muss so ohrenbetäubend gewesen sein, dass er Selkirk landeinwärts trieb. Der Fisch, von dem er sich anfänglich ernährte, bekam ihm nicht, er führte nur zu »losem Stuhl«. Nachts überfielen ihn hungrige Rattenhorden, die an seiner Kleidung und seinen Füßen knabberten, während er schlief. Verständlicherweise wurde Selkirk angesichts seiner aussichtslosen Situation depressiv und schließlich suizidal. 1713 interviewte ihn der Essayist Richard Steele. »Er wurde zusehends verzweifelter«, schrieb er über dessen erste Tage, »antriebslos und melancholisch, konnte sich kaum davon abhalten, seine Existenz auszulöschen, bis er schließlich Stück für Stück, durch die Kraft der Vernunft und häufige Bibellektüre, nach einer Periode von 18 Monaten, sich ganz mit seinem Los arrangierte.«

Als Selkirk 1709 durch die Ankunft der Duke gerettet wurde, einem britischen Freibeuterschiff unter dem Kommando von Woodes Rogers und navigiert von niemand anderem als William Dampier, dem Anführer seiner ersten Expedition von 1703, hatte dieser sich seinen Lebensumständen vollständig angepasst.

Er hatte gelernt, die wilden Ziegen zu jagen, zunächst mit der Flinte und schließlich, als das Schießpulver aufgebraucht war, auf eigene Faust. Er hatte einige Wildkatzen gezähmt, um den Ratten Einhalt zu gebieten. Er hatte sich eine schützende Hütte gezimmert und gelernt, welche heimischen Pflanzen essbar waren – darunter die Blätter des Cabbage Trees und, laut Rogers, »ein schwarzer Pfeffer namens Malagita, der hervorragend bei Blähungen und Bauchkrämpfen half«.

Zweimal musste Selkirk sich vor spanischen Schiffsbesatzungen verstecken, die während seiner Zeit auf der Insel dort anlegten – bei einer Gelegenheit wurde er entdeckt, es wurde auf ihn geschossen, und er versteckte sich auf einem Baum, an den zwei seiner Verfolger sogar urinierten.

Selkirks Geschichte wurde erst Jahre später bekannt, als Rogers davon in seinem weiter gefassten Bericht über seine Freibeuterfahrten, *A Cruising Voyage Round the World,* erzählte. In der Zwischenzeit war Selkirk Steuermann der Duke gewesen – ein lohnendes Geschäft, da sie erfolgreich spanische Reichtümer erbeutet hatte. Nach seiner Rückkehr nach England war Selkirk plötzlich unter den Matrosen in Hafenstädten wie Bristol oder London so etwas wie eine Berühmtheit und erzählte seine unglaubliche Geschichte jedem, der ihm dafür eine warme Mahlzeit und ein paar Pints spendierte.

Rogers' und Steeles Berichte kamen auch dem Autor und Aufklärer Daniel Defoe zu Ohren. 1719 traf er sich, wenn schon nicht mit Selkirk selbst, dann zumindest mit Rogers, und verfasste, inspiriert von dem gehörten Abenteuer, seinen *Robinson Crusoe,* der zwar in der Karibik spielte, jedoch hauptsächlich auf Selkirks Erfahrungen im Pazifik aufbaute. Defoe tat gut daran, das Buch anonym zu veröffentlichen. Zwar ist *Robinson Crusoe* auf den ersten Blick die unglaubliche Geschichte eines beharrlichen, erfinderischen Schiffbrüchigen, doch sie diente seinem Autor ebenso als unverhohlene politische und soziale Kritik. Defoe war religiöser Dissident, seine Familie wurde von den Stuarts und ihren Anhängern verfolgt, da sie die Ansicht vertrat, die Church of England bliebe dem katholischen Glaubensmodell noch zu sehr verhaftet. Sein ganzes Leben verbrachte Defoe damit, gegen die Restauration der Stuart-Könige anzukämpfen. Aspekte seines Nonkonformismus finden sich auch in *Robinson Crusoe* wieder, und es ist sicher kein Zufall, dass er die Geschichte seines gleichnamigen Helden in der Zeit der Restauration spielen lässt – Defoe scheint vermitteln zu wollen, der wahre englische Geist lebe zu jener Zeit weit entfernt von zu Hause im Exil, eine Ansicht, für die der Autor der beliebten Erzählung, wäre sein Name publik geworden, am Galgen hätte enden können. Und beliebt war sie tatsächlich: Es gab zahlreiche Neuauflagen, und schnell folgten Übersetzungen ins Niederländische, Französische, Deutsche, Russische und Spanische.

Und der Ruhm überdauerte die Jahrhunderte. 1966 beschloss die chilenische Regierung gar, den Namen Más a Tierra in Robinson Crusoe zu ändern und dem literarischen Helden damit ein geografisches Denkmal zu setzen. Eine andere Insel des Juan-Fernández-Archipels, Más Afuera (Weiter draußen), wurde in Alejandro Selkirk umbenannt, um auch an den wahren Helden zu erinnern.

Als ich als kleiner Junge *Robinson Crusoe* las, war ich mir dieses Untertons des Buches natürlich nicht bewusst, umso mehr beeindruckte mich die Geschichte eines Mannes, der sich auf einer abgelegenen Insel ein neues Leben aufbaut. Die Lektüre leistete einen Beitrag zu meiner Sehnsucht, eines Tages in ferner Zukunft dasselbe zu tun. Irgendwann kam mir zu Ohren, dass auf jener Insel, auf der der Schiffbrüchige Alexander Selkirk mehr als vier Jahre verbracht hatte, auch eine Kolibriart lebte: der Juan-Fernandez-Kolibri, der fernab seiner Artgenossen ein abgeschiedenes Dasein in völliger Isolation fristete und sich aus diesem Grund äußerlich stark von ihnen unterschied. Tatsächlich waren Wissenschaftler noch bis in die 1980er-Jahre der Ansicht, auf der Insel lebten gleich zwei Kolibrispezies, so deutlich unterschieden sich Männchen und Weibchen in ihrem Gefieder. Heute ist klar, dass sie ein und derselben Art angehören.

Die Männchen tragen ein dem Fuchs nicht unähnliches rotbraunes Gefieder mit golden glänzender Purpurstirn. Die Weibchen der Art stehen ihnen in Auffälligkeit und Schönheit in nichts nach, was für Kolibris insofern ungewöhnlich ist, als dass die Weibchen häufig ein gedeckteres grünbeigefarbenes Federkleid tragen, um während der wichtigen Brutphase besser getarnt zu sein. Doch der Rücken der Juan-Fernandez-Weibchen erstrahlt in den klaren Grün- und Blautönen des sie umgebenden Ozeans, ihr Bauch ist schneeweiß und wie ein Hermelin mit glänzenden Smaragdpunkten gesprenkelt. Sicher ist dieses atemberaubende Fashion-Statement der Abgeschiedenheit und Abwesenheit von bedrohlichen Raubtieren zu verdanken, doch die Einschleppung von Ratten, Katzen und nicht zuletzt die Kolonialisierung der Insel durch den Menschen haben dafür gesorgt, dass ein trauriges Kapitel in der Geschichte der Juan-Fernandez-Kolibris beginnt.

Meine Reise hinaus auf den Pazifik begann damit, dass ich, umgeben von einer kleinen Gruppe anderer Passagiere, vor einem kleinen Hangar außerhalb der chilenischen Hauptstadt Santiago stand und nervös das etwas in die Jahre gekommene Flugzeug vom Typ Dornier 228 beäugte. Wir warteten auf Nachricht von der Isla Robinson Crusoe – das dortige Wetter verzögerte unseren Abflug bereits seit einer Stunde.

Die Alternative, eine Anreise per Schiff, hätte meine romantische Seite angesprochen. Selkirk war mit dem Schiff auf die Insel gekommen, und ich hätte es ihm gerne gleichgetan. Doch die Isla Robinson Crusoe wird leider nur von einem chilenischen Marineschiff angefahren, dessen unregelmäßige Abfahrtszeiten es mir absolut unmöglich machten, eine verlässliche Überfahrt zu buchen. Die vagen Aussagen der verantwortlichen Stelle waren zum Haareraufen. Ich brauchte auf diesem letzten Abschnitt meiner Kolibrireise Gewissheit: Mein Flug nach Ushuaia, der südlichsten Stadt Argentiniens, ging in etwas mehr als einer Woche, und ich konnte es mir nicht leisten, wie Selkirk auf unbestimmte Zeit im Pazifik zu stranden. Es musste also das Flugzeug sein – so das Wetter es denn zuließ.

Plötzlich beorderte man uns ohne große Umschweife an Bord. »Drüben herrscht wieder klare Sicht«, verkündete der Pilot. »Wir müssen sofort los.«

Drei Stunden später landeten wir wieder, wo wir losgeflogen waren, in Santiago. Auf halbem Weg zu Robinson Crusoe hatte der Pilot einen Funkspruch von der Insel erhalten: Wieder war dicker Wolkennebel aufgezogen. Ihm blieb in diesem Moment keine Wahl, wir mussten umkehren. Die Stimmung an Bord war dementsprechend schlecht.

»Das wird heute nichts mehr«, orakelte ein ortsansässiger Passagier. »Jetzt hängen wir hier tagelang fest.«

Wir gingen zurück in das kleine Terminalgebäude und wurden darüber informiert, dass unser Gepäck zeitnah entladen würde. Für Durstige gebe es Kaffee. Noch bevor ich einen Schluck des heißen Getränks nehmen konnte, wiederholte der Pilot seine strenge Durchsage.

»Klare Sicht. Wir müssen sofort los.«

Zwar konnte ich zu diesem Zeitpunkt kaum optimistisch sein, dass wir es tatsächlich bis Robinson Crusoe schaffen würden, trotzdem war ich erleichtert, dass wir es zumindest noch einmal versuchten. Meine Erleichterung erreichte ihren Höhepunkt, als wir etwa drei Stunden später mit dem sperrigen Flugzeug die Spitze der Insel umrundeten und uns der kurzen, mit Rissen und Schlaglöchern übersäten Landebahn näherten. Vielleicht würde das wechselhafte maritime Klima bedeuten, dass es am Ende meines Aufenthaltes ebenso schwierig sein würde, die Insel zu verlassen, doch dann hätte ich wenigstens einige Zeit mit den Juan-Fernandez-Kolibris verbracht.

Die Landebahn von Robinson Crusoe befindet sich an der westlichen Spitze der Insel auf einem der wenigen Plateaus der Gegend, in einer ansonsten steinigen, kargen Mondlandschaft aus roten und ockerfarbenen Felsen. Ein Bergkamm vulkanischen Ursprungs verläuft einmal quer die Insel hinunter, jenseits von ihm liegt der grünere, fruchtbarere Osten, in dem, umgeben von hohen Bergspitzen, auch die einzige Siedlung der Insel beheimatet ist. San Juan Bautista schmiegt sich genau in jene Cumberland Bay, in der Alexander Selkirk 1704 zurückgelassen wurde. Man kann von der Landebahn aus dort hinlaufen, doch die Wanderroute ist anstrengend und zeitintensiv. Zwei deutsche Touristen entschlossen sich, die Strapazen auf sich zu nehmen, während ich mit den inselkundigen Passagieren einen kurzen Weg zu einem nahe gelegenen Pier nahm, der zu einer steinigen Bucht mit blökenden Pelzrobben führte. Die Luft war trocken, und das Einzige, was jenseits des Weges auf Leben hindeutete, waren die ausgedörrten Stängel und rasselnden Köpfe von Mohnblumen. Gedankenlos riss ich im Vorübergehen einen ab und steckte ihn in die Tasche. Erst Wochen später erinnerte ich mich daran, als ich zu Hause die Samen fand, die wie Sandkörner in meiner Tasche steckten. Doch in diesem Moment am Pier konnte ich mir kaum vorstellen, wie irgendetwas – geschweige denn ein Kolibri – in einer derart kargen Landschaft Nahrung und Schutz finden sollte.

Eine schnelle Barkasse trug uns an der Nordküste der Insel an riesigen, scharfen, steil ins Wasser abfallenden Klippen vorbei. Über mehrere Meilen deutete nichts darauf hin, dass sich die Landschaft dort oben verändert hatte. Ich achtete auch kaum darauf, denn zusätzlich zu den Juan-Fernandez-Kolibris war das Archipel unter Vogelliebhabern als Heimat einer seltenen Sturmvogelart bekannt. Das umliegende Meer bot ihnen reichlich

Gelegenheit zum Fischfang, genauso wie den Albatrossen, die hier vorkamen. Ich befand mich also in einem regelrechten Orni-Nirwana.

Als wir uns San Juan Bautista näherten, öffnete sich oberhalb der Klippen die Landschaft und gab den Blick auf ausgedehnte gerodete Wiesen frei, die von stark bewaldeten Bergspitzen und steilen Hängen überlagert wurden. Der Verlust von Lebensraum ist einer der Hauptgründe, weshalb die Population der Juan-Fernandez-Kolibris schrumpft – BirdLife hat sie als kritisch bedroht eingestuft und schätzt, dass auf der ganzen Insel nur noch etwa 1000 Tiere leben. Sie brüten relativ hoch in den ursprünglichen Wäldern und kehren anschließend in die Täler zurück, die beinahe auf Meeresspiegelhöhe liegen. Leider sind diese Wälder auf den Bergen entweder vollständig verloren gegangen, oder sie wurden durch den hier nicht heimischen Eukalyptus ersetzt.

Wir fuhren an Puerto Inglés vorbei, einer offenen Bucht mit einer kleinen Holzhütte in Küstennähe. Rodrigo, unser Bootsmann, deutete auf einige Löcher unten an den Klippen und im umliegenden Boden.

»Das ist so ein Ausländer. Der kommt seit 20 Jahren hierher, um nach einem Piratenschatz zu graben«, erklärte er mit einem skeptischen Kopfschütteln. »Er hat noch nichts gefunden. Nur ein paar alte Eisenstücke, ein paar Projektile … Im Grunde betreibt er hier Archäologie. Aber seine Funde reichen dafür, dass er glaubt, er suche am richtigen Ort.«

Offenbar rankten sich die wildesten Geschichten um Isla Robinson Crusoe, denn es stellte sich heraus, dass der Mann, den Rodrigo ein wenig durch den Kakao zog, keineswegs so durchgeknallt war, wie es zunächst den Anschein hatte. Bernard Keiser, ein gebürtiger Niederländer, der nach Amerika ausgewandert und Geschäftsmann geworden war, suchte nach einem gebunkerten Schatz, der angeblich 800 Barrel Gold- und Silbermünzen enthalten sollte, alte peruanische Goldfiguren und eine Kette, die vormals der Frau von Atahualpa gehört haben sollte, dem letzten Inkaherrscher.

Angehäuft und 1714 auf der Insel vergraben hatte ihn der spanische Generalkapitän Esteban Ubilla y Echeverría, bevor sein Schiff von den Engländern abgefangen werden konnte, die zu der Zeit ebenfalls in dieser Gegend kreuzten. 1761 wurde der britische Kapitän Cornelius Webb auf die Insel geschickt, um den Schatz zu holen – er fand ihn auch, musste ihn allerdings wieder vergraben, nachdem sein Boot durch die schlechte Wetterlage beschädigt worden war. Webb zeichnete zwei verschlüsselte Schatzkarten. Eine schickte er zurück nach England. Die andere wechselte über die Jahrhunderte einige Male den Besitzer, bevor Keiser sie 1998 käuflich erwarb.

Seither folgt Keiser dieser Schatzkarte aus dem 18. Jahrhundert und bekam im September 2019 von den chilenischen Behörden sogar die Erlaubnis, 400 Quadratmeter Land in Puerto Inglés umzugraben, wo der Schatz angeblich in einem Tunnel unter einem riesigen Felsen verborgen wurde. Insgesamt wird sein Wert auf über zehn Milliarden Dollar geschätzt.

Als ich den Pier von Cumberland Bay betrat, hatte ich eine andere Art Schatz vor Augen. Das Inkagold konnte mir gestohlen bleiben. Ich wollte meinen ersten Juan-Fernandez-Kolibri sehen. Angeblich sollte man sie häufig in den Gärten des Dorfes sehen, ich musste also lediglich nach den hier endemischen Cabbage Trees Ausschau halten. Ihren großen orangefarbenen Blütenclustern konnten die Kolibris nicht widerstehen.

Mittlerweile wusste ich nur zur Genüge, dass Kolibris sich keinen Regeln unterwarfen, und stellte wenig überrascht fest, dass kein Juan-Fernandez-Kolibri weit und breit zu sehen war. Ich blieb stehen, um einen Einheimischen zu fragen, wo ich sie finden könne. Marcelo, der gerade den Weg vor seinem Haus kehrte, hielt inne.

»El picaflor rojo?«, fragte er. »Den roten Kolibri? Da sollten Sie die Gärten oberhalb der Bücherei versuchen, bei den CONAF-Büros.«

CONAF, die Corporación Nacional Forestal, ist eine private NGO, die von der chilenischen Regierung beaufsichtigt und finanziert wird, um die Forstinteressen des Landes nachhaltig zu verwalten. Wie ich erfuhr, hatte sie auf Robinson Crusoe einiges zu tun, doch an diesem späten Nachmittag an meinem ersten Tag auf der Insel galt mein Interesse ausschließlich den Kolibris, die sich angeblich in ihrem Bürogarten versteckten. Ein großes Schild an einer Wand schien mir kein gutes Omen – es zeigte ein riesiges Foto von einem Juan-Fernandez-Männchen und einem Weibchen sowie die Nachricht: *Me EXTINGO … Ayudame. Tu identidad de isleno/a se EXTINGOS con ellos – Ich sterbe aus … hilf mir. Deine Identität als Inselbewohner/in stirbt mit ihnen aus.*

Auf dem Schild waren auch die Umrisse von Ratten und Katzen zu sehen, von einer früchtetragenden Pflanze und einem langschwänzigen Tier, das mich vom Aussehen her an den draufgängerischen peruanischen Coatimundi erinnerte. Die Inselbewohner wurden angemahnt, diese *amenazas*, Bedrohungen, in Schach zu halten.

An diesem Tag war mir das Glück hold. Tief in einem blühenden Strauch erkannte ich die wohlbekannte Silhouette eines wachsamen Kolibris. An diesem Punkt meiner Reise suchten meine Augen schon automatisch nach dieser Form, sodass selbst der kürzeste Blick auf lange Schwanzfedern oder einen hauchdünnen Schnabel ausreichte, um einen versteckten Kolibri ausfindig zu machen. Langsam und vorsichtig bewegte ich mich um den Busch herum.

Die Juan-Fernandez-Kolibris teilen sich die Insel mit einer weiteren Art, die sehr viel weiter verbreitet ist, dem eher grünlich gefärbten Chilekolibri. Ich wollte meinen ersten Kolibri auf der Insel nicht aufscheuchen, bevor ich mit eigenen Augen festgestellt hatte, dass es sich hier tatsächlich um einen der *rojos* handelte, von denen Marcelo mir versichert hatte, dass ich sie hier finden würde. Ich bekam einen besseren Blick durch die Zweige und konnte nun, da die Sonne nicht mehr tief in meinem Rücken stand, weit mehr erkennen als die dunkle Silhouette eines Kolibris.

Die untergehende Sonne ließ die feurigen Farben meines ersten Juan-Fernandez-Kolibris auflodern. Er schien von innen zu glühen wie heiße Kohlen, ein tiefes gebranntes Umbra. Ich bemerkte, wie sich meine Nackenhaare aufstellten und dass ich die Luft anhielt. Langsam atmete ich aus. Er war einfach wundervoll und fühlte sich ganz offensichtlich nicht durch meine Nähe zu seinem Sitz gestört. Mit leicht geneigtem Kopf sah er mich ganz ruhig an. Da keine Gefahr drohte, machte er ein paar seitliche Schritte und plusterte sein Gefieder auf, schüttelte sich ein wenig und wandte den Blick von mir ab. Für eine Sekunde fiel das Sonnenlicht auf seine Stirn und ließ sie in einer unglaublichen, leuchtend orangefarbenen Supernova erstrahlen. Langsam schlossen sich seine Augen, und ich begann mich möglichst leise von ihm zurückzuziehen. Vor mir lag noch eine ganze Woche – genügend Zeit, um weitere Momente mit ihm und seinen Artgenossen zu teilen.

Wohnen würde ich direkt am Strand in einem Zimmer bei Ilka Paulentz. In ihrem Haus war noch ein weiterer Gast: die junge chilenische Dokumentarfilmerin Carolina García Bloj. An jenem Abend tranken wir im Maren Strum, einer Bar am Wasser, die mir gleichzeitig das Zentrum der Community zu sein schien, eine Flasche des lokalen Bieres Archipelago, und Carolina erzählte mir Ilkas Geschichte.

Sie war auf der Insel berühmt, da sie einen verheerenden Tsunami überlebt hatte, der Robinson Crusoe am frühen Morgen des 27. Februar 2010 getroffen hatte. Das Tsunamifrühwarnsystem hatte nicht funktioniert, die Bewohner von San Juan Bautista ahnten nicht, dass sich eine drei Meter hohe Flutwelle auf sie zubewegte, die durch ein Erdbeben der Stärke 8,8 vor der Küste des chilenischen Festlandes ausgelöst worden war. Ein zwölfjähriges Mädchen namens Martina Maturana hatte bemerkt, dass sich das Wasser von der Küste zurückzog und an den im Hafen liegenden Fischerbooten zerrte. In dem Wissen, dass etwas nicht stimmte, rannte sie durch das Dorf, um die Notfallglocken zu läuten und ihre Dorfgemeinschaft zu wecken. Ihrem beherzten Einschreiten war es zu verdanken, dass sich viele Inselbewohner an höher gelegenen Orten in Sicherheit bringen konnten – als die Welle auf die Insel traf, wurden große Teile von San Juan Bautista zerstört, 16 Menschen verloren ihr Leben. Dies allein wäre an jedem Ort eine Tragödie gewesen, doch in einer kleinen Fischergemeinschaft von wenigen hundert Menschen war der Verlust umso schmerzlicher.

Ilka war bereits wach gewesen, bevor die Notglocke ertönte. Als sie sie hörte und aus ihrem am Dorfrand gelegenen Haus am Strand kam, sah sie bereits die Flutwelle auf sich zukommen. Sie wusste, dass ihr nicht genügend Zeit blieb, um sich weiter oben in Sicherheit zu bringen – ihr Haus lag beinahe auf Höhe des Meeresspiegels. Stattdessen rannte sie der Welle entgegen und tauchte ab, als sie über ihr hereinbrach. Carolina erzählte mir: »Ilka ist trotz ihres hohen Alters eine sehr gute Schwimmerin. Zweifellos hat sie allein dadurch überlebt. Doch ihr Haus wurde vollständig zerstört, ebenso wie alles, was sich darin befand. Alles war fort. Nichts als ihr Leben war ihr geblieben. Ursprünglich kommt sie aus Deutschland und spielt gerne Akkordeon. Nach dem Tsunami fanden die Dorfbewohner ihr Instrument auf der anderen Seite der Bucht. Es war kaputt und voller Sand. Nachdem Ilkas Haus neu aufgebaut worden war, fuhr sie aufs Festland, um neue Möbel zu kaufen, es war ja nichts mehr zu gebrauchen. Stattdessen ist sie mit einem neuen Akkordeon zurückgekommen! Das Spielen hilft ihr dabei, ihre Angst davor zu verlieren, nach so einer Katastrophe auch weiterhin am Meer zu wohnen.«

Später kam ich mit dem Barbesitzer ins Gespräch, dem ich erklärte, ich sei auf der Insel, um mir die endemischen Kolibriarten anzusehen.

»Sie sind wegen der Kolibris hier? Dann müssen Sie Pablo Manríquez treffen. Er ist der Leiter von OIKONOS, das sind hier die Umweltschützer. Er ist für die Rettung des Vogels zuständig. Pablo! Komm her! Hier will dich jemand kennenlernen …«

Schon saß Pablo vor mir, ein freundlicher Mann, der den Bildnissen des Philosophen Aristoteles auffallend ähnlich sah, inklusive der dunklen Locken und des Rauschebarts. Ich erzählte Pablo, dass ich heute meinen ersten Juan-Fernandez-Kolibri gesehen hatte und mich schon auf die weiteren Sichtungen freute, auch von einem Weibchen. Pablo verzog das Gesicht.

»Die Männchen, die sind jetzt unten im Dorf. Die zu sehen, ist nicht schwer. Aber *la hembra*, das Weibchen … Das ist um diese Jahreszeit schwieriger. Die verstecken sich jetzt oben im Wald. Da müssten Sie schon hoch auf den El Yunque wandern und da nach ihnen suchen.«

El Yunque war ein steiler, bewaldeter Berg, in dessen Schatten die Siedlung lag. Ich beschloss, ihn zum Ausflugsziel meines nächsten Tages zu machen und Pablo zu berichten, ob meine Suche nach *la hembra* erfolgreich war. Ich fragte ihn nach dem Schild, das ich am Nachmittag gesehen hatte. Die Katzen und Ratten hatte ich erkannt, doch was waren die anderen Bedrohungen, unter denen die Kolibris litten? Er lachte freudlos.

»Tja. Da sind die Ratten – beide Arten, schwarz und braun. Und Mäuse. Und dann gibt es da noch die Katzen – sie leben in jedem Haushalt, und auf der ganzen Insel gibt es Streuner. Natürlich haben auch viele einen Hund. In den 1930er-Jahren hat irgendwer die Coatimundis hierhergebracht – angeblich, wobei ich nicht weiß, ob das stimmt, sollte die Insel so ›interessanter‹ werden, als sie zu einem Nationalpark wurde. Und dann gibt es noch all die Tiere, die unsere Fauna zerstören: Kaninchen, Ziegen,

Schafe, Kühe, Pferde … Viele Wälder wurden gerodet und durch nichtheimische Eukalyptus- und Pinienwälder ersetzt. Und dann haben wir noch das Problem mit den Brombeersträuchern. Sie überwuchern die heimische Vegetation, doch kein Tier will sie fressen …«

Angeblich hatte ein Inselbewohner die Brombeere in dem Glauben hergebracht, sie könnte als nützlicher, beerentragender Viehzaun herhalten. Die heimischen Magellandrosseln freute es, denn sie stürzten sich auf die Beeren und verteilten sie durch ihre Ausscheidungen überall auf Robinson Crusoe. Die Drosseln, selbst eine kolonialisierende Art, sind zum Teil schuld an der Abnahme einer weiteren endemischen Vogelpopulation, der Juan-Fernandez-Tachurityrannen, denn Forscher fanden Blutparasiten der Drosseln auch in deren Blut.

All diese eingeschleppten Spezies und ihr geballter Einfluss auf die einheimische Vegetation von Robinson Crusoe und die Vögel der Insel hörten sich gar nicht gut an. Ich wusste, dass die International Union for Conservation of Nature (IUCN) die Juan-Fernandez-Kolibris als bedrohte Art auf ihrer roten Liste führt, doch das volle Ausmaß der Bedrohung war mir nicht klar gewesen. Ganz naiv hatte ich Pablo gefragt, ob ihre 1000 Exemplare umfassende Population noch immer abnehme oder ob sie stagniere. Er schüttelte traurig den Kopf.

»1000 Exemplare? Sie haben die IUCN-Statistik gelesen. Die wissen doch gar nichts. Wir zählen jedes Jahr die Nester. Wir können beinahe punktgenau sagen, wie viele ausgewachsene Vögel es noch gibt. Heute sind es nicht mehr als 400. Wir versuchen, die Brombeeren loszuwerden und sie durch einheimische Arten zu ersetzen, aber …«

Pablo zuckte vollends hoffnungslos die Schultern. »Das nützt alles nichts. Uns fehlen die Mittel. Und ganz gleich, wie sehr wir uns im Wald anstrengen, die Vögel kommen auch hier unten ins Dorf, und die Katzen fangen jedes Jahr die unerfahrenen Jungvögel. Wir können versuchen, die Zahl der wild lebenden Katzen zu kontrollieren, aber die Leute halten sie auch in den Häusern, und sie werden nicht kastriert. Die Katzenpopulation bleibt also gesund, und die Kolibris – deren Zahl nimmt ab. In 20 Jahren …«

Er ließ die Möglichkeit ihres Aussterbens still in der Luft hängen. Plötzlich schämte ich mich dafür, dass meine größte Sorge gewesen war, wie schnell es mir gelänge, ein Weibchen zu sichten. Ganz gleich, wie schön diese Kolibris waren, ich würde zum ersten Mal auf meiner Reise durch die Amerikas eine Spezies sehen, deren Aussterben ich mit ziemlicher Sicherheit noch miterleben würde. Ein ernüchternder, schrecklicher Gedanke. Aus der Ferne betrachtet war das Aussterben ein abstraktes Konzept, furchtbar, sicherlich, aber nichts, was einen unmittelbar betraf. Doch wenn man dem fraglichen Tier nur wenige Stunden zuvor in die Augen geblickt hat, wird das Aussterben zu etwas ganz anderem. Ich hätte heulen können, so ausweglos schien die Lage. Ich kehrte zu Ilkas Haus zurück, ein Birder, der seine Lektion gelernt hatte. Meine Stimmung spiegelte sich in den Rufen der Rosafuß-Sturmtaucher, die von ihren hoch gelegenen Nestern in den Höhlen am Hang durch die Dunkelheit getragen wurden. Es waren traurige Rufe, und das mit Recht: Auch sie wurden durch die Aktivitäten der Ratten, Katzen und Coatimundis immer seltener.

Am nächsten Morgen machte ich mich an die lange Wanderung den El Yunque hinauf. Die Hauptstraße des Dorfes verläuft parallel zur Küstenlinie von Cumberland Bay, bevor einige schmale asphaltierte Straßen bergauf zu höher am Hang gebauten Häusern führen. Jede von ihnen ist mit einem Schild ausgestattet: *Vía de Evacuación Tsunami*. Eine dieser Tsunamievakuationsrouten wird zu einem gewundenen, steinigen, zwei Meilen langen Wanderweg, auf dem man etwa 300 Höhenmeter durch wilde Brombeerhecken überwinden muss, bis er schließlich an einer großen, flachen Lichtung am Waldrand endet – ausgerechnet mit einem Picknicktisch und einer Grillstelle, wenn man's glauben mag. Offensichtlich handelt es sich bei der Plazoleta El Yunque um einen unter den Inselbewohnern beliebten Picknickplatz.

Historisch betrachtet, war dies die Heimat eines weiteren Schiffbrüchigen, der in die berühmten Fußstapfen von Alexander Selkirk getreten war. Hugo Weber, ein Mannschaftsmitglied des Kreuzers SMS Dresden, den die Besatzung am 14. März 1915 nach einem Beschuss durch britische Schiffe selbst versenkt hatte, kehrte nach dem Krieg zurück, um in selbst gewählter Isolation auf der Plazoleta El Yunque zu siedeln. Er wurde als deutscher Robinson Crusoe bekannt und verließ die Insel erst 1943 wieder, als man ihn verdächtigte, ein Nazispion zu sein. Im Dritten Reich hatte seine Geschichte tatsächlich Anklang gefunden, Propagandaminister Joseph Goebbels gab 1938 bei dem Regisseur Arnold Fanck einen Film in Auftrag, der grob auf Webers Erlebnissen basieren sollte. Inspiriert von den Wundern des Nationalsozialismus, sollte der Protagonist am Ende zu seinen früheren Kameraden auf ein neues Kriegsschiff namens Dresden zurückkehren. Die Eröffnungsszenen aus *Ein Robinson* wurden auf der Insel gedreht, die damals noch den Namen Más a Tierra trug. Fanck gefiel der Drehort überhaupt nicht. Seinen ersten Eindruck von der Insel beschrieb er als überaus enttäuschend und visuell reizlos. Mehr noch, er ging sogar so weit, den Drehort als fatalen Fehler zu bezeichnen und sich zu wünschen, Daniel Defoes Beispiel gefolgt zu sein, der die Handlung in die Karibik verlegt hatte.

Als ich nun in den unberührten Wald hineinwanderte, musste ich Fanck auf ganzer Linie widersprechen. Der Ort, den sich Weber als Heimat auserkoren hatte, erinnerte an *Jurassic Park*. Ich hatte das Gefühl, eine Urzeit zu betreten – ich kam an riesigen, baumhohen Farnen vorbei und ging unter den enormen, runden palmenähnlichen Blättern des hier heimischen Mammutblattes her. Angeblich verwendeten die ersten Siedler die Blätter, die einen Durchmesser von etwa einem Meter haben, als Regenschirme.

Weber muss die Vogelwelt der Insel nach all den Jahren wie seine Westentasche gekannt haben. Die Juan-Fernandez-Kolibris, die in den Bäumen rund um sein Heim auf dem Berg brüteten, waren sicher seine wohlbekannten Begleiter. In den Mammutblättern regten sich kleine Vögel, jedoch nicht die Kolibris, nach denen ich suchte, sondern endemische Tachurityrannen, die auf der Insel aufgrund ihrer punkigen Federn am Kopf *cachuditos* genannt wurden – die kleinen Gehörnten.

Ich versuchte mir vorzustellen, wie es gewesen sein muss, vor weniger als 100 Jahren in dieser Umgebung zu leben. Vermutlich war es nicht so anders als heute, außer dass die Schäden eingeschleppter Arten an Flora und Fauna damals weniger offensichtlich waren. Wie es für Weber wohl gewesen war, die Insel wieder zu verlassen? Sicher ist es ihm schwergefallen. Wenn man Hitlers Pläne für Südamerika bedenkt, ganz besonders für Chile, war der Spionagevorwurf sicher nicht so weit hergeholt.

Nebenbei bemerkt, mutet es etwas seltsam an, dass Hitler einer seiner ersten Machtdemonstrationen den Codenamen »Kolibri« gab: dem Ereignis, das als »Nacht der langen Messer« oder »Röhm-Putsch« in die Geschichtsbücher eingegangen ist. Hitler ließ prominente SA-Angehörige von SS und Gestapo ermorden. Beinahe 100 Funktionäre, einige ihrer Ehefrauen sowie weitere unliebsame Personen kostete diese brutale politische Säuberung das Leben. Benannt wurde sie ausgerechnet nach einer der harmlosesten Vogelfamilien überhaupt.

Ihr Name war Anfang des 20. Jahrhunderts schon einmal von einem Österreicher verwendet worden. Franz Pfannl, ein Uhrmacher, konstruierte 1910 die kleinste Handfeuerwaffe der Welt. Das Patronenlager der »Kolibri« wurde mit eigens dafür hergestellten 2,7-mm-Zentralfeuerpatronen bestückt, aus denen winzige, 0,2 Gramm schwere Kugeln abgefeuert wurden, die eine geringere Austrittsgeschwindigkeit als die der meisten Luftgewehrkugeln besaßen. Die Waffe war halbautomatisch und insofern ein beeindruckendes Stück Miniaturingenieurskunst, wie sie vermutlich nur ein Uhrmacher hervorbringen konnte. Als Waffe ernst genommen hat sie allerdings kaum jemand. Lediglich als Mittel zur Selbstverteidigung für Frauen beworben, blieb der kommerzielle Erfolg aus – weniger als 1000 Stück wurden hergestellt, bevor man die Produktion 1914 einstellte. Die österreichisch-ungarische Monarchie benötigte mit Beginn des Ersten Weltkriegs Munition sehr viel größeren Kalibers.

Zu Webers Zeiten waren die Juan-Fernandez-Kolibris sicherlich noch zahlreicher gewesen, als sie es an dem Morgen waren, den ich auf den Wanderwegen rund um den Fuß des El Yunque verbrachte. Enttäuscht und hungrig stieg ich wieder hinab ins Dorf an der Küste, wobei ich einige wilde Brombeeren aß. Am Nachmittag hatte ich mit Marcelo Rossi, einem der Inselbewohner, eine Bootstour arrangiert, um für einige Stunden auf offenem Meer Vögel zu beobachten. Die Inseln des Juan-Fernández-Archipels – Robinson Crusoe, Alejandro Selkirk und Santa Clara – bieten zahlreichen endemischen Arten ein Zuhause. In dem Wald, den ich an diesem Morgen erkundet hatte, finden sich Dutzende Pflanzen, die es nirgendwo sonst auf der Erde gibt, und neben dem Juan-Fernandez-Kolibri und den *cachuditos* lebten auf der Insel noch weitere endemische Vogelarten, die ich während meines Besuchs auf jeden Fall sehen wollte. Ganz besonders hoffte ich auf ein Trio von Sturmvögeln – Meeresvögeln, die ihr gesamtes Leben weit draußen auf dem Pazifik verbringen und nur zur Brut zu diesen kargen Felsformationen zurückkehren. Die gesamten Populationen des Juan-Fernandez-Sturmvogels und des Stejneger-Sturmvogels brüten ausschließlich auf Selkirk, während der Masatierra-Sturmvogel zwar nach Más a Tierra benannt wurde, aber auf einer Handvoll chilenischer Inseln brütet, darunter auch Santa Clara. Sie alle werden als gefährdet eingestuft. Die Vertreter aller drei Arten sind hervorragende Flieger, scheinbar mühelos schraubten sie sich in die Höhe und glitten wieder herunter, um in einer Vollendung die Wellen zu streifen, die unser menschengemachtes Eindringen in ihr luftiges Reich tölpelhaft wirken ließ. Bei der langsamen, strudelnden Ebbe an diesem Nachmittag war ich dankbar für meinen seefesten Shetlandmagen, andererseits verloren wir so Robinson Crusoe nicht aus dem Blick, ein steter Koloss, der vor uns am Horizont lag. Aus der Ferne zeichnete sich die Insel schwarz vor dem Himmel ab, ein Monolith, der zugleich beruhigend und ein wenig bedrohlich wirkte.

Den letzten Abend hatte ich damit verbracht, mit der spanischen Vulkanologin Laura Becerril Carretero zu plaudern, die hierhergekommen war, um auf Robinson Crusoe und Alejandro Selkirk geologische Untersuchungen durchzuführen. Offensichtlich war das Archipel für eine entschlossene Vulkanologin ähnlich interessant wie für Vogelliebhaber, da die Inseln keine Verbindung zum südamerikanischen Festland hatten und ausschließlich vulkanischen Ursprungs waren; über Millionen von Jahren hatten sie sich aus den Auswürfen einiger Vulkane geformt. Das beachtliche Alter der Insel und ihre dauerhafte Abgeschiedenheit waren der Grund dafür, dass viele der Arten auf dem Archipel evolutionär bedingt ausschließlich hier vorkamen. Ich fragte mich, was mit der Zeit mit den eingeschleppten Arten passieren würde, wenn man sie nicht bekämpfen und stattdessen 1000 Jahre lang sich selbst überlassen würde. Ich hatte zweifelhafte Geschichten darüber gehört, dass hungrige Ratten auf der Insel häufiger auf Bäumen lebten als ihre Artgenossen an Land. Vielleicht machte sich die Evolution bei ihnen bereits bemerkbar, indem agile Ratten häufiger überlebten, wenn sie auf den Bäumen nach Nahrung suchen konnten. Dort gab es natürlich auch Kolibrinester.

Ich schob diese Gedanken aus meinem Kopf, als die ersten Meeresvögel rund um unser kleines Boot auftauchten. Marcelo schaltete den Motor ab. Einige riesige Schwarzbrauenalbatrosse flogen um uns herum und landeten schließlich neben uns, um zu schauen, ob sich hier leichte Beute machen ließ. Sie hatten Glück, denn genau zu diesem Zweck hatte Marcelo einen Eimer mit Fischen dabei. Es dauerte nicht lange, und mein Blick versank in der schwarzen Unendlichkeit der Augen eines Albatros. Unser kleines Boot lag tief im Wasser, und da ich nahe dem Heck saß, befand ich mich auf einer Höhe mit dem Vogel, der nur wenige Meter von mir entfernt auf der Wasseroberfläche schaukelte. Angesichts dieser majestätischen Kreaturen war es schwer, nicht sentimental zu werden. Ich dachte an Coleridges »Ancient Mariner« und wollte ein wenig Bedeutsamkeit und Weisheit in sie hineinlesen. Die Weisheit meines Gegenübers beschränkte sich allerdings darauf, dass er recht schnell feststellte, wer hier das Essen austeilte – schnell paddelte er zum Bug, wo Marcelo die Fische mit einem scharfen Messer zerteilte und stückweise ins Wasser warf, wo bereits drei Albatrosse ihr Abendessen einnahmen.

Ihr Treiben sorgte, in Kombination mit dem Geruch von Fischöl auf der Wasseroberfläche, für eine bemerkenswerte Veränderung rund um unser Boot. Plötzlich füllte sich die anfängliche Leere im Luftraum über den tosenden Wellen mit Vögeln. Wie aus dem Nichts tauchten Sturmvögel auf, die nun über dem Wasser auf und ab flogen. Bei den meisten handelte es sich um Juan-Fernández-Sturmvögel, doch unter ihnen waren auch kleinere Exemplare: blassgraue Masatierra-Sturmvögel und ein weiterer Vogel, der völlig anders aussah, als hätte man seine Flügel in Pech getaucht. Ich sah meinen ersten Stejneger-Sturmvogel. Sie hatten den Ruf, zu den mysteriösesten Meeresvögeln zu gehören, die notorisch schwer zu finden sind. Und hier saß ich nun, mit meinem Stejneger-Sturmvogel über mir in der Luft, und versuchte die Kamera in dem schaukelnden Boot zu stabilisieren, in dem ich stand. Das Gewicht der Ausrüstung brachte mich aus dem Gleichgewicht, und ich beschloss, das Fotografieren sein zu lassen und mich stattdessen in den Moment zu vertiefen statt – unfreiwillig – in den Ozean.

Als die Sonne am Horizont verschwand, zogen wir triumphierend im Hafen ein. Marcelo war von der Bandbreite an Vögeln begeistert, die wir draußen auf dem Wasser gesehen hatten – weit mehr, als er erwartet hatte, und noch viel mehr, als ich zu hoffen gewagt hatte. Er ließ den Motor dröhnen und drehte die Musik derart laut auf, dass die Lautsprecher im Boot vibrierten, dann schlängelte er sich zwischen den Fischerbooten und den Bojen hindurch, die den Untergangsort der SMS Dresden markierten. Unsere Heimkehr erinnerte mich in ihrem Machismo ein wenig an die Kampfszene der aufziehenden Helikopterschwadron in *Apocalypse Now*, auch wenn der freundliche Marcelo nicht gerade ein Lieutenant Colonel Kilgore war und der Song »I'm a Believer« von den Monkees wenig mit Wagners Walkürenritt zu tun hatte.

Ein weiterer Tag war vergangen, ohne dass ich meinem Juan-Fernandez-Weibchen näher gekommen war. Am nächsten Morgen begleitete ich Pablo und sechs Angestellte des chilenischen Landwirtschaftsministeriums auf ihrem Weg zum El Yunque, diesmal kurz nach Tageseinbruch. Wir hofften, dass die Kolibris, falls sie dort waren, am frühen Morgen aktiver wären. Wir lagen richtig, denn kaum hatten wir einige Schritte unter den Mammutblättern gemacht, zischte ein weißer Blitz an uns vorüber, der sich als Juan-Fernandez-Weibchen herausstellte. Sie landete kurz an der Unterseite eines Mammutblattes und hing kopfüber im wassergrünen Licht, bevor sie von einigen gut gelaunten Arbeitern auf der Lichtung in unserem Rücken aufgescheucht wurde. Mit einem leisen, missmutigen Schrei schwang sie sich wieder in die Luft und verschwand ebenso schnell, wie sie gekommen war, im grünen Dickicht, das uns umgab. Die Begegnung hatte nur wenige Sekunden gedauert, gerade genug Zeit, um zu verstehen, was passiert war.

Die nächsten Stunden verbrachten wir auf denselben Wegen, die ich auch am Vortag abgelaufen war. Pablo zeigte mir Nester der vergangenen Brutsaison, winzige verwobene Schalen aus grünem Moos und einem faserigen braunen Material, das um Äste herumgesponnen worden war, die zu dünn aussahen, als dass sie stabil genug hätten sein können. In einem Nest lag ein weißes Ei, ein kleines ungelebtes Leben. Für gewöhnlich legen Kolibris nicht mehr als zwei Eier – bis sie schlüpfen und die Jungvögel flügge werden, steht die Entscheidung über Erfolg oder Misserfolg der Fortpflanzung auf Messers Schneide.

»Sie haben das Nest verlassen. Wir wissen nicht, warum. Am einen Tag saß das Weibchen noch auf dem Ei, am nächsten … nicht mehr, und sie ist auch nicht zurückgekehrt. Vielleicht ist ihr etwas zugestoßen.«

Der Lärm der Arbeiter, die nun zum Mittagessen auf der *plazoleta* saßen, folgte uns durch die Bäume und ließ unsere Chancen auf eine weitere Sichtung des Weibchens gegen null tendieren. Pablo bemerkte meine Enttäuschung und versuchte mich aufzumuntern.

»Vielleicht kommen sie langsam runter ins Dorf. Du solltest sie dort heute Nachmittag suchen und morgen auch. Vielleicht am frühen Morgen und späten Nachmittag, wenn sie am aktivsten sind. Aber, Jon – es kann schwierig sein, sie zu dieser Jahreszeit zu sehen. Manchmal vergehen Tage. Sie leben zurückgezogen. Und heute gibt es ohnehin nicht mehr so viele von ihnen.«

Wir kehrten nach San Juan Bautista zurück, und ich befolgte Pablos Ratschlag, an den Ort zurückzukehren, an dem ich vor einigen Tagen meinen ersten Juan-Fernandez-Kolibri gesehen hatte. Vielleicht war es eine bei seiner ganzen Art beliebte Stelle. Auf der einen Seite folgte ein wunderschöner Nachmittag: Ich konnte noch mindestens drei weitere Männchen dabei beobachten, wie sie in dieser Gegend ihre Futterterritorien absteckten. Jeder schien einen Lieblingsbusch zu haben, den er gegen andere

Männchen verteidigte, wenn sie versuchten, ein wenig Nektar zu mopsen, und das auf die übliche aufbrausende Art: durch lautes Schnattern und blitzschnelle Gegenangriffe. Dann verzog sich der Schelm unweigerlich in die sicheren Kronen der umliegenden Bäume. Von weiblichen Artgenossen fehlte jedoch jede Spur. Ich würde wohl abreisen müssen, ohne einen weiteren, etwas ausführlicheren Blick auf sie ergattert zu haben.

Auf dem Rückweg zu Ilkas Haus kreuzte sich noch einmal mein Weg mit dem ersten Marcelo, der mir den CONAF-Garten empfohlen hatte. Diesmal in Begleitung seines Bruders. Ich unterhielt mich eine Weile mit den beiden alten Männern. »Und? Wie läuft Ihre Kolibrijagd? Haben Sie den *rojo* gefunden?«, fragte mich Marcelo.

Ich bejahte und sagte, das Weibchen bereite mir größere Schwierigkeiten. Vielleicht wünschte ich mir, der alte Herr könnte noch einmal seinen Zauberstab schwingen und mich wieder in eine Ecke des Gartens schicken, die bei den Weibchen beliebt war. Doch er schüttelte den Kopf.

»Tja, *la hembra*. Sie ist schüchtern. Nicht wie der *rojo*. Der ist so …«

Er streckte seine Brust raus. »… ein Platzhirsch! Den findet man leicht.«

Sein Bruder lachte zustimmend. »Ja, *el macho* ist mutig. Vor 50 Jahren, als wir Jungs waren, haben wir ihn gejagt. Mit einer Schleuder.«

Er hielt inne, um mit einer imaginären Schleuder auf einen Vogel vor unserer Nase zu zielen.

»Das haben alle Kinder gemacht. Wir haben um die Wette geschossen, um zu sehen, wie viele *rojos* wir erwischten. Heute wissen wir das natürlich besser. Das machen die Kinder nicht mehr.«

Ich hatte mit eigenen Ohren gehört, wie stolz die jüngere Generation auf ihre Kolibris war. Ein junger Mann, den ich bei meiner Ankunft auf dem Flugplatz getroffen hatte, Germán Recabarren, hatte mir erzählt, was sie ihm bedeuteten. Er zeigte mir seine Fotos von den Kolibris, die er auf Instagram postete.

»Es sind die schönsten und am meisten bedrohten Vögel der Welt«, sagte er. »Für mich sind sie Teil meiner Identität. Die sind die Seele dieser Insel.«

Doch ich fragte mich, wie weit dieser Stolz tatsächlich ging. Noch immer verfolgte mich Pablos Trauer und Resignation darüber, wie aufwendig und teuer es wäre, die vielen eingeschleppten Spezies auszurotten, die sich negativ auf das gesamte Inselbiom auswirkten, nicht nur auf die Kolibris. Die junge Generation wusste sie nun auf eine Art zu schätzen, die ihre Vorfahren noch nicht gekannt hatten, doch Stolz allein konnte eine Spezies nicht retten. Hierzu brauchte es radikales Einschreiten: Die Nagetiere auf der Insel auszurotten, schien machbar, andere Inseln gingen mit gutem Beispiel voran, auch wenn es sich um ein kostspieliges Unterfangen handelte. Noch teurer wäre es, die eingeschleppten Brombeeren zu entfernen. Technisch war dies möglich, auf einem Gebiet wie der gesamten Insel jedoch beinahe unbezahlbar. Am wenigsten wahrscheinlich wäre die Abschaffung von Hauskatzen – niemand ließ sich gerne vorschreiben, ob er ein Haustier halten durfte oder nicht. In Großbritannien sprach man allmählich von den negativen Folgen, die das Fliegen aufgrund von Urlaubs- oder Geschäftsreisen auf unseren persönlichen CO_2-Fußabdruck hatte. Sir David Attenborough hatte sich an das Tabuthema der Umweltzerstörung gewagt, die wir dem Planeten durch unser stetiges Bevölkerungswachstum zufügten. Doch niemand hatte sich so weit aus dem Fenster gelehnt zu behaupten, bei unseren Hauskatzen und -hunden handle es sich um CO_2-ausstoßenden Luxus, den wir der Umwelt zuliebe aufgeben sollten. Ich fragte mich, ob und wann diese Grenze überschritten würde. Hier auf Robinson Crusoe, einer von Mäusen und Ratten befallenen Insel, schien mir die Zeit für dieses Thema nicht reif, ganz gleich, wie groß der Schaden war, den die Katzen jedes Jahr unter den letzten noch lebenden Juan-Fernandez-Kolibris anrichteten.

Die Reue darüber, wie er als kleiner Junge mit den Kolibris umgegangen war, konnte ich bei Marcelos Bruder spüren. Ich wollte mir nicht anmaßen, mit ihm über die heutigen Bedrohungen zu diskutieren. Ich konnte Probleme ansprechen, hatte aber keine Lösungen parat. Paolos Hoffnungslosigkeit angesichts der Mammutaufgabe, die vor ihm lag, war verständlich.

Am nächsten Morgen schließlich meinte das Schicksal es gut mit mir. Etwa 100 Meter von Ilkas Haustür entfernt, ein wenig bergauf gelegen, gab es einen kleinen Spielplatz für die Kinder der Insel, mit Schaukeln und allem Drum und Dran, mit Bänken für die Eltern. Auf diesem Spielplatz blühten hier und dort einige der hier heimischen Cabbage Trees, und an jenem Morgen fand ich dort ein Juan-Fernandez-Männchen, das emsig an den quastenförmigen, orangefarbenen Blüten in der Baumkrone trank. An sich schon ein ungewöhnlicher Anblick, auf Höhe des Dorfes hatte ich noch keine Juan-Fernandez-Kolibris gesehen, da es beinahe auf Höhe des Meeresspiegels lag. Ich beschloss, ein wenig auf der Bank abzuwarten und nach Möglichkeit ein paar Fotos des Männchens zu schießen. Im Grunde tat ich nichts anderes, als den langen Weg zum El Yunque hinauf noch ein wenig vor mir herzuschieben. Entgegen Paolos Rat wurde ich das Gefühl nicht los, dass ich dort oben am ehesten noch einen Blick auf ein Weibchen würde werfen können – es war mein einziger Hoffnungsschimmer.

Eine halbe Stunde später stählte ich mich innerlich für einen weiteren Marsch den Berg hoch, als dem Juan-Fernandez-Männchen, das ganz in meiner Nähe hockte, ein Geräusch entfuhr, das sich von allem unterschied, was seine zahlreichen männlichen Gegenstücke in den letzten Tagen von sich gegeben hatten. Bisher waren mir ausschließlich wütende Beschimpfungen zu Ohren gekommen, wenn sie sich untereinander in kurzen, intensiven

Verteidigungskämpfen ihrer Territorien bekriegten. Als sich der Vogel nun aufschwang, hörte ich etwas sehr anderes: einen Ruf aus zwei Silben, der Sinn ergab, als ich sah, wohin er flog – er begrüßte eine hübsche Dame auf Juan-Fernandezisch mit einem gedehnten: *»¡Ho-laaa!«*

Der Kolibri schoss zu einem nahe gelegenen Busch und schwang wie ein Pendel vor dem Blättervorhang hin und her, bevor er hineinflog und ich ihn nicht mehr sehen konnte. Ich wechselte auf der Bank ein wenig die Position, und nun sah ich ihn auf einem Ast hocken, wobei er Schwanz und Flügel weit aufplusterte und das Objekt seiner Begierde anstarrte: ein Juan-Fernandez-Weibchen, das wenige Zentimeter von ihm entfernt saß. Sie zeigte ihm trotz seiner Avancen die kalte Schulter und schien nicht im Geringsten interessiert. Sie flog zu einem anderen Ast, den ich besser sehen konnte. Das Männchen wiederholte seinen entzückten Ruf und folgte ihr. Diesmal konnte ich seinen pendelnden Balzflug genauer beobachten. Man muss dazu sagen, dass er ihr ziemlich unschön auf die Pelle rückte, denn mit dem Schnabel berührte er beinahe ihr Gesicht. Sie gab sich weiter unbeeindruckt und lehnte sich auf ihrem Ast ein wenig zurück, weg von ihm, bevor sie sich herzzerreißend leidenschaftslos aufschwang, um von einigen lilafarbenen Prunkwindenblüten zu trinken. Der verschmähte Romeo landete dort, wo sie zuvor gesessen hatte, und saß wie ein Häufchen Elend auf dem Ast.

Ich verbrachte den Morgen mit den beiden auf diesem Spielplatz, verfolgte ihr Trinken, wie sie sich putzten und, im Falle des Männchens, erfolglos balzten. Da ich nun eines der Weibchen mit eigenen Augen sehen durfte, verstand ich seine Hartnäckigkeit. Sie war absolut unwiderstehlich, ihr Gefieder subtiler als das des Männchens. Ihre Stirn war glänzend grün wie ein Heliotrop, und die Farbe verschmolz in Richtung Krone zu blauem Aquamarin, während das Weiß von Kehle, Brust und Flanken mit ultramarinen Diamanten gesprenkelt war. Sie war eine Klasse für sich, und ich konnte schließlich nachvollziehen, warum man bis vor Kurzem geglaubt hatte, bei Männchen und Weibchen handle es sich um zwei verschiedene Arten.

Ich fragte mich, wie viele Menschen bisher das Glück hatten, die Balz zweier Juan-Fernandez-Kolibris zu beobachten, wobei mich sogleich ein unschöner Schub an Realismus einholte: Wie lange würden die Vögel überhaupt noch durchhalten und uns Menschen den Genuss dieses Anblicks ermöglichen? In den wenigen Stunden, die ich mit den Vögeln zugebracht hatte, waren mehrere Katzen durch die Büsche auf dem Spielplatz geschlichen. Ein abgemagertes, geflecktes Exemplar hatte das Weibchen gewittert, das vor einer niedrigen Prunkwinde schwebte, und pirschte sich in Zeitlupe an, wobei sein Bauch beinahe den Boden berührte und seine Schwanzspitze vorfreudig zuckte. Das Weibchen trank weiter, ohne sich der drohenden Gefahr bewusst zu sein. Ich schraubte den Deckel meiner metallenen Trinkflasche auf und goss den Inhalt über der lauernden Katze aus, ein Volltreffer, nach dem sie erschrocken Reißaus nahm. Ein kleiner, aber durchschlagender Erfolg: 0,25 Prozent der weltweit noch bestehenden Juan-Fernandez-Kolibripopulation konnten einen weiteren Tag lang trinken und sich, mit etwas Glück, paaren.

Schweren Herzens verließ ich Robinson Crusoe, wobei meine Abreise in der Propellermaschine so problemlos und pünktlich stattfand, wie Alexander Selkirks Aufenthalt auf der Insel kräftezehrend und endlos gewesen war. Mit den warmherzigen, freundlichen Inselbewohnern hatte ich mich auf Anhieb gut verstanden, sie erinnerten mich an meine Nachbarn zu Hause, sogar durch ihre sprachlichen Eigenheiten bei der Begrüßung: Auf Shetland sagt man *hi-aye*, eine zeitgenössische Form des früheren *aye-aye*. Auf Robinson Crusoe hieß es *hola-hola*. Von allen Orten, die ich in Südamerika besucht hatte, fühlte ich mich hier am meisten zu Hause. In den folgenden Monaten erwischte ich mich häufig bei

Tagträumen darüber, wie es wohl wäre, auf Robinson Crusoe zu leben. Doch Träume, das wusste ich, waren eben Schäume.

Mein Besuch war, wie der von William Dampier, dem Steuermann der Duke, mit der Selkirk 1709 gerettet wurde, nur von kurzer Dauer. Wenn Dampier nicht gerade schiffbrüchige Matrosen von entlegenen Eilanden rettete, widmete er sich diversen anderen Unterfangen: Obwohl er häufig betrunken zum Dienst erschien, war er der erste Mensch, der die Erde dreimal umsegelt hatte. Er war ein überaus erfolgreicher Freibeuter, auch wenn er nach einer ziellosen Umherfahrt auf dem Pazifik einmal beinahe von seiner hungerleidenden Mannschaft verspeist worden wäre. Weniger bekannt ist er für seinen Beitrag zur Naturkunde. Seine Karriere umfasste sowohl die legale Piraterie als auch einen Nebenverdienst als Botaniker und Anthropologe. Als erster Mensch beschrieb er Flora und Fauna der Galapagosinseln, ein ganzes Jahrhundert bevor Charles Darwin einen Fuß auf sie setzte. Er nahm an den Küsten der Karibik und Südamerikas botanische Proben und beschrieb 1697 nicht nur als Erster die *avogato* oder Avocado, sondern anscheinend auch einen süßen Vorgänger der Guacamole:

> Die Frucht hat eine Masse wie eine große Zitrone. Sie ist von grüner Farbe [...] Ihr Fleisch ist grün, vielleicht etwas gelblich, und weich wie Butter. Diese Frucht weist keinen Geschmack auf, daher mischt man sie für gewöhnlich mit Zucker und Limettensaft, gründlich geschlagen ergibt dies eine fabelhafte Mahlzeit.
>
> Es wird berichtet, dass diese Frucht die Lust steigert.

Das wenig bekannte Erbe Dampiers war also die Einführung der aphrodisierenden Avocado in der englischsprachigen Welt, wohingegen Alexander Selkirk mit *Robinson Crusoe* von Defoe ein literarisches Denkmal gesetzt wurde und auch andere Autoren über den echten Schiffbrüchigen schrieben. Charles Dickens diente er in seinem Roman *Die Pickwickier* als Vorbild seiner Figurenzeichnung: »Oberst Builder und Sir Thomas Clubber boten sich gegenseitig ihre Schnupftabaksdosen an und sahen ganz wie ein paar Alexander Selkirks aus – Herrscher über alles, soweit sie schauen konnten.«

Letzteres wiederum bezieht sich auf eine Zeile aus einem früheren Werk des Dichters William Cowper. Das »Lied Alexander Selkirks, auf seiner einsamen Insel (Juan Fernandez)« beginnt mit der Strophe:

> Ein Fürst bin ich! Soweit mein Auge schaut,
> Liegt alles huldigend zu meinen Füßen;
> Den Wild und Vögel, Gras und Baum und Kraut
> Und Land und Meer als ihren Herrscher grüßen.[1]

Die Ironie dieser Zeilen entging mir nicht, als die winzige Maschine von Robinson Crusoe abhob und an den mächtigen Klippen entlangflog, bevor es über den Ozean in Richtung Festland ging. Ich sah hinunter auf die grünen Flecken auf der Insel und dachte über die Erkenntnis nach, dass die Menschen, die dort unten lebten, das Schicksal der endemischen Vögel, deren Lebensraum sie teilten, bei Weitem nicht in der Hand hatten, ebenso wenig wie das der fremden Arten, die ihre Ahnen auf die Insel gebracht hatten. Wie so viele von uns waren es wohlmeinende und brave Menschen, die den Kräften, die auf die umliegende Natur einwirkten, nichts entgegenzusetzen hatten, da sie nicht über die Möglichkeiten und finanziellen Mittel verfügten, um sie zu kontrollieren.

---

1 deutsch von Wilhelm Borel

10

Am Ende der Welt

Feuerland, Argentinien, 54° südliche Breite

Charles Darwin ist zwar am besten für seine Studien zur Flora und Fauna der Galapagosinseln bekannt, doch er hat auch einen Reisebericht über seine Fahrten rund um Südamerika an Bord der HMS Beagle geschrieben, in dem er ein Auge fürs Detail bewies, das anscheinend immer offen war. Wer Darwins Worte heute liest, wird an einigen Bemerkungen über die dortige indigene Bevölkerung berechtigterweise Anstoß nehmen – über seine erste Begegnung mit den ursprünglichen Einwohnern des riesigen Feuerland-Archipels schrieb er abschließend, sie seien »wie wilde Tiere, unterwürfige und elende Kreaturen, [die] stark an die Teufel erinnern, die in Stücken wie dem *Freischütz* die Bühne betreten«.

Seine naturkundlichen Beobachtungen jedoch waren überaus scharfsinnig, und manch eine persönliche Bemerkung lässt den großen Wissenschaftler wunderbar menschlich wirken.

Die Beagle setzte im Dezember 1831 von Großbritannien aus zu einer Expedition die Segel, die ursprünglich für die Dauer von zwei Jahren geplant war. Am Ende vergingen beinahe fünf, bis sie in ihren Heimathafen in Falmouth zurückkehrte. Zwar verbrachte Darwin etwas über drei Jahre damit, Südamerika an Land zu erkunden, 18 Monate verbrachte er jedoch auf See – keine leichte Zeit, da Darwin immer wieder stark von der Seekrankheit geplagt wurde. Das Leben als Matrose hielt er jedenfalls für eine überschätzte Existenz:

> Und wer will ein Loblied auf den glorreichen Ozean singen? Verschwendete Zeit, in einer Wüste aus Wasser [...] Wer an der teuflischen Seekrankheit leidet, sollte es sich genau überlegen. Ich spreche aus Erfahrung: Es handelt sich hier nicht um ein leichtes Unwohlsein, das binnen einer Woche auskuriert ist.

Als das Schiff am 29. Januar 1833 aus dem turbulenten Südatlantik in den relativ ruhigen Beagle-Kanal einbog, der Feuerland in der Mitte teilt, konnte Darwin ein wenig aufatmen. An jenem Tag sah er zum ersten Mal einen der Gletscher, die sich von den Berggipfeln bis hin zur Küstenlinie am Kanal erstreckten, und fühlte sich zu der Bemerkung bewegt: »Man kann sich kaum etwas Schöneres als das beryllartige Blau dieser Gletscher vorstellen, ganz besonders im Kontrast mit dem reinen Weiß der oberen Schneedecke.«

Der Beagle-Kanal verläuft auf einer Ost-West-Achse in etwa auf dem 55. südlichen Breitengrad. Um zu verdeutlichen, wie weit im Süden das ist: Der nördlichste Punkt des antarktischen Festlandes, Prime Head, liegt auf dem 63. südlichen Breitengrad, insgesamt nur etwa 885 Kilometer weiter südlich. Die Südspitze von Neuseeland hingegen befindet sich sehr viel weiter nördlich, auf dem 47. südlichen Breitengrad. Insofern scheint Feuerland ein merkwürdiger Ort zu sein, um nach einem Kolibri zu suchen, gerade wenn man die extremen klimatischen Bedingungen in der Region bedenkt, ganz besonders während der Wintermonate. Sie führten den früheren Kapitän der Beagle, Pringle Stokes, auf dem Höhepunkt des südlichen Winters 1828 zu einem Tagebucheintrag, der da lautete:

> »Nichts könnte trostloser sein als die umliegende Landschaft. Die aufragenden, kargen und öden Höhen, die uns an der unwirtlichen Küste dieses Zuflusses umgaben, waren gänzlich bis zu ihren niedrigsten Hängen von dichten Wolken umgeben, denen selbst die schneidenden Windböen nichts anhaben konnten, die von überallher an uns rüttelten … Wohin man auch sah, verzweigten sich weitere steinige Zuflüsse, manche kaum zwei Drittel einer Kabellänge [nautisches Längenmaß] von uns entfernt, gegen die unbarmherzig die Wellen schlugen; und wie um die Ungastlichkeit und völlige Verzweiflung der Szene zu vervollkommnen, schienen selbst die Vögel diese Gefilde zu meiden. Es herrschte ein Wetter, in dem die Seele eines Menschen […] in ihm stirbt.«

Wenige Wochen später schoss Stokes sich in den Kopf – ein missglückter Selbstmordversuch von trauriger Ironie für einen Mann, der ohnehin an Depressionen litt. Er blieb noch elf Tage bei klarem Bewusstsein, bis er schließlich am Wundbrand verstarb. Kurze Zeit später legte die Beagle zu einigen Reparaturen in Montevideo an, und Robert FitzRoy übernahm an Bord das Kommando. Er war es auch, der die Expedition leitete, der sich Darwin anschloss.

Sicher wusste er von der berühmt-berüchtigten Endzeitlandschaft Feuerlands und dem Einfluss, den sie auf den unglücklichen früheren Kapitän des Schiffes, auf dem sich Darwin nun selbst befand, ausgeübt hatte. Optimistischer stimmte ihn sicherlich die Aussicht auf die naturkundlichen Entdeckungen, die er an dieser angeblich vogellosen »unwirtlichen Küste« machen könnte. Der Kommandant der vorigen Expedition, Phillip Parker King, hatte während seiner Dienstzeit in der Region ebenfalls genaue Beobachtungen der Fauna unternommen und Darwin einen Moment beschrieben, in dem er einen Schwarm Chilekolibris »durch einen Schneesturm flitzen sah«. Wenn Kolibris mit den Wetterbedingungen in Feuerland zurechtkamen, konnte Darwin ruhigen Gewissens annehmen, dass dies auch anderen bemerkenswerten Arten gelang.

Zwei Jahre später, 1832, wurde Commander Kings Name von dem französischen Naturforscher René Primevère Lesson im wissenschaftlichen Namen der Himmelssylphe verewigt: *Aglaiocercus kingii*. Lesson hatte zuvor als Chirurg und Pharmazeut der französischen Marine gedient, unter anderem in den napoleonischen Kriegen. Doch die erbitterte Feindschaft zwischen ihren Ländern hielt Lesson und King nicht von ihrer Freundschaft ab.

Auf seiner Reise bis in den tiefsten Süden der Pazifikküste Südamerikas konnte Darwin beobachten, wie hartgesotten und anpassungsfähig die Chilekolibris tatsächlich waren. Ihr Lebensraum erstreckte sich über 4023 Kilometer »vom heißen, trockenen Lima bis in die Wälder von Feuerland«. In den kühlen, verregneten Wäldern der Insel Chiloé, Hunderte Meilen nördlich von Feuerland, stieß er in großer Zahl auf die Kolibris und fand häufig ihre Nester.

In Feuerland selbst, dem äußersten Grenzbereich ihres Lebensraumes, waren sie weniger häufig. Da es auf Chiloé an Blühpflanzen fehlte, bemerkte Darwin, tranken die Kolibris dort keinen »Honig«, also Nektar, sondern fraßen stattdessen kleine Fliegen oder Insekten. Wir wissen heute, dass viele Kolibris ihre größtenteils nektarbasierte Ernährung durch Insekten als Eiweißrationen ergänzen, doch damals war dies eine neue Beobachtung.

Commander Kings Sichtung von Kolibris in einem Schneesturm ging mir noch immer durch den Kopf, als ich an der Nordküste des Beagle-Kanals im Schneeregen auf einem steinigen schwarzen Strand stand und hoffte, in diesen weltweit südlichsten Gefilden des Kolibrireiches mit eigenen Augen einen Chilekolibri zu sehen. Die schneebedeckten Gipfel der Martial-Berge bildeten den Horizont, während in der Ferne die weiß marmorierte

Zunge des Martial-Gletschers die Stadt Ushuaia überragte. Ushuaia, in der argentinischen Werbung als »südlichste Stadt der Welt« vermarktet, besaß vor Ort obendrein den zweifelhaften Titel *Fin del Mundo*, Ende der Welt.

Irgendwo tief in den nahe gelegenen triefenden Büschen ließ sich eine spanische Schimpftirade vernehmen. Der Naturforscher und Tiersammler Gerald Durrell war bei seiner Reise nach Patagonien 1953 von der brünetten Josefina und einer Blondine namens Mercedes begleitet worden. Ich dagegen nahm auch gerne mit Federico Ezequiel Moyano vorlieb, einem jungen Skilehrer, der in dem, was sich in der kalten, maritimen Umgebung von Ushuaia »Sommer« nannte, gerne Vögel beobachtete. In der kurzen Zeit, die wir einander kannten, waren wir dicke Freunde geworden, doch heute brachten die Wetterbedingungen selbst den unermüdlichen Federico an den Rand der Verzweiflung. Wir waren der Meinung gewesen, an einem der wenigen verbleibenden Chilenischen Feuersträucher, die noch blühten, einen Blick auf einen Kolibri erhascht zu haben, doch nun war der Vogel weit und breit nicht zu sehen, falls überhaupt einer da gewesen war. Während ich von der Küste aus einen größeren Bereich im Auge behielt, kletterte Federico durch die brusthohen Sträucher in unmittelbarer Nähe zu dem fraglichen Feuerstrauch.

Wieder war mein Timing bei der Reise nicht ideal. In der Nacht vor meiner Ankunft in Ushuaia war in den umliegenden Bergen der erste Schnee gefallen, und zu meiner Bestürzung erfuhr ich, dass auch die vorangegangenen Tage kalt gewesen waren, der Frost hatte bereits viele der scharlachroten Blüten der Feuersträucher schwarz verfärbt, die an der Küste auf beiden Seiten der Stadt versprengte rote Punkte bildeten. Feuersträucher sind für die Chilekolibris, die den südlichen Zipfel von Feuerland in den feuchten, kühlen Sommermonaten ihr Zuhause nennen, die Nahrungsquelle Nummer eins. Hören die Sträucher auf zu blühen, ziehen auch die Kolibris bald weiter.

Darwin hatte bemerkt, dass es sich bei Chilekolibris um Zugvögel handelte, die den kalten äußersten Küstenbereichen Chiles im Herbst den Rücken kehrten, um ihn in den wärmeren Gebieten des Landesinneren zu verbringen. Erst im Frühling kehrten sie zurück. »Manche«, bemerkte er, »bleiben jedoch das ganze Jahr über in Feuerland.«

Chile und Argentinien teilen sich Feuerland, ein riesiges Gebiet an der Spitze Südamerikas. Die Hauptinsel, Isla Grande, umfasst allein etwa 47.992 Quadratkilometer. Zwar mochte es einige wenige Chilekolibris geben, die selbst den kalten südlichen Winter im geschützten Mikroklima irgendeiner entlegenen Ecke der Inseln aussaßen, doch Federico hatte sich sehr deutlich ausgedrückt, was die Gewohnheiten der Kolibris betraf, die an der Küste des Beagle-Kanals lebten. Gleich bei unserem ersten Aufeinandertreffen in Ushuaia hatte er meinen Erwartungen einen gehörigen Dämpfer verpasst: »Wenn es kälter wird, ziehen sie weg von hier, und wenn die Nahrungsquellen versiegen ... Kurz gesagt, ich kann nicht garantieren, dass wir den Kolibri finden werden. Die Umstände sind nicht ideal, der Zeitpunkt deines Besuchs ist schlecht gewählt.«

Das Timing meines Besuchs hatte sich leider so ergeben. Da ich nun schon bis nach Santiago de Chile gekommen war, war es nur sinnvoll, meine Suche nach den südlichsten Kolibris der Welt mit dem Trip nach Isla Robinson Crusoe zu verbinden. Dass ich dort bereits Chilekolibris gesehen hatte, spielte keine Rolle. Nun hatte ich schon hoch im Norden in Alaska die Rotrücken-Zimtelfen gesehen, also wollte ich auch ihre südlichen Gegenstücke in Feuerland entdecken. Doch Federico war noch nicht fertig: »Jon ... falls dich hier in Usuhaia irgendjemand fragt, wo du herkommst, ist es vielleicht besser, wenn du nicht sagst, dass du Brite bist. Den meisten Leuten wäre es egal, aber hier in der Stadt ... ist die Erinnerung an *La Guerra de las Malvinas* bei manchen noch frisch. Anderswo in Argentinien ist es nicht mehr so schlimm, aber hier solltest du deine Herkunft vielleicht verschweigen.«

Das heikle Thema des Falklandkrieges von 1982 war mir bereits am Vortag ganz ohne mein Zutun begegnet, denn in Buenos Aires hatte mein zunächst sehr schweigsamer Taxifahrer sich ganz plötzlich, als wir am Museo Malvinas vorüberfuhren, zu mir umgedreht und gerufen: »Malvinas! Las Malvinas son Argentinas!«

Die Falklandinseln gehören zu Argentinien! Ich war aus dem unschuldigen Grund nach Argentinien gekommen, einen Kolibri beobachten zu wollen, nichts lag mir ferner, als politische Wunden aufzureißen. Da meine Heimat auf den Shetlands mit einer Wikingervergangenheit aufwarten konnte, die zu Jahrhunderten skandinavischer Herrschaft geführt hatte, konnte ich wohl mit gutem Gewissen behaupten, ich sei Norweger, falls jemand fragte. Ich hoffte allerdings, dass die Frage nach meiner Herkunft draußen in der Wildnis nicht wichtig wäre, und auf Norwegisch wollte dort sicher niemand mit mir plaudern.

Hinter meinem Rücken patrouillierten Riesensturmvögel über dem stahlgrauen Wasser des Beagle-Kanals. Ihr Flug über das vom Schneeregen aufgewühlte Wasser war elegant, doch ihr Erscheinungsbild wirkte martialisch: Ihre dicken, blassen Schnäbel waren das perfekte Werkzeug, um anderen Seevögeln den Garaus zu machen oder Aas zu zerstückeln. Sie waren größer als manche Albatrosse, sodass man sie nicht übersehen konnte. Etwas näher an der Küste ging es freundlicher zu, wo nur wenige Meter vom Strand entfernt ein Magellan-Dampfschiffenten-Pärchen fest entschlossen gegen die steife Meeresbrise anpaddelte. Die großen, kräftigen Enten waren so grau wie das Wasser, das sie durchpflügten, wobei ihr Kopf viel zu groß für ihren Körper wirkte, gekrönt von ihrem beinahe lächerlich großen, mandarinenfarbigen Riesenschnabel. Federico, der zu mir an den Strand kam, warnte mich sogleich vor ihrem harmlosen Äußeren.

»Die können sehr aggressiv werden. Sie verjagen die Sturmvögel, wenn sie neben ihnen auf dem Wasser landen, und sie kämpfen auch untereinander. Manchmal töten sie andere Vögel.«

Es kam mir so vor, als müsste jeder Vogel, den ich bisher in Feuerland gesehen hatte, besonders taff sein, um in dieser unbarmherzigen Umgebung überleben zu können, angefangen bei den Schopfkarakaras, hakennasigen Raubvögeln, die auf den Straßen vor dem Flughafen auf der Jagd gewesen waren, über die Riesensturmvögel bis hin zu den unheimlichen Magellan-Dampfschiffenten, die von außen betrachtet so handzahm wirkten. Wieder staunte ich über die Hartnäckigkeit der Chilekolibris, die einer solch extremen Umgebung eine Existenz abgetrotzt hatten. Niemand zwang sie dazu, hier zu leben – doch sie hatten eine Nische gefunden, und da waren sie nun.

Oder auch nicht. Der Vogel, den wir zuvor aus dem Augenwinkel gesehen hatten, ließ sich nicht mehr blicken, und so gingen wir weiter an der Küste entlang und suchten nach einem weiteren Feuerstrauch, an dem vielleicht noch einige Blüten übrig wären und somit die Chance auf einen Kolibri bestünde. Beim Gehen duckten wir uns vor den faserigen, gräulichen Misodendren, die an den tief hängenden Ästen der Scheinbuchen wuchsen. Federico erzählte mir von den indigenen Yámana, die an der Küste Feuerlands gelebt hatten, als die ersten Europäer dort ankamen. Wie der Name Tierra del Fuego oder Feuerland bereits sagt, sah Darwin ebenjene Feuer vom Deck der Beagle und schrieb beim Eintritt in den Beagle-Kanal in sein Tagebuch: »Auf jeder Spitze brannten die Feuer, sowohl um unsere Aufmerksamkeit zu erregen als auch landauf und landab die Neuigkeit [unserer Ankunft] zu verbreiten.«

Im frühen 20. Jahrhundert folgte der österreichische Anthropologe Martin Gusinde Darwins Spuren und verbrachte einige Zeit mit den Yámana. Er verglich sie mit rastlosen Zugvögeln und schrieb, sie seien nur glücklich und innerlich beruhigt, wenn sie unterwegs seien. Jahrzehnte vor Gusinde hatte Darwin einige weit nüchternere Beobachtungen über das Leben der Yámana zu Papier gebracht, wobei er ihre halb nomadische Existenz ebenfalls beschrieb:

> Die Bewohner, die sich hauptsächlich von Schalentieren ernähren, sind dazu gezwungen, ständig umherzuziehen. Doch in bestimmten Abständen kehren sie an dieselben Orte zurück, wie man an den riesigen Haufen alter Muscheln und Schalen sehen kann, die viele Tonnen wiegen müssen. Schon von Weitem kann man sie erkennen, da sie zwangsläufig mit der Zeit von grünen Pflanzen überwuchert werden.

Auf dem Weg über einige mit kurzem Gras bewachsene Flächen, die sich bis zur Küste erstreckten, kamen wir an diesen Muschelhaufen vorbei, die genauso aussahen, wie Darwin sie beschrieben hatte, denn tatsächlich wuchsen grüne Pflanzen darauf. Einer dieser Haufen wurde von einem Weg für die Rinder zerteilt, und wo die Hufe durch das Gras getrampelt waren, konnte man Abertausende tief indigoblaue Miesmuschelsplitter und verkohlte Knochenreste sehen. Federico blieb stehen, um sich alles genau anzusehen.

»Man weiß nie, was man in diesen Haufen findet«, sagte er. »Ich habe mal eine Knochenharpune gefunden.«

In diesem Moment wünschte ich mir nichts sehnlicher, als ein jahrhundertealtes Yámana-Artefakt zu finden, eine gespitzte Knochenharpune oder eine gemuschelte Pfeilspitze aus Feuerstein, doch natürlich förderte unsere halbherzige Untersuchung des freigelegten Haufens kein derartiges Andenken aus vergangenen Zeitaltern zutage. Ich wollte lieber weiter nach dem wahren Schatz suchen, den ich noch immer in Feuerland zu finden hoffte: einen Chilekolibri. Auch die Yámana kannten diese Kolibris, die, wie bei so vielen indigenen Völkern in den Amerikas, auch in ihrer Folklore auftauchten, und zwar in Form von Omora, einem mutigen Kolibri, an den sich die Menschen in schweren Zeiten wenden, wenn sie Hilfe benötigen. Eine dieser Geschichten, in der sich der Kolibri, wie so häufig, als selbstlos und mutig herausstellt, spielt während einer schweren Dürreperiode, in der die Menschen in dieser Region beinahe verdursteten.

Ein gerissener Fuchs, Cilawaia, fand einen kleinen See aus frischem Süßwasser. Er zäunte ihn ein und ließ nur seine engste Familie davon trinken. Mit der Zeit hörten die Menschen von dem See und kamen ebenfalls, um zu trinken, doch dabei standen ihnen Cilawaia und sein Zaun im Weg. Sie flehten ihn um Wasser an, doch ihr Bitten rührte ihn nicht.
»Wenn ich euch erlaube zu trinken, wird schon bald nicht genug Wasser für mich und meine Familie bleiben«, sagte er. »Warum sollte ich euch helfen?«
Die verzweifelten Menschen baten Omora um Hilfe. Der Kolibri, der ihr Land im Sommer besuchte, war zwar winzig, aber mutiger als alle anderen. Wenn ihnen jemand helfen konnte, dann war es Omora. Omora hörte sich ihre Geschichte an und flog sogleich aufgebracht zum See, um Cilawaia zur Rede zu stellen. Er fand den selbstsüchtigen Fuchs, der gerade im Wasser des Sees badete. Omora flog zu ihm, ohne dass der Fuchs nach ihm schnappen konnte, und verlangte von Cilawaia, sein Wasser mit den durstigen Menschen zu teilen. Doch Cilawaia überhäufte Omora mit Flüchen.
»Warum sollte ich ihnen helfen? Hier ist gerade genug Wasser für mich und meine Familie. Wenn ich auch die Menschen von dem See trinken lasse, wird bald nichts mehr da sein, und dann wird meine Familie Durst leiden. Das hier ist mein Wasser, und ich werde es nicht teilen.«
Seine Worte machten Omora wütend, er flog fort, um einige spitze Steine zu sammeln. Er kehrte noch einmal in Cilawaias

Hörweite zurück, um dem Fuchs eine letzte Chance zu geben: »Teile das Wasser mit den Menschen, Cilawaia, jetzt und immerfort. Tust du es nicht, kostet sie deine Selbstsucht ihr Leben.«

Cilawaia zeigte sich von der Forderung des Kolibris unbeeindruckt. Er zuckte mit den Schultern.

»Sollen sie ruhig sterben. Das ist nicht mein Problem. Wenn ich das Wasser teile, werde ich selbst verdursten, genau wie meine Familie.«

Omora schleuderte einen der spitzen Steine auf Cilawaia, der augenblicklich starb. Die Menschen, die aus sicherer Entfernung zugesehen hatten, stürmten den Zaun zum See und knieten nieder, um in großen Schlucken von seinem Wasser zu trinken. Cilawaia behielt recht, denn tatsächlich sank der Wasserpegel schnell, und schon bald war dort, wo einst klares Wasser gewesen war, nur noch eine matschige Pfütze übrig. Die Menschen sahen einander an – war es nur eine kurze Erlösung? Für heute hatten sie ihren Durst gestillt, doch morgen hätten sie wieder nichts zu trinken.

Omoras Großmutter Sirra, eine weise Eule, trug allen anderen Vögeln auf, im Schnabel ein wenig Schlamm zu den umliegenden Berghängen zu tragen, wo sie ihn abwerfen sollten. Sie taten wie geheißen, und dort, wo sie den feuchten Schlamm abgeworfen hatten, sprudelten fortan kleine Quellen aus der Erde. Die Rinnsale, die die Berge hinunterliefen, taten sich zu Bächen zusammen, die wiederum zu Flüssen wurden, die unten in die Täler liefen. Ab diesem Tag hatten die Yámana immer frisches süßes Wasser, das aus den Bergen zu ihnen strömte.

Auf meiner Reise durch die Amerikas hatte ich so viele ähnliche Geschichten gehört, in denen Kolibris vorkamen. Meistens waren sie wohlmeinend gegenüber ihren geflügelten Protagonisten, mutig wurden sie immer dargestellt. Mut als ihre wichtigste Eigenschaft ergab für mich augenblicklich Sinn, und jeder, der einmal beobachtet hatte, wie ein Kolibri eine Nektarquelle verteidigte, würde dies wohl ähnlich sehen. Sie gaben sich demonstrativ kämpferisch und nahmen jede Herausforderung an. Dass die indigenen Bewohner ihnen auch Güte zuschrieben, war eine weniger offensichtliche Entscheidung, zumindest, was Kolibris in der Wildnis betraf. Sie waren nicht selbstloser als jeder andere Vogel. Warum hatten sie so viele Menschen als gütig und großzügig beschrieben?

Ebenso fragte ich mich, warum ich so viele Menschen auf dieser Reise getroffen hatte, die sich noch heute unter all den Vogelarten besonders zu Kolibris hingezogen fühlten, ihnen Namen gaben und ein Temperament zuschrieben. Vielleicht hatten Menschen schon immer das Gefühl, von Kolibris auf eine ungreifbare, aber zweifelsohne positive Art berührt zu werden. Vielleicht war es die Zutraulichkeit einiger Arten gegenüber uns Menschen, die uns so sehr gefiel – und das selbst heute, nach jahrhundertelanger Misshandlung durch unsere Art. Vielleicht wissen wir, dass die menschliche Natur nicht immer gut und schön ist, weshalb wir uns durch die Furchtlosigkeit der Kolibris uns gegenüber besser fühlen und unser schlechtes Gewissen über die Schäden, die wir dieser Welt zufügen, ein wenig beruhigt wird.

Federico und ich gingen weiter die Küste des Beagle-Kanals entlang und sahen nun die chilenische Insel Isla Navarino. Der ethnobotanische Omora-Park an ihrer Nordküste erinnert an die Legende von Omora, wobei er nicht unbedingt nach dem Kolibri benannt wurde, sondern nach dem, wofür seine Legende steht: für eine Zeit, in der Mensch und Tier als Gemeinschaft lebten und der winzige Omora half, einen Konflikt zu lösen, indem er den Dialog zwischen Mensch und Natur aufrechterhielt.

Die eisigen Böen dieses Morgens wandelten sich schließlich zu schwächlichem, blassem Sonnenschein. Wir legten eine Pause ein, während Federico Mate zubereitete, einen stark koffeinhaltigen Tee aus Yerba-Mateblättern. Ein heißes Getränk war genau die richtige Stärkung für einen Nachmittag konzentrierter Kolibrisuche. Hinter uns erkannte ich deutliche Spuren von Bibern: ein Phantomwald, tote weiße Scheinbuchenspitzen, die aus einem gefluteten Gebiet gen Himmel ragten, dahinter ein krummer und schiefer Damm. Ich hatte nicht damit gerechnet, hier auf Biber zu stoßen, und fragte Federico nach ihnen. Durch den Dampf, der von seinem Matetee aufstieg, sah er auf.

»Sie sind hier nicht heimisch. Die Regierung hat sie in den 1950er-Jahren nach Tierra del Fuego gebracht und ausgesetzt. Sie wollte eine Pelzindustrie ankurbeln. Daraus ist nie was geworden. Aber den Bibern gefällt es hier. Sie haben keine natürlichen Feinde, dafür viele Bäume und Flüsse und Bäche. Im Grunde sind sie im Biberhimmel. Jetzt sind sie eine richtige Plage. Sie verändern die Landschaft und vermehren sich überall. Die Chilenen geben uns die Schuld an den Bibern. Wir sagen, das sei nur fair – die haben uns schließlich die Karnickel eingebrockt …«

1936 wurden auf der chilenischen Seite von Feuerland vier Kaninchen ausgesetzt. Sie vermehrten sich wie, nun ja, die Karnickel, und 1953 betrug ihre Population auf der Insel schätzungsweise sage und schreibe 30 Millionen Tiere.

Vielleicht lag in Federicos Scherz ein Quäntchen Wahrheit, doch es wurde der Zerstörung, die fremde Organismen der Umwelt zufügten, nicht gerecht. In den 1990er-Jahren drangen die Biber bis zum chilenischen Festland vor, mittlerweile wird ihre Menge auf etwa 100.000 geschätzt, eine riesige Population, die aus nur 50 Tieren entstanden ist, die 1946 von der argentinischen Regierung ausgesetzt worden waren. Auch wenn Bemühungen unternommen werden, ihre weitere Ausbreitung einzudämmen, werden es mit jedem Jahr mehr. Wissenschaftler schätzen, dass die Biber in Patagonien bereits unberührten Lebensraum von etwa 310 Quadratkilometern zerstört haben. Das Gesetz unbeabsichtigter Folgen nahm an der südlichsten Spitze dieses Kontinents eindrucksvoll seinen Lauf.

Nicht nur die Biber fügten der Landschaft Schäden zu, denn eine weitere eingeschleppte Art führte südamerikaweit zu noch mehr Zerstörung. Während wir am Matetee nippten, schwirrte ein Exemplar um uns herum. Doch was wäre harmloser als eine Hummel?

In Südamerika waren 24 bekannte Hummelarten beheimatet, doch die Dunkle Erdhummel gehörte nicht dazu. Federico beschwerte sich zu Recht über die von den Chilenen ausgesetzten Kaninchen in Feuerland, doch seine Nachbarn hatten erst kürzlich einen noch schwerwiegenderen Fehler begangen. 1998 wurden die ersten Dunklen Erdhummeln von Europa nach Chile eingeführt. Niemand weiß genau, warum sie ins Land geholt wurden, vermutlich wurde die Entscheidung von landwirtschaftlichen Überlegungen beeinflusst. Dunkle Erdhummeln werden in Europa massenweise gezüchtet und dann als junge Kolonien verkauft, die an landwirtschaftlich genutzten Feldern angesiedelt werden, um bei der Bestäubung zu helfen – von Tomatenpflanzen beispielsweise. Natürlich entkommen einige der Hummeln in die Wildnis, und wenn ihnen ausreichend Nektar und akzeptable klimatische Bedingungen geboten werden, siedeln sie sich an und vermehren sich. Dies passiert bei Weitem nicht nur in Chile, denn mittlerweile gibt es weltweit in mindestens 30 Ländern Dunkle Erdhummeln, wo diese eigentlich nicht vorkommen sollten. Nun könnte man annehmen, dass es kein allzu großes Risiko darstellt, einen harmlosen Bestäuber in ein fremdes Ökosystem einzuführen, doch leider liegt man mit dieser Annahme mehr als falsch. Dave Goulson, Biologieprofessor an der University of Sussex und führender Hummelforscher, stellte die These auf, die Erdhummeln könnten heimische Hummelarten durch den Kampf um Nektarquellen vertreiben oder ihre Populationen mit eingeschleppten Krankheiten dezimieren, denen die heimischen Hummeln nichts entgegenzusetzen haben.

Auch chilenische Studenten der Universidad de Los Lagos in Osorno haben die Eindringlinge studiert und schnell herausgefunden, dass die europäischen Hummeln in den gemäßigten Wäldern Chiles zu geschickten und weit verbreiteten Nektardieben geworden waren. Sie lernen, die ursprüngliche Symbiose zwischen Bestäuber und Pflanze zu umgehen, durch die eine Pflanze dem Bestäuber eigentlich Nektar dafür bietet, dass ihre Pollen durch ihn praktischerweise von einer Blüte zur nächsten getragen werden. Stattdessen beißen sich die Hummeln nun durch die Außenwand in das Nektarium der Pflanze, um an ihren Nektar zu kommen. Sie sparen sich den Aufwand, über die Blüte an ihn zu gelangen, wie von der Evolution vorgesehen. In der Untersuchung ging es um die Blüten der Scharlach-Fuchsie, einer Pflanze, die auch von Chilekolibris bestäubt und daher im Volksmund Kolibrifuchsie genannt wird. Mit Blick auf mögliche Auswirkungen des durch die Hummeln verursachten Verlustes von Nektar und Bestäubungsaktivität wird vermutet, dass er zu einer Abnahme der Pflanzenpopulation führen könnte, was wiederum negative Folgen für die Kolibripopulationen haben könnte, die von ihr trinken. Sogar die Form der Blüten könnte sich evolutionär bedingt durch die Aktivität der Hummeln verändern, mit nicht absehbaren Folgen für die Vögel.

Die Studie untersuchte lediglich die Inzidenz von Nektarrauben an Fuchsien, was natürlich nicht bedeutet, dass die Dunklen Erdhummeln nicht auch andere Blühpflanzen in ganz Südamerika angreifen. Da Kolibris überall auf dem Kontinent vorkommen, ist die Befürchtung wohl durchaus angebracht, dass weit seltenere Kolibriarten mit der Zeit stärker unter den räuberischen Aktivitäten der invasiven Hummeln leiden werden als der weit verbreitete und gut angepasste Chilekolibri.

Gleichzeitig befindet sich das Schicksal von Insekten und Kolibris überall in den Amerikas auf Kollisionskurs mit dem flächendeckenden Einsatz neonicotinoider Pestizide. Sie kommen häufig in der Landwirtschaft zum Einsatz, halten sich monate- oder sogar jahrelang in Wasser und Boden und wirken systemisch auf die Pflanze: Sie dringen überall ein, von den Wurzelspitzen bis in die Pollen und den Nektar. Für Insekten sind sie hochgiftig – und auch für Vögel. Die American Bird Conservancy hat entdeckt, dass ein einzelnes Saatkorn einen Singvogel töten kann, wenn es zuvor in Imidacloprid getaucht wurde, ein beliebtes Pestizid. Forscher sorgen sich darum, dass der mit Neonicotinoiden verseuchte Nektar auf sie dieselbe Wirkung wie auf Bienen haben könnte: Er schädigt ihre Gehirnfunktion, ganz besonders ihr Kurzzeitgedächtnis und ihren Orientierungssinn.

Für viele Kolibris sind diese Gehirnfunktionen von immenser Wichtigkeit. Im Laufe des Tages kehren Kolibris wieder und wieder zu denselben Nektarquellen zurück. Darüber hinaus sind manche Kolibris Langstreckenzugvögel, wie die Rotrücken-Zimtelfen, die ich in Alaska bewundern konnte, die auf ihre Gehirnfunktion angewiesen sind, um Entfernungen zurückzulegen, die für so winzige Tiere kaum machbar erscheinen. Geht ihr Orientierungssinn verloren, könnte dies zu einer hohen Sterblichkeit führen.

Die Population der Rotrücken-Zimtelfen nimmt seit 1962 stetig ab, ein kumulativer Verlust, der zwischen 1966 und 2014 schaurige 62 Prozent ihrer Gesamtpopulation betrug. Forscher befürchten, dass auch der Einsatz von Neonicotinoiden hierbei eine Rolle gespielt hat. Dr. Christine Bishop von Environment and Climate Change Canada studiert die Auswirkung von Pestiziden auf Rotrücken-Zimtelfen in British Columbia mitten im bevorzugten Brutgebiet der Vögel. Ihr ursprünglicher Lebensraum und ihre Zugroute überschneiden sich mit den am intensivsten landwirtschaftlich genutzten Gebieten Nordamerikas. Auch andere Faktoren werden sich auf das Schrumpfen ihrer Population ausgewirkt haben, Habitatverlust und Klimawandel beispielsweise, doch Bishops Ergebnisse sind wirklich besorgniserregend. Sie nahm um die industriell genutzten Blaubeerfelder in British Columbia herum Urin- und Fäkalproben von Rotrücken-Zimtelfen und Annakolibris und konnte beweisen, dass sie mit Neonicotinoiden belastet sind, entweder durch belasteten Nektar oder durch zuvor von den Pflanzen verseuchte Insekten, die sie gefressen hatten – eine solche Kontamination zeigte sich auch bei den einheimischen Hummeln der Region. Bishop entdeckte, dass der Urin der Vögel Pestizide im Verhältnis von eins zu vier Milliarden aufwies – eine Konzentration, die für den Laien verschwindend gering klingt, bei Wissenschaftlern jedoch die Alarmglocken angehen lässt.

Dies war nur *eine* Studie, aus *einer* Ecke Nordamerikas. Wenn man bedachte, wie häufig Neonicotinoide zum Einsatz kamen und welch riesige Flächen in Südamerika für die Landwirtschaft nutzbar gemacht wurden und mit welcher Geschwindigkeit, schienen die Aussichten für Kolibris schlechter denn je.

Während ich an meinem Matetee nippte, versuchte ich diese düstere Gedankenkette zu vertreiben, die von den nichts ahnenden Erdhummeln an den gelben Blüten zu meinen Füßen angestoßen worden war. Auch sie würden später einen winzigen Beitrag zur Wissenschaft leisten, denn ich war von einem chilenischen Hummelforscher der East Central University in Oklahoma kontaktiert worden, José Montalva, der mich fragte, wo genau ich sie gesehen hatte. Wie sich herausstellte, waren dies einige der südlichsten Dunklen Erdhummeln, die jemals in Südamerika beobachtet worden waren. Ein trauriger Rekord. Der britische Biologe Dave Goulson hatte 2017 gehofft, das Klima in Feuerland sei eventuell zu kalt für die Dunkle Erdhummel, auch wenn er selbst es bezweifelte. Wenige Jahre später musste ich seine Befürchtungen leider bestätigen, denn selbst hier, an der Südspitze der Insel, umgeben von schneebedeckter Landschaft, summten die hungrigen Hummeln um uns herum.

Es war Zeit weiterzusuchen, und zwar nach dem Summen, das ich am liebsten hören wollte: das der schlagenden Flügel eines Chilekolibris. Vielleicht waren die herumschwirrenden Hummeln auf eine Art ein gutes Omen. Wenn sie mit ihrem rasanten Metabolismus noch in der Lage waren, sich bei diesen Temperaturen zu halten, hatten zwei oder drei hartgesottene Kolibris die Reise gen Norden eventuell auch noch vertagt. Das sagte ich mir, als wir weiterstapften, auch wenn ich mich selbst nicht hundertprozentig von dieser Logik überzeugen konnte.

Mehr Grund zum Optimismus gaben mir Darwins Notizen zum hiesigen Klima im späten Dezember 1832. Er schrieb:

> Das Klima ist zweifelsohne harsch. Die Sommersonnenwende war nun vergangen, trotzdem fiel jeden Tag Schnee auf die Hügel, in den Tälern regnete und schneeregnete es. Der feuchte und ungestüme Zustand der Atmosphäre, der von keinem einzigen Sonnenstrahl aufgeheitert wurde, ließ die Bedingungen noch scheußlicher wirken, als sie es waren.

Federico schien noch immer pessimistisch gestimmt, was unsere Chancen auf eine Sichtung betraf, doch immerhin unterschied sich das derzeitige Wetter nicht großartig von dem, was Darwin im Hochsommer aufgezeichnet hatte. Ich zog es vor, den Mut nicht zu verlieren.

Vielleicht hätte es mich nicht überraschen sollen, dass plötzlich ein Pinguin vor uns lag – immerhin befanden wir uns nur wenige Meilen nördlich von ihrer am nächsten gelegenen Brutkolonie. Trotzdem staunte ich nicht schlecht, als ich mich um eine felsige Steilküste kämpfte und plötzlich direkt vor meinen Füßen ein Magellan-Pinguin in der schwachen Sonne schlief. Unsere Gegenwart schien ihm nicht das Geringste auszumachen, er öffnete kurz ein Auge, um uns anzusehen, dann nickte er sogleich wieder ein. Wieder wurde mir klar, wie hart im Nehmen die hiesigen Kolibris waren, die in diesem äußersten Randbezirk ihres Lebensraumes ausharrten. Klimatisch waren diese kühlen Breitengrade eher für Vögel geeignet, deren Körper eine dicke Speckschicht wärmte. Ein Pinguin konnte sich hier mit vollem Bauch in der Sonne aalen. Ein Kolibri jedoch musste den ganzen Tag über regelmäßig Nahrung aufnehmen: Falls sich noch Kolibris hier aufhielten, mussten sie futtern wie die Wahnsinnigen.

Für die frühesten europäischen Besucher waren geschützte Buchten in Feuerland besonders wichtig, um eine Verschnaufpause von beiden turbulenten Ozeanen zu bekommen. Dies spiegelte sich auch in den wertschätzenden Namen wider, die sie diesen rettenden Buchten gaben, wie bei der Bay of Good Success. Auch die SMS Dresden fand hier auf der Flucht vor den Briten in einer stillen Bucht Zuflucht, bevor sie schließlich vor Isla Robinson Crusoe sank. Als einzig verbleibendes Boot der Schlacht um die Falklandinseln im Ersten Weltkrieg versteckte sie sich Anfang 1915 einige Zeit im Beagle-Kanal, wobei die Mannschaft von mitleidigen Deutschen versorgt wurde, die sich an der Nordküste von Isla Grande in der Hafenstadt Punta Arenas aufhielten. Den Briten in Punta Arenas, denen natürlich zu Ohren kam, dass die Dresden angeblich ganz in der Nähe vor Anker lag, fiel auf, dass plötzlich die Straßenhunde verschwanden, und sie machten angeblich Witze darüber, dass die Würstchen, die der Dresden-Crew aufgetischt wurden, auffällig nach Hund schmecken mussten.

Am späten Nachmittag erreichten wir in einem anhaltenden Regenguss eine weitere abgelegene Bucht, in der wir endlich fanden, wonach wir hier, am Ende der Welt, so angestrengt auf der Suche waren. Die Bucht an sich war zu klein, als dass sie einem flüchtenden Kriegsschiff Schutz hätte bieten können, sie reichte gerade für ein paar schüchterne Kelp- oder Tanggänse, das Männchen ebenso weiß wie der Schnee auf den umliegenden Bergen. Zwischen Ufer und den steilen Ausläufern ebenjener Berge befand sich ein flacheres Gebiet mit vereinzelten Bäumen und satter, brusthoher Vegetation, eine kleine, fast vollständig vor den Elementen geschützte Blase. Von dem schmalen, steinigen schwarzen Küstenstreifen aus, auf dem wir standen, konnten wir drei Feuersträucher sehen, und alle trugen noch einige scharlachrote Blüten an ihren Ästen. Bei ihrem Anblick hellte sich Federicos Miene sichtlich auf.

»Das hier, das hier ist unsere beste Chance, Jon. Wenn es noch einen Kolibri gibt, der nicht über den Winter fort ist, dann finden wir ihn hier …«

Der Regen verdichtete sich zu einem Vorhang, durch den wir die Sträucher kaum sehen konnten, die etwa 50 Meter vor uns standen. So gut es ging, suchten wir unter den Ästen einer Scheinbuche Schutz und atmeten weiße Wolken aus, die in der kalten Luft vor uns hingen. Ich zog die Kapuze meiner Jacke enger ums Gesicht. Wasser tropfte von ihrer Spitze, und mir wurde langsam unangenehm kalt, und langsam ging auch mir der Optimismus verloren.

Alles, was es brauchte, war eine kurze Unterbrechung des prasselnden Regens, und schon hatte ein versteckter Chilekolibri seinen Auftritt. Andere Arten warten darauf, dass der Regen ganz aufhört, doch diese wackeren Kerlchen hatten gelernt, sich auch so durchzuschlagen: Das bisschen Nieselregen würde ihn nicht aufhalten. Federico und ich entdeckten ihn gleichzeitig, und uns beiden entfuhr ein Raunen, als wir ihn am größten Feuerstrauch entdeckten, an dessen dem Meer zugewandter Seite er für Sekundenbruchteile in jede tropfende Blüte schoss, gerade lang genug, um so viel kühlen Nektar zu trinken, wie er darin fand.

Unter diesen feuchten, lichtarmen Bedingungen ging von seiner Krone nur ein Hauch des feurigen Orange aus, das ihm seinen englischen Namen verlieh: *Green-backed Firecrown*. Flüchtige Blitze zeigten sich dann, wenn er seinen Körper in genau dem richtigen Winkel drehte, um seine Federn für uns aufleuchten zu lassen, sie kamen so schnell, wie sie wieder verschwanden, als hätte jemand einen Funken geschlagen, der erlosch, bevor das Feuer aufloderte. Sein restliches Gefieder, der grüne Rücken und weiße Bauch, verlor sich im feuchten, glänzenden Grün der Blätter, durch die er sich seinen Weg bahnte. Man verlor ihn nur allzu leicht für eine Weile aus dem Blick, bis ihn ein kleines Glimmen aus seiner Krone auf wundersame Art und Weise wieder in seinem Versteck verriet.

Die nächste Stunde verbrachte ich damit, den Kolibri beim Trinken zu beobachten und angesichts der Wetterbedingungen über sein Durchhaltevermögen zu staunen. Es wirkte, als wäre die Nektarsuche so spät im Jahr harte Arbeit. Ich fragte mich, wie lange er noch in der Gegend bleiben würde, bevor er sich im Norden ein wärmeres, freundlicheres Zuhause suchte. Vermutlich bliebe er nur noch wenige Tage hier, kürzer als ich, nur dass mich bei meiner Rückkehr auf die Shetlands sicher vieles erwartete, aber kein besseres Wetter.

In jedem Fall war dies der erste und letzte Kolibri, den ich in Feuerland zu Gesicht bekam. Wie sein 14 485 Kilometer entfernter Verwandter in Alaska, die Rotrücken-Zimtelfe, die mir etwas außerhalb von Cordova einen kurzen Besuch abgestattet hatte, lebte auch der Chilekolibri am Limit dessen, was seiner Art möglich war. Ich hatte in den Amerikas Kolibris gesehen, die nur wenige hundert Meilen vom arktischen und antarktischen Polarkreis entfernt existierten. Zwischen ihnen gab es Artgenossen in Lebensräumen, die von trockenen Wüsten zu feuchten Nebelwäldern reichten, von den Mangroven auf Meeresspiegelhöhe zum höchsten Anden-Páramo, von den Küsten des Atlantiks bis zur herrlichsten Abgeschiedenheit weit draußen auf dem Pazifik.

EPILOG

Those who glitter with the glory of the hummingbird, meaning
Death
Those who sit in the sty of contentment, meaning
Death
Those who suffer the ecstasy of the animals, meaning
Death
Are become unsubstantial, reduced by a wind

Wer im Glanz des Kolibris schillert, gesonnen
Zum Tod
Wer im Koben der Selbstgefälligkeit hockt, gesonnen
Zum Tod
Wer der Tiere Ekstase erträgt, gesonnen
Zum Tod
Ist hinfällig geworden, nichtig vor einem Wind

Aus: *Marina* (1930) von T. S. Eliot[2]

Neben den Kolibris hatte ich zwischen Alaska und Feuerland viele weitere Vögel gesehen, doch das tat meiner Leidenschaft für

[2] deutsch von Eva Hesse

diese Art keinen Abbruch – ihre glanzvolle Farbenpracht suchte in der Vogelwelt ganz einfach ihresgleichen. Nachdem ich Wochen in ihrer Gesellschaft verbracht und jahrelang überall dort, wo sie vorkamen, nach ihnen gesucht hatte, nahm ich von meinen Reisen eine ganz neue Bewunderung ihrer Anpassungsfähigkeit mit, ihrer Fähigkeit, beinahe jeden Lebensraum zu nutzen, der ihnen in den Amerikas geboten wurde, und das, obwohl sie auf den ersten Blick durch ihre hochkalorische Ernährungsweise relativ eingeschränkt waren. Doch im Nachhinein wurde mir klar, dass ihr Nektarkonsum kein Hindernis war, sondern schlicht ihr Turbotreibstoff, der es ihnen ermöglichte, am Rande des biomechanisch Möglichen noch immer Hochleistungen zu vollbringen – zumindest für einen Vogel. Bei jeder Gelegenheit hatten mich die Kolibris in Staunen versetzt.

Mir war bewusst, wie glücklich ich mich schätzen konnte, dass mir diese Reisen möglich gewesen waren. Was blieb, war der bittere Nachgeschmack, überall Zeuge dessen geworden zu sein, was ihre Welt unwiderruflich veränderte. Der Verlust ihres Lebensraumes an sich war schlimm genug, ganz besonders, wenn man das Ausmaß und die Geschwindigkeit betrachtete, mit der er gegen Ende meiner Reisen in Brasilien vernichtet wurde. Auf der ganzen Welt wurde die wirtschaftliche Nutzung des Bodens als Heilsbringer für soziale Veränderungen und mehr Wohlstand bejubelt, obwohl auf diese Weise Druck auf Landstriche ausgeübt wurde, die seit Jahrtausenden relativ unberührt hatten existieren können. Einige fremde Spezies, eingeschleppt von Menschenhand, brachten andere Kolibris in unmittelbare Bedrohung. Und der Klimawandel schien noch tiefergehende Veränderungen anzutreiben, sodass für gewisse Arten ganze Ökosysteme wegfielen und Migrationsmuster gestört wurden, die über Jahrtausende Bestand gehabt hatten.

Hier und dort waren mir Beispiele menschlichen Einschreitens begegnet, die zumindest lokal gerade noch im rechten Moment eine bestimmte Kolibriart vom Rand des Abgrunds zurückgeholt hatten. Die außerirdisch schönen Violettscheitel-Flaggensylphen in Peru gediehen nun in einem Habitat, das noch ein paar Jahre zuvor eine Kaffeeplantage gewesen war. In Ecuador sorgten einheimische Frauen dafür, dass passende Blühpflanzen die weltweit letzten Schwarzbauch-Höschenkolibris am Leben hielten. Trotzdem wurde ich das Gefühl nicht los, dass es sich um ein winziges Trostpflaster handelte, das eine tiefe Wunde flicken sollte, die sich durch beide Kontinente zog, auf denen Kolibris vorkamen. Tatsächlich, das wurde mir nun klar, waren sie die hübschesten Kanarienvögel in der Kohlengrube.

Dieser Metapher haftet eine Ironie an, die so düster ist wie die Kohle an sich. Am Ende entstanden und entstehen all die Bedrohungen, denen die Kolibris nun ausgesetzt sind, durch uns Menschen – unsere stetig wachsende Population sorgt in den Lebensräumen, auf die sie angewiesen sind, für unhaltbaren Stress. Unser Verbrauch fossiler Brennstoffe wird zu Recht für sämtliche Umweltschäden verantwortlich gemacht, und ja, ich mache mir zusehends Vorwürfe wegen all der Flüge, die ich wegen meiner Reisen in Anspruch genommen habe, doch mein Gefühl sagt mir, dass dadurch ein schwerwiegenderes Problem verschleiert würde, dessen Erwähnung nicht unbedingt zum guten Ton gehört: Es gibt einfach zu viele von uns, und das in einer globalisierten Gesellschaft, die ohne Rücksicht auf Verluste sämtliche Ressourcen ausbeutet – eine Gesellschaft, die das wirtschaftliche Wachstum als Motor betrachtet, welcher all unsere Bedürfnisse befriedigt, und für die so etwas wie Nachhaltigkeit höchstens eine Kostenstelle ist, die am Ende mit abgerechnet wird. Unsere Kohlenstoffemissionen sind Teil eines tiefer sitzenden, schwerwiegenderen Problems, zu dem auch ich mich zähle. Ich befürchte, unsere Aha-Momente bezüglich unseres Umgangs mit dem Planeten kommen zu spät, da sich nicht genügend Menschen dafür interessieren, um wahrhaftige Veränderungen anzustoßen. Schon Alexander von Humboldt hatte erkannt, dass eine informierte und handlungsmächtige Minderheit nicht ausreichte. 1799 notierte er betrübt: »Ideen können nur nützen, wenn sie in vielen Köpfen lebendig werden.«

Vielleicht ist bereits zu viel geschehen, als dass uns etwas anderes übrig bleibt, als hier und dort unser schlechtes Gewissen zu beruhigen, während sich die Dinge auf globaler Ebene unaufhaltsam zum Schlechten wenden. Es scheint, als wären wir am Ende nicht mehr als überaus egoistische Menschenaffen.

In den Wochen zuvor hatte sich ein Briefwechsel zwischen dem Autor Jeff VanderMeer und mir ergeben. Jeffs Bücher sind von verstörender Anziehungskraft, und ein wiederkehrendes Motiv darin ist eine dystopische nahe Zukunft, in der die Menschheit erntet, was sie in den Überresten der Natur gesät hat. Auch für ihn haben Kolibris eine besondere Bedeutung:

> Als ich acht Jahre alt war und in Cuzco [Peru] – ich litt stark an Asthma und Allergien und benötigte zusätzlichen Sauerstoff, um in der Höhe atmen zu können –, hatte ich eine Art Kolibrivision. Lass es dir gesagt sein, ich fühlte mich mit acht Jahren sehr alt. Mein Körper fühlte sich damals schwach und kaputt an. Ich lag also im Bett und schaute aus dem Fenster, das direkt auf einen Hang ging, vor dem ich eine Art Minibiosphäre aus Moos und Flechten und Farnen sah. Genau in diesem Moment, als ich nach draußen schaute, tauchten zwei unglaublich glänzende, balzende Kolibris dort auf. Sie hingen einfach sekundenlang in der Luft, doch noch bevor jemand anders das Zimmer betreten konnte, waren sie wieder verschwunden. Ihre Anwesenheit hatte mich so sehr bewegt, ihre völlig andere Existenz. Ihre Schönheit war das absolute Gegenteil all meiner körperlichen Empfindungen, es war wie ein Wunder. Und jedes Mal, wenn ich einen Kolibri sehe, denke ich an diesen wahnsinnigen Moment zurück, der mich so sehr aus mir selbst herausgeholt hat.

In seinem nächsten Roman, *Hummingbird Salamander*, wird diese jugendliche Begegnung mit den Kolibris mit den Zukunftssorgen verwoben, die Jeff und mir und so vielen anderen Menschen zusehends auf der Seele liegen.

Auf meiner Heimreise hatte ich einen Tag Aufenthalt in London. Mein Weg zum Victoria & Albert Museum führte mich durch eine lange Unterführung, und da ich meiner Umgebung gerade keine große Aufmerksamkeit widmete, ähnelte der Moment umso mehr einem Traum, als plötzlich neben mir ein Kolibri auftauchte. Ein mehrere Meter hohes und langes Werbeplakat kündigte die baldige Ankunft des Cirque de Soleil in der Royal Albert Hall an. Bei der Show handelte es sich um *Luzia*, eine »poetische und akrobatische Ode an Mexikos reiche, lebendige Kultur«. Überlebensgroß hing ein strahlend bunter Kolibrikopf über dem Torso eines Mannes im weißen Anzug, wobei ein Flügel über dessen Schulter ragte. Ohne mein eigenes Zutun hatte mich ein weiterer Kolibri gefunden.

Im Museum brauchte ich eine Weile, bis ich das Ausstellungsstück gefunden hatte, wegen dem ich gekommen war. Selbst den äußerst hilfsbereiten Museumsangestellten machte es zunächst einige Mühe, das in vergoldetem Silber gefasste Buchsbaumholztriptychon aus dem 16. Jahrhundert ausfindig zu machen, das die Kreuzigung Christi zeigte. Weder ich noch der Angestellte hatten damit gerechnet, wie klein es war – klein genug, um vor den Augen der Öffentlichkeit in einer schmalen Metallschublade versteckt zu werden, ausgerechnet in der Galerie für europäische Kunst von 1600 bis 1800. Was mich hergezogen hatte, war nicht die gerade einmal acht Zentimeter große aufwendige Schnitzerei an sich, sondern der Schmuck seiner drei Abbildungen: eine zarte Filigranarbeit aus Kolibrifedern. Es stammte noch aus der Zeit, in der die aztekischen Amanteca ihre Federfertigkeiten darauf verwendeten, christliche Kunstwerke für den Export nach Europa herzustellen, es waren die ersten Schritte einer die

Kolibris ausbeutenden Handelsbeziehung, die sich bis ins frühe 20. Jahrhundert ungebremst fortsetzen sollte. Unter dem weißen LED-Licht erwachten die 400 Jahre alten smaragdgrünen und saphirblauen Federn wieder zum Leben, etwas verblasst, doch noch immer ein beeindruckender, strahlender Schatten dieser schimmernden Federn, die einst muntere, lebendige Vögel geziert hatten.

Seit unserer ersten Begegnung mit den Kolibris haben wir ihre Schönheit konsumiert, wir haben mit ihnen unsere Religion, unser Heim und unsere *haute couture* geschmückt. Selbst als der Handel mit ihren Bälgen endlich versiegte, wandelte sich der Angriff auf ihre Art ganz einfach zu etwas weit Perfiderem, denn unsere wahllose Gier bedrohte und bedroht mittlerweile all die Lebensräume, von denen die Kolibris sowie unzählige weitere Arten abhängig sind.

Mein Reisebericht begann mit einem Waldbrand und endet mit einem. Man könnte es für einen, statistisch betrachtet, recht unwahrscheinlichen Zufall halten, doch dieser Tage bin ich mir dessen nicht mehr so sicher. Alaska hatte mich mit einer riesigen Rauchwolke begrüßt, ausgelöst von einem Brand am Rande der Arktis. Und während ich in Tierra del Fuego, dem südamerikanischen Feuerland, nach Chilekolibris suchte, sah ich in den Nachrichten Bilder von den außer Kontrolle geratenen australischen Buschbränden 2019. In Kolumbien saß ein erwachsener Mann neben mir in einem Café, den die Bilder von verzweifelten Kängurus, die im Outback hilflos den Flammen entgegensprangen, zu Tränen rührten.

Über die letzten Jahrhunderte haben wir Steine in den Teich geworfen, dessen Oberfläche nun in Unruhe geraten war. Zurück von meiner Reise fürchtete ich das Schicksal der Kolibris mehr denn je, aber das der gesamten Biodiversität dieser Erde. Ich fürchtete die kommenden Wellen.

DANKSAGUNG

Meine Reise in die Welt der Kolibris wäre ohne die Hilfe, Zusammenarbeit, Ermutigung und großzügigen Ratschläge zahlreicher Menschen auf unterschiedlichen Kontinenten nicht möglich gewesen. Mit vielen von ihnen verband mich bereits vorher eine feste Freundschaft, andere lernte ich erst auf meinem Weg kennen und schätzen: Adrian Cobas Arenciba, Dr. Richard Bate, Matt Berry, García Bloj, Tessa Boase, Diego Calderón-Franco, John »Killer« Carnegie, Laura Becerril Carretero, Guto Carvalho, Elizabeth Cory-Pearce, Adrianne Covino, Sarah Cuttle, Jonas D'Abronzo, Esteban Daniels, Victor Manuel Martos Davila, Teresa, Sue und Earl DeKoker, Duverney Ospina Diaz, Brian Egan, Victor Emanuel, David Fairhurst, Valda Farmer, Dick Filby, Ivan Flores, Jonathan Franzen, Richard Garrigues, Gleison Fernando Guarin, Caroline Gibson, Courtney Gillette, Mark Golley, Wendy und Colin Grant, Paul Greenfield, David Lynn Grimes, Jair Serna Guardabosque, Nicola Halcrow, Joe Harkness, Maurice Henderson, Juana und Bernebé Hernandez, Rachael Hume, Judd Hunt, Lorna Hunt, Leah Irvine, Kenn Kaufman, Mitch Kochanski, Dr. Alex Lees, Dr. Sara Lodge, James Lowen, Kate McLaughlin, Pablo Manriquez, Beezy Marsh, Angel Martínez, Orestes »Chino« Martínez, Andy Mitchell, Kensuke Miyazaki, José Montalva, Federico Ezequiel Moyano, Nils Navarro, Pat

O'Donnell, Milton Oldman, Lars Olavsson, Ilka Paulentz, Henry Gonzáles Pinedo, Germán Recabarren, Pam Reid, José Antonio Padilla Reyes, Marcelo Rossi, Forrest Rowland, Arnulfo Sanchez Salazar, Chris Sharpe, Richard Smyth, Andrew Stafford, Dr. Helen Steward, John Thomas, Brydon Thomason, Pepper Trail, Jiri Trnka, Luis Gonzaga »Zaga« Truzzi, Jeff VanderMeer, Nikki Waldron, Rebecca Wheeler, Rob Williams, Dr. Jonathan Wills, Stuart Winter.

Euch allen sowie allen, die ich versehentlich vergessen habe, möchte ich von Herzen danken. Ohne euch hätte ich der Geschichte der Kolibris in den Amerikas nicht gerecht werden können.

Ich bin Páramo Directional Clothing zu Dank verpflichtet, die mir großzügig die selbst für das schlechteste Wetter ganz Amerikas geeignete Ausstattung zur Verfügung gestellt haben, ebenso wie der Society of Authors für ihre Geduld und Unterstützung zu einem Zeitpunkt, als der Wolf schon beinahe in meinem Wohnzimmer stand.

Auf meiner Reise habe ich gelernt, dass es etliche lokale Initiativen in den Amerikas gibt, in denen die Menschen versuchen, die Lebensräume zu schützen, zu erhalten und zu erneuern, auf die ihre Vogelwelt, ihre Wildtiere und eben auch ihre Kolibris angewiesen sind. Sie alle brauchen jede Hilfe und Unterstützung, die sie bekommen können. Wie ich aus eigener Erfahrung sagen kann, ist es für Menschen, die in die Welt der Kolibris eintauchen und mehr über diese Schutzprogramme lernen möchten, nicht einfach, einen Startpunkt zu finden. Ich kann nur jedem empfehlen, Mitglied des Neotropical Bird Club (www.neotropicalbirdclub.org), der American Bird Conservancy (www.abcbirds.org) und von Audubon (www.audubon.org) zu werden – für den Beginn …

Bedanken möchte ich mich auch noch einmal bei Tim Bates, meinem Agenten bei Peters, Fraser & Dunlop, der den Ball ins

Rollen gebracht hat. Bei Bloomsbury danke ich meinem Lektor Michael Fishwick für seinen unermüdlichen Einsatz, Sarah Ruddick und David Mann für seine herrlichen Illustrationen. Besonderer Dank gilt auch Kate Quarry für ihren leichtfüßigen, treffsicheren Touch im Lektorat.

Aus meinem Umfeld möchte ich Ethan Dunn für die vielen Kolibrinotizbücher und die Kalender danken, die meinen Reisen Struktur und Form gegeben haben, ebenso wie für sein Verständnis für meine langen Abwesenheiten. Wir schaffen es eines Tages gemeinsam nach Chile, versprochen.

Vor allem möchte ich mich noch einmal von ganzem Herzen bei Roberta bedanken: Ihr Verständnis und ihre Unterstützung in den vielen Monaten, in denen ich nicht zu Hause war, kannten keine Grenzen. Ohne sie hätte ich niemals über ein derartiges Abenteuer nachdenken können, geschweige denn es in die Tat umsetzen.

Jon
www.jondunn.com
@dunnjons